应用运筹与博弈教材教辅系列

博弈论基础学习指导书

刘 进 编著

電子工業出版社
Publishing House of Electronics Industry
北京 · BEIJING

内 容 简 介

本书是与《博弈论基础》配套的学习指导书，梳理了棋类游戏的博弈分析、基本的数学工具、二人博弈的纯粹策略解和混合策略解、多人博弈的纯粹纳什均衡和混合纳什均衡、合作博弈的模型与解概念、解概念之核心、解概念之沙普利值等知识要点，提供了针对性习题及其详细解答，以及有趣的非合作博弈及合作博弈的案例。本书规范严谨，可作为高等学校数学、管理、控制、智能等专业的本科生相关课程的教材或参考用书。

图书在版编目（CIP）数据

博弈论基础学习指导书/刘进编著. —北京：电子工业出版社，2023.7
应用运筹与博弈教材教辅系列
ISBN 978-7-121-45867-5

I. ①博… II. ①刘… III. ①博弈论–高等学校–教学参考资料 IV. ①O225

中国国家版本馆 CIP 数据核字(2023)第 116373 号

责任编辑：徐蔷薇　　　特约编辑：田学清
印　　刷：天津千鹤文化传播有限公司
装　　订：天津千鹤文化传播有限公司
出版发行：电子工业出版社
　　　　　北京市海淀区万寿路 173 信箱　　邮编：100036
开　　本：787×1092　1/16　印张：18　字数：363 千字
版　　次：2023 年 7 月第 1 版
印　　次：2023 年 7 月第 1 次印刷
定　　价：89.00 元

前　言

博弈论是刻画竞争与合作环境下交互式决策的系统性科学理论，是数学的一个重要分支，主要研究交互决策的模型、解概念、性质、计算和应用等。博弈论涉及的要素包括参与人、行动策略、盈利函数、信息、顺序结构、认知逻辑等。

按照参与人是否合作，经典的博弈论粗略划分为非合作博弈与合作博弈。按照信息的完备程度和决策的顺序结构，非合作博弈又划分为完全信息静态博弈、完全信息动态博弈、不完全信息静态博弈和不完全信息动态博弈四种类型，对应的解概念包括纳什均衡、颤抖手均衡、子博弈完美均衡、序贯均衡、贝叶斯均衡、完美贝叶斯均衡等，后五者都是对纳什均衡的精炼和筛选。按照效用是否可以转移，合作博弈又划分为可转移效用合作博弈和不可转移效用合作博弈，对应的解概念包括稳定集、核心、沙普利值、谈判集等，合作博弈解概念都是基于公平、稳定分配的原则来设计的。

经典的博弈模型与不同的数学结构融合，产生了新型的博弈论理论分支：与网络科学相结合产生了网络博弈论，与控制科学相结合产生了微分博弈论，与随机过程相结合产生了随机博弈论，与模糊理论相结合产生了模糊博弈论，与灰色理论相结合产生了灰色博弈论，与扩散方程相结合产生了平均场博弈论，与算法复杂度相结合产生了算法博弈论等。经典的博弈论在不同的场景应用中产生了新型的博弈论应用分支：在经济领域称之为经济博弈论，在社会领域称之为社会博弈论，在政治领域称之为政治博弈论，在管理领域称之为管理博弈论，在生态领域称之为进化博弈论，在智能领域称之为智能博弈论，在军事领域称之为军事博弈论等。

博弈论备受诺贝尔经济学奖的青睐，从 1994 年的纳什、泽尔腾和海萨尼开始，至今陆续已有二十余位与博弈论研究密切相关的学者获得此奖；博弈论也颇受图灵奖的重视，数位研究博弈论解概念复杂度的理论计算机专家获得此奖。博弈论在人工智能中发挥了重要作用，是典型的人工智能系统（如 Alpha Go、Liberatus、Alpha Star 等）背后的重要数学机理。

本书是写给高等学校本科生的一本关于博弈论的学习指导书，是教材《博弈论基础》的配套用书。

全书分为 11 章，各章的内容如下。第 1 章是棋类游戏的博弈分析的知识梳理及习题清单和解答，第 2 章是博弈论基本的数学工具的知识梳理及习题清单和解答，第 3 章是二人博弈的纯粹策略解的知识梳理及习题清单和解答，第 4 章是二人博弈的混合策略解的知识梳理及习题清单和解答，第 5 章是多人博弈的纯粹纳什均衡的知识梳理及习题清单和解答，第 6 章是多人博弈的混合纳什均衡的知识梳理及习题清单和解答，第 7 章给出了非合作博弈的案例和分析，第 8 章是合作博弈的模型与解概念的知识梳理及习题清单和解答，第 9 章是解概念之核心的知识梳理及习题清单和解答，第 10 章是解概念之沙普利值的知识梳理及习题清单和解答，第 11 章给出了合作博弈的案例和分析。

本书的习题和案例难易不等，对于博弈论精髓的掌握有莫大的好处，并且书中的每道习题和案例都有详细解答，这样设计的目的是让学生养成自己钻研的好习惯，建议大家做练习时先不要看答案，而是对照知识梳理和习题清单独立解题，也许会发现比答案更好的解题方法。

鉴于编者水平有限，书中难免有不足之处，请各位读者批评指正。

编　者

2023 年 1 月于长沙

目　　录

第1章

棋类游戏的博弈分析

本章首先梳理了棋类游戏的博弈分析，包括棋类游戏的形式化描述、博弈论建模、三择一定理等，然后分别针对每个知识要点提供习题及其详细解答。

1.1 知识梳理

定义 1.1 棋面：白黑双方每枚棋子的身份和在棋盘上的位置。所有棋面的集合用 X 表示，某一个棋面用 $x(x \in X)$ 表示。有界性假定使得集合 X 的元素数量一定是有限的，但是可能是一个天文数字。

定义 1.2 棋局态势：将白黑双方每一回合产生的棋面记录为一个序列，这个序列反映了完整的博弈信息。所有棋局态势的集合用 H 表示，某一个棋局态势用 $\alpha(\alpha \in H)$ 表示，α 是一系列满足一定条件的棋面组成的序列：

$$\alpha = (x_0, x_1, \cdots, x_m, \cdots, x_n), n \in \mathbb{N}, x_m \in X, 1 \leqslant m \leqslant n$$

定义 1.3 棋局态势集合的两个子集合分别表示轮到白方行动的棋局态势和轮到黑方行动的棋局态势：

$$H_{\text{even}} = \{\alpha \in H | \alpha = (x_0, x_1, \cdots, x_n), n \equiv 0 (\text{mod} 2)\}$$
$$H_{\text{odd}} = \{\alpha \in H | \alpha = (x_0, x_1, \cdots, x_n), n \equiv 1 (\text{mod} 2)\}$$

定义 1.4 白方策略：
映射 s_{w} 为 $H_{\text{even}} \to X$，满足

$$s_{\text{w}}(\alpha) = x_{n+1}, \alpha = (x_0, x_1, \cdots, x_n), n \equiv 0 (\text{mod} 2)$$

要求棋面 x_{n+1} 是由棋面 x_n 通过白方的一步合规移动得到的，所有白方策略的集合用 Ω_{w} 表示。

定义 1.5 黑方策略：
映射 s_{b} 为 $H_{\text{odd}} \to X$，满足

$$s_{\text{b}}(\alpha) = x_{n+1}, \alpha = (x_0, x_1, \cdots, x_n), n \equiv 1 (\text{mod} 2)$$

要求棋面 x_{n+1} 是由棋面 x_n 通过黑方的一步合规移动得到的，所有黑方策略的集合用 Ω_{b} 表示。

定义 1.6 白方必胜策略：

$$\exists s_{\mathrm{w}}^* \in \Omega_{\mathrm{w}}, \mathrm{s.t.} f_{\mathrm{w}}(s_{\mathrm{w}}^*, s_{\mathrm{b}}) = 1, \forall s_{\mathrm{b}} \in \Omega_{\mathrm{b}}$$

黑方必胜策略：

$$\exists s_{\mathrm{b}}^* \in \Omega_{\mathrm{b}}, \mathrm{s.t.} f_{\mathrm{b}}(s_{\mathrm{w}}, s_{\mathrm{b}}^*) = 1, \forall s_{\mathrm{w}} \in \Omega_{\mathrm{w}}$$

白方至少平局策略：

$$\exists s_{\mathrm{w}}^* \in \Omega_{\mathrm{w}}, \mathrm{s.t.} f_{\mathrm{w}}(s_{\mathrm{w}}^*, s_{\mathrm{b}}) \geqslant 0, \forall s_{\mathrm{b}} \in \Omega_{\mathrm{b}}$$

黑方至少平局策略：

$$\exists s_{\mathrm{b}}^* \in \Omega_{\mathrm{b}}, \mathrm{s.t.} f_{\mathrm{b}}(s_{\mathrm{w}}, s_{\mathrm{b}}^*) \geqslant 0, \forall s_{\mathrm{w}} \in \Omega_{\mathrm{w}}$$

定义 1.7 博弈树：棋局态势集合 H 可以形象化为一棵树。某一个棋局态势 $\alpha(\alpha \in H)$ 称为博弈树的顶点。

根顶点：$\alpha = (x_0) \in H$。

顶点的子顶点：$\forall \alpha \in H, C(\alpha) = \{\beta \in H | \beta$可以通过对$\alpha$的一次合规移动得到$\}$。

顶点的后代顶点：$\forall \alpha \in H, D(\alpha) = \{\beta \in H | \beta$可以通过对$\alpha$的多次合规移动得到$\}$。

叶：博弈完成的棋局态势。

从顶点 α 开始的子博弈树：$\forall \alpha \in H$，子博弈 $\Gamma(\alpha)$ 是以 α 为根顶点，结合其后代顶点构成的子树。

1.2 习题清单

习题 1.1 构建棋类游戏的博弈论模型。

习题 1.2 用数理逻辑证明棋类游戏的三择一定理，棋类游戏有且只有以下一种情形成立。

情形一：白方有必胜策略；

情形二：黑方有必胜策略；

情形三：白黑双方有至少平局策略。

习题 1.3　$\mathcal{F} = \{\Gamma(\alpha) : \forall \alpha \in H\}$ 表示所有的子博弈，用树图归纳法证明棋类游戏的三择一定理，$\mathcal{F} = \{\Gamma(\alpha) : \forall \alpha \in H\}$ 中的任意一个子博弈满足且仅满足下面三种情形之一。

情形一：白方有必胜策略；

情形二：黑方有必胜策略；

情形三：白黑有至少平局策略。

1.3　习题解答

习题 1.1　构建棋类游戏的博弈论模型。

注释 1.1　本题主要考查棋类游戏的博弈论建模。

解答　白黑双方的策略对：

$$(s_{\mathrm{w}}, s_{\mathrm{b}}), \forall s_{\mathrm{w}} \in \Omega_{\mathrm{w}}, s_{\mathrm{b}} \in \Omega_{\mathrm{b}}$$

任何一个策略对 $(s_{\mathrm{w}}, s_{\mathrm{b}})$ 决定了白黑双方的整个博弈过程。

初始棋面为 x_0，第一步，白方行动，产生棋面 $x_1 = s_{\mathrm{w}}(x_0)$，棋局态势为 (x_0, x_1)；第二步，黑方行动，产生棋面 $x_2 = s_{\mathrm{b}}(x_0, x_1)$，棋局态势为 (x_0, x_1, x_2)，依此类推。

第 $2m+1$ 步，白方行动，产生棋面：

$$x_{2m+1} = s_{\mathrm{w}}(x_0, x_2, \cdots, x_{2m})$$

第 $2m+2$ 步，黑方行动，产生棋面：

$$x_{2m+2} = s_{\mathrm{b}}(x_0, x_2, \cdots, x_{2m+1})$$

白黑双方选定各自的策略 $(s_{\mathrm{w}}, s_{\mathrm{b}})$ 后，得到的博弈结果可能是白方赢，或是黑方赢，或是双方平局，一般可用白方的盈利函数：

$$f_{\mathrm{w}}(s_{\mathrm{w}}, s_{\mathrm{b}}) = \begin{cases} 1, & \text{白方赢} \\ -1, & \text{黑方赢} \\ 0, & \text{平局} \end{cases}$$

和黑方的盈利函数：

$$f_{\mathrm{b}}(s_{\mathrm{w}}, s_{\mathrm{b}}) = \begin{cases} -1, & \text{白方赢} \\ 1, & \text{黑方赢} \\ 0, & \text{平局} \end{cases}$$

来表示。

习题 1.2 用数理逻辑证明棋类游戏的三择一定理，棋类游戏有且只有以下一种情形成立。

情形一：白方有必胜策略；

情形二：黑方有必胜策略；

情形三：白黑双方有至少平局策略。

注释 1.2 本题主要考查棋类游戏的三择一定理的数理逻辑证明。

解答 假设某种棋类游戏在 $2L$ 步结束，白黑双方各走 L 步。根据有界性假定，可以假设至多走 $2L$ 步，如果没有达到 $2L$ 步，那么白黑双方走"空步"，直至双方各走 L 步为止。

对于 $1 \leqslant m \leqslant L$，用 a_m 表示白方的第 m 步移动，用 b_m 表示黑方的第 m 步移动，用 W 表示经过 $2m$ 步移动后白方获胜，那么 $\neg W$ 表示黑方获胜或者平局。

命题"白方有必胜策略"可以形式化为

$$\exists a_1 \forall b_1 \exists a_2 \forall b_2 \exists a_3 \cdots \exists a_k \forall b_k(W)$$

那么，命题"白方有必胜策略"的否命题"白方没有必胜策略"可以形式化为

$$\forall a_1 \exists b_1 \forall a_2 \exists b_2 \forall a_3 \cdots \forall a_k \exists b_k(\neg W)$$

即"黑方有至少平局策略"。

前面已经证明了如果"白方没有必胜策略"，那么"黑方有至少平局策略"，同理可证如果"黑方没有必胜策略"，那么"白方有至少平局策略"。

习题 1.3 $\mathcal{F} = \{\Gamma(\alpha) : \forall \alpha \in H\}$ 表示所有的子博弈，用树图归纳法证明棋类游戏的三择一定理，$\mathcal{F} = \{\Gamma(\alpha) : \forall \alpha \in H\}$ 中的任意一个子博弈满足且仅满足下面三种情形之一。

情形一：白方有必胜策略；

情形二：黑方有必胜策略；

情形三：白黑双方有至少平局策略。

注释 1.3 本题主要考查棋类游戏的三择一定理的树图归纳法证明。

解答 主要思路是运用归纳法统计子博弈 $\Gamma(\alpha)$ 的顶点数量 n_α。

第一步，假设 α 是满足 $n_\alpha = 1$ 的顶点，那么意味着 α 是最终的棋局态势，此时只有三种结果：一种是白方赢，此时白方的策略为 $\varnothing$；一种是黑方赢，此时黑方的策略为 $\varnothing$；一种是白黑平局，此时双方的策略都为 $\varnothing$。

第二步，假设 α 是满足 $n_\alpha > 1$ 的顶点，根据归纳法，满足 $n_\beta < n_\alpha$ 的所有

子博弈 $\Gamma(\beta)$ 都满足三择一定理。假设白方在子博弈 $\Gamma(\alpha)$ 中先手，那么

$$\forall \beta \in C(\alpha), n_\beta < n_\alpha$$

因此子博弈 $\Gamma(\beta), \forall \beta \in C(\alpha)$ 满足三择一定理。

第三步，分三种情形来讨论。

情形一：如果存在 $\beta_0 \in C(\alpha)$ 使得白方在子博弈 $\Gamma(\beta_0)$ 中有必胜策略 s_w，那么白方在博弈 $\Gamma(\alpha)$ 中有必胜策略：

$$\alpha \to \beta_0 \to s_\mathrm{w}$$

情形二：如果 $\forall \beta \in C(\alpha)$ 使得黑方在子博弈 $\Gamma(\beta)$ 中有必胜策略 s_b，那么黑方在博弈 $\Gamma(\alpha)$ 中有必胜策略：

$$\alpha \to \beta \to s_\mathrm{b}$$

情形三：

（1）情形一不成立，如果存在 $\forall \beta \in C(\alpha)$ 使得白方在子博弈 $\Gamma(\beta)$ 中没有必胜策略，那么根据归纳法，黑方在子博弈 $\Gamma(\beta)$ 中有必胜策略或者白黑双方有至少平局策略；

（2）情形二不成立，如果存在 $\beta_0 \in C(\alpha)$ 使得黑方在子博弈 $\Gamma(\beta_0)$ 中没有必胜策略且情形一不成立，那么白方在子博弈 $\Gamma(\beta_0)$ 中没有必胜策略，因此白黑双方在子博弈 $\Gamma(\beta_0)$ 中有至少平局策略：

$$\alpha \to \beta_0 \to (s_\mathrm{w}, s_\mathrm{b})$$

第2章

基本的数学工具

本章首先梳理了博弈论基本的数学工具，包括双变量函数的鞍点定理、有限集合上的概率分布、优化模型与线性对偶定理、盈利函数形成的线性空间，然后分别针对每个知识要点提供习题及详细解答。

2.1 知识梳理

定义 2.1 X, Y 是两个集合，函数 $f : X \times Y \to \mathbb{R}^1$，称

$$f^*_{\max} = \max_{x \in X, y \in Y} f(x, y)$$

为整体最大值；称

$$(x^*, y^*) \in \underset{x \in X, y \in Y}{\mathrm{Argmax}} f(x, y)$$

为整体最大策略。

定义 2.2 X, Y 是两个集合，函数 $f : X \times Y \to \mathbb{R}^1$，称

$$f^*_{\min} = \min_{x \in X, y \in Y} f(x, y)$$

为整体最小值；称

$$(x^*, y^*) \in \underset{x \in X, y \in Y}{\mathrm{Argmin}} f(x, y)$$

为整体最小策略。

定义 2.3 X, Y 是两个集合，函数 $f : X \times Y \to \mathbb{R}^1$，称

$$\underline{f}(x) = \min_{y \in Y} f(x, y)$$

为保底盈利函数；称

$$\underline{f}^* = \max_{x \in X} \underline{f}(x) = \max_{x \in X} \min_{y \in Y} f(x, y)$$

为最大最小值；称

$$x^* \in \underset{x \in X}{\mathrm{Argmax}} \, \underline{f}(x)$$

为最大最小策略。

定义 2.4 X, Y 是两个集合，函数 $f : X \times Y \to \mathbb{R}^1$，称

$$\overline{f}(y) = \max_{x \in X} f(x, y)$$

为保底亏本函数；称

$$\overline{f}^* = \min_{y \in Y} \overline{f}(y) = \min_{y \in Y} \max_{x \in X} f(x, y)$$

为最小最大值；称

$$y^* \in \operatorname*{Argmin}_{y \in Y} \overline{f}(y)$$

为最小最大策略。

定义 2.5 X, Y 是两个集合，函数 $f : X \times Y \to \mathbb{R}^1$，称

$$(x^*, y^*) \in X \times Y$$

为鞍点，满足

$$f(X, y^*) \leqslant f(x^*, y^*) \leqslant f(x^*, Y)$$

的所有鞍点形成的集合记为 $\operatorname{Saddle}(f)$。

定义 2.6 A 是一个有限集合：

$$A = \{a_1, a_2, \cdots, a_m\}$$

其上的概率分布表示为

$$\Delta(A) = \Delta_m = \left\{ x \,\middle|\, x \in \mathbb{R}^m; x_i \geqslant 0, \forall i; \sum_i x_i = 1 \right\}$$

还可以表示为映射：

$$\Delta(A) = \Delta_m = \left\{ \alpha \,\middle|\, \alpha : A \to [0, 1]; \sum_{a \in A} \alpha(a) = 1 \right\}$$

定义 2.7 A 是一个有限集合：

$$A = \{a_1, a_2, \cdots, a_m\}$$

其上的概率分布表示为

$$\Delta_+(A) = \Delta_{+,m} = \left\{ x \,\middle|\, x \in \mathbb{R}^m; x_i > 0, \forall i; \sum_i x_i = 1 \right\}$$

还可以表示为映射:

$$\Delta_+(A) = \Delta_{+,m} = \left\{ \alpha \Big| \alpha : A \to (0,1]; \sum_{a \in A} \alpha(a) = 1 \right\}$$

定义 2.8 A 是一个有限集合:

$$A = \{a_1, a_2, \cdots, a_m\}$$

任意取 $\alpha \in \Delta(A)$, 则

$$\mathrm{Supp}(\alpha) = \{a|\ a \in A, \alpha(a) > 0\}$$

称为分布 α 的支撑集, 而

$$\mathrm{Zero}(\alpha) = \{a|\ a \in A, \alpha(a) = 0\}$$

称为分布 α 的零测集。

定义 2.9 A 是一个有限集合:

$$A = \{a_1, a_2, \cdots, a_m\}$$

任意取 $x \in \Delta(A)$, 则

$$\mathrm{Supp}(x) = \{i|x_i > 0\}$$

称为分布 x 的支撑集, 而

$$\mathrm{Zero}(x) = \{i|x_i = 0\}$$

称为分布 x 的零测集。

定义 2.10 在一组可行的方案中, 按照一定的目标和规则选择最优、次优、满意解的数学理论、计算方法、实践应用等称为最优化。

定义 2.11 假设 $\Omega \subseteq \mathbb{R}^n$ 是一个非空集合, 函数 $f : \Omega \to \mathbb{R}$, 极小抽象优化模型定义为

$$\min_{\Omega} f(x)$$

即在 Ω 上寻求函数 $f(x)$ 的最小值和最小值点。

定义 2.12 假设 $\Omega \subseteq \mathbb{R}^n$ 是一个非空集合, 函数 $f : \Omega \to \mathbb{R}$, 极大抽象优化模型定义为

$$\max_{\Omega} f(x)$$

即在 Ω 上寻求函数 $f(x)$ 的最大值和最大值点。

定义 2.13　假设 $\Omega \subseteq \mathbb{R}^n$ 是一个非空集合，函数 $f : \Omega \to \mathbb{R}$，点 $x^* \in \Omega$ 称
为极小抽象优化模型

$$\min_{\Omega} \ f(x)$$

的最小值点，如果满足

$$f(x^*) \leqslant f(\Omega)$$

那么所有的最小值点记为

$$\operatorname*{Argmin}_{\Omega} \ f(x)$$

所有的最小值点对应一样的最小值：

$$p^* = f(x^*), \forall x^* \in \operatorname*{Argmin}_{\Omega} \ f(x)$$

可记为

$$\operatorname*{Argmin}_{\Omega} \ f(x) = f^{-1}(p^*)$$

定义 2.14　假设 $\Omega \subseteq \mathbb{R}^n$ 是一个非空集合，函数 $f : \Omega \to \mathbb{R}$，极小抽象优
化模型

$$\min_{\Omega} \ f(x)$$

的最小值为 p^*，取 $\epsilon > 0$，那么抽象优化模型的 ϵ 次优解为

$$\epsilon - \operatorname*{Argmin}_{\Omega} \ f(x) = f^{-1}((-\infty, p^* + \epsilon])$$

定义 2.15　假设 $\Omega \subseteq \mathbb{R}^n$ 是一个非空集合，函数 $f : \Omega \to \mathbb{R}$，点 $x^* \in \Omega$ 称
为极小抽象优化模型

$$\min_{\Omega} \ f(x)$$

的严格最小值点，如果满足

$$f(x^*) < f(\Omega \setminus \{x^*\})$$

那么所有的严格最小值点记为

$$\operatorname*{Argstrimin}_{\Omega} \ f(x)$$

严格最小值点要么不存在，要么唯一存在，对应的最小值为

$$p^* = f(x^*), \forall x^* \in \operatorname*{Argstrimin}_{\Omega} \ f(x)$$

定义 2.16 假设 $\Omega \subseteq \mathbb{R}^n$ 是一个非空集合，函数 $f : \Omega \to \mathbb{R}$，点 $x^* \in \Omega$ 称为极小抽象优化模型

$$\min_{\Omega} \ f(x)$$

的局部极小值点，如果满足

$$\exists r > 0, \text{s.t.} f(x^*) \leqslant f(\Omega \cap B(x^*, r))$$

那么所有的局部极小值点记为

$$\underset{\Omega}{\text{Arglocmin}} \ f(x)$$

定义 2.17 假设 $\Omega \subseteq \mathbb{R}^n$ 是一个非空集合，函数 $f : \Omega \to \mathbb{R}$，点 $x^* \in \Omega$ 称为极小抽象优化模型

$$\min_{\Omega} \ f(x)$$

的严格局部极小值点，如果满足

$$\exists r > 0, \text{s.t.} f(x^*) < f(\Omega \cap \check{B}(x^*, r))$$

那么所有的严格局部最小值点记为

$$\underset{\Omega}{\text{Argstrilocmin}} \ f(x)$$

定义 2.18 假设 $D_1 \subseteq \mathbb{R}^n$ 是非空集合，函数 $f = f(x) = f(x_1, x_2, \cdots, x_n) : D_1 \to \mathbb{R}$ 称为目标函数，D_1 称为目标函数的定义域。

定义 2.19 假设 $D_2 \subseteq \mathbb{R}^n$ 是非空集合，向量函数 $\boldsymbol{g} = (g_1(x), g_2(x), \cdots, g_m(x)) : D_2 \to \mathbb{R}^m$ 称为不等式约束函数，D_2 称为不等式约束函数的定义域。集合 $I = \{1, 2, \cdots, m\}$ 称为不等式约束指标，因此不等式约束函数可以记为 $g(x) = (g_i(x))_{i \in I}$。

定义 2.20 假设 $D_3 \subseteq \mathbb{R}^n$ 是非空集合，向量函数 $\boldsymbol{h} = (h_1(x), h_2(x), \cdots, h_l(x)) : D_3 \to \mathbb{R}^l$ 称为等式约束函数，D_3 称为等式约束函数的定义域。集合 $J = \{1, 2, \cdots, l\}$ 称为等式约束指标，因此等式约束函数可以记为 $h(x) = (h_j(x))_{j \in J}$。

定义 2.21 给定目标函数 $f : D_1 \to \mathbb{R}$、不等式约束函数 $g : D_2 \to \mathbb{R}^m$ 和等式约束函数 $h : D_3 \to \mathbb{R}^l$ 结合在一起构成的极小一般优化模型为

$$\min \ f(x)$$
$$\text{s.t.} \quad g(x) \leqslant 0$$
$$h(x) = 0$$

或者表示为

$$\min \ f(x)$$
$$\text{s.t.} \quad g_i(x) \leqslant 0, \forall i \in I$$
$$h_j(x) = 0, \forall j \in J$$

定义 2.22　目标函数 $f: D_1 \to \mathbb{R}$、不等式约束函数 $g: D_2 \to \mathbb{R}^m$ 和等式约束函数 $h: D_3 \to \mathbb{R}^l$ 结合在一起构成的一般优化模型为

$$\min \ f(x)$$
$$\text{s.t.} \quad g(x) \leqslant 0$$
$$h(x) = 0$$

其定义域记为

$$D = D_1 \cap D_2 \cap D_3$$

定义 2.23　目标函数 $f: D_1 \to \mathbb{R}$、不等式约束函数 $g: D_2 \to \mathbb{R}^m$ 和等式约束函数 $h: D_3 \to \mathbb{R}^l$ 结合在一起构成的一般优化模型为

$$\min \ f(x)$$
$$\text{s.t.} \quad g(x) \leqslant 0$$
$$h(x) = 0$$

其可行域记为

$$\Omega = \{x \mid x \in D, g(x) \leqslant 0, h(x) = 0\}$$

定义 2.24　目标函数 $f: D_1 \to \mathbb{R}$、不等式约束函数 $g: D_2 \to \mathbb{R}^m$ 和等式约束函数 $h: D_3 \to \mathbb{R}^l$ 结合在一起构成的一般优化模型为

$$\min \ f(x)$$
$$\text{s.t.} \quad g(x) \leqslant 0$$
$$h(x) = 0$$

对应的抽象模型为

$$\min_{\Omega} \ f(x)$$

定义 2.25　目标函数 $f: D_1 \to \mathbb{R}$、不等式约束函数 $g: D_2 \to \mathbb{R}^m$ 和等式约束函数 $h: D_3 \to \mathbb{R}^l$ 结合在一起构成的一般优化模型为

$$\min \ f(x)$$

$$\text{s.t.} \quad g(x) \leqslant 0$$
$$h(x) = 0$$

该模型的各种解概念（最小值点、ϵ 次优解、最小值、严格最小值点、局部极小值点、严格局部极小值点）为其对应的抽象模型

$$\min_{\Omega} \ f(x)$$

的相应解概念（最小值点、ϵ 次优解、最小值、严格最小值点、局部极小值点、严格局部极小值点）。

定义 2.26 数学优化模型

$$\min \ f(x)$$
$$\text{s.t.} \quad g(x) \leqslant 0$$
$$h(x) = 0$$

的拉格朗日函数为

$$L(x, \boldsymbol{\alpha}, \boldsymbol{\beta}) = f(x) + \boldsymbol{\alpha}^{\mathrm{T}} g(x) + \boldsymbol{\beta}^{\mathrm{T}} h(x), x \in D, \boldsymbol{\alpha} \in \mathbb{R}^m, \boldsymbol{\beta} \in \mathbb{R}^p$$

该模型的拉格朗日对偶函数为

$$r(\boldsymbol{\alpha}, \boldsymbol{\beta}) = \min_{x \in D} L(x, \boldsymbol{\alpha}, \boldsymbol{\beta}), \boldsymbol{\alpha} \in \mathbb{R}^m, \boldsymbol{\beta} \in \mathbb{R}^p$$

定义 2.27 数学优化模型

$$\min \ f(x)$$
$$\text{s.t.} \quad g(x) \leqslant 0$$
$$h(x) = 0$$

的拉格朗日对偶模型为

$$\max \ r(\boldsymbol{\alpha}, \boldsymbol{\beta})$$
$$\text{s.t.} \quad \boldsymbol{\alpha} \geqslant 0$$

定义 2.28 假设 N 是一个具有 n 个元素的有限集合，选定非空子集为

$$A \in \mathcal{P}_0(N)$$

定义一个特殊的财富函数为

$$f_A : \mathcal{P}(N) \to \mathbb{R}^1$$

那么有

$$f_A(B) = \begin{cases} 1, & B \supseteq A \\ 0, & \text{其他} \end{cases}$$

其中，f_A 称为承载子。

2.2　习题清单

习题 2.1　假定

$$X = [0,1], Y = [0,1]$$

的函数为

$$f(x,y) = 4xy - 2x - y + 3$$

计算可得

$$\underline{f}(x) = \min_{y \in Y} f(x,y), \overline{f}(y) = \max_{x \in X} f(x,y)$$

$$f^*_{\max} = \max_{y \in Y} \overline{f}(y), f^*_{\min} = \min_{x \in X} \underline{f}(x)$$

$$\underline{f}^* = \max_{x \in X} \underline{f}(x), \overline{f}^* = \min_{y \in Y} \overline{f}(y)$$

$$\operatorname*{Argmin}_{x \in X} \underline{f}(x), \operatorname*{Argmax}_{y \in Y} \overline{f}(y)$$

$$\operatorname*{Argmin}_{x \in X, y \in Y} f(x,y), \operatorname*{Argmax}_{x \in X, y \in Y} f(x,y)$$

$$\operatorname*{Argmax}_{x \in X} \underline{f}(x), \operatorname*{Argmin}_{y \in Y} \overline{f}(y)$$

习题 2.2　试证明：X, Y 是两个集合，函数 $f : X \times Y \to \mathbb{R}^1$，那么一定有

$$\max_{x \in X} \min_{y \in Y} f(x,y) \leqslant \min_{y \in Y} \max_{x \in X} f(x,y)$$

进一步可得

$$\underline{f}(x) \leqslant \underline{f}^* \leqslant \overline{f}^* \leqslant \overline{f}(y)$$

习题 2.3　试证明：X, Y 是两个集合，函数 $f : X \times Y \to \mathbb{R}^1$，如果

$$\underline{f}^* = \overline{f}^*$$

那么

$$\forall x^* \in \operatorname*{Argmax}_{x \in X} \underline{f}(x), \forall y^* \in \operatorname*{Argmin}_{y \in Y} \overline{f}(y)$$

Note

一定有

$$(x^*, y^*) \in \mathrm{Saddle}(f), \underline{f}^* = \overline{f}^* = f(x^*, y^*)$$

习题 2.4　X, Y 是两个集合，函数 $f: X \times Y \to \mathbb{R}^1$，如果

$$(x^*, y^*) \in \mathrm{Saddle}(f)$$

那么一定有

$$\underline{f}^* = \overline{f}^* = f(x^*, y^*)$$

$$x^* \in \mathop{\mathrm{Argmax}}_{x \in X} \underline{f}(x)$$

$$y^* \in \mathop{\mathrm{Argmin}}_{y \in Y} \overline{f}(y)$$

习题 2.5　用拉格朗日函数计算如下线性优化问题的对偶问题：

$$\min \ \boldsymbol{c}^{\mathrm{T}} x$$
$$\mathrm{s.t.} \quad \boldsymbol{A}x \leqslant \boldsymbol{b}$$
$$x \geqslant 0$$

习题 2.6　用拉格朗日函数计算如下线性优化问题的对偶问题：

$$\min \ \boldsymbol{c}^{\mathrm{T}} x$$
$$\mathrm{s.t.} \quad \boldsymbol{A}x \geqslant \boldsymbol{b}$$
$$x \geqslant 0$$

习题 2.7　用拉格朗日函数计算如下线性优化问题的对偶问题：

$$\min \ \boldsymbol{c}^{\mathrm{T}} x$$
$$\mathrm{s.t.} \quad \boldsymbol{A}x = \boldsymbol{b}$$
$$x \geqslant 0$$

习题 2.8　用拉格朗日函数计算如下线性优化问题的对偶问题：

$$\min \ \boldsymbol{c}^{\mathrm{T}} x$$
$$\mathrm{s.t.} \quad \boldsymbol{A}x \leqslant \boldsymbol{b}$$
$$x \leqslant 0$$

习题 2.9　用拉格朗日函数计算如下线性优化问题的对偶问题：

$$\min \ \boldsymbol{c}^{\mathrm{T}} x$$

$$\text{s.t.} \quad \boldsymbol{A}x \geqslant \boldsymbol{b}$$
$$x \leqslant 0$$

习题 2.10 用拉格朗日函数计算如下线性优化问题的对偶问题：

$$\min \boldsymbol{c}^{\mathrm{T}}x$$
$$\text{s.t.} \quad \boldsymbol{A}x = \boldsymbol{b}$$
$$x \leqslant 0$$

习题 2.11 用拉格朗日函数计算如下线性优化问题的对偶问题：

$$\min \boldsymbol{c}^{\mathrm{T}}x$$
$$\text{s.t.} \quad \boldsymbol{A}x \leqslant \boldsymbol{b}$$

习题 2.12 用拉格朗日函数计算如下线性优化问题的对偶问题：

$$\min \boldsymbol{c}^{\mathrm{T}}x$$
$$\text{s.t.} \quad \boldsymbol{A}x \geqslant \boldsymbol{b}$$

习题 2.13 用拉格朗日函数计算如下线性优化问题的对偶问题：

$$\min \boldsymbol{c}^{\mathrm{T}}x$$
$$\text{s.t.} \quad \boldsymbol{A}x = \boldsymbol{b}$$

习题 2.14 用拉格朗日函数计算如下线性优化问题的对偶问题：

$$\max \boldsymbol{c}^{\mathrm{T}}x$$
$$\text{s.t.} \quad \boldsymbol{A}x \leqslant \boldsymbol{b}$$
$$x \geqslant 0$$

习题 2.15 用拉格朗日函数计算如下线性优化问题的对偶问题：

$$\max \boldsymbol{c}^{\mathrm{T}}x$$
$$\text{s.t.} \quad \boldsymbol{A}x \geqslant \boldsymbol{b}$$
$$x \geqslant 0$$

习题 2.16 用拉格朗日函数计算如下线性优化问题的对偶问题：

$$\max \boldsymbol{c}^{\mathrm{T}}x$$
$$\text{s.t.} \quad \boldsymbol{A}x = \boldsymbol{b}$$
$$x \geqslant 0$$

习题 2.17　用拉格朗日函数计算如下线性优化问题的对偶问题：

$$\max \ \boldsymbol{c}^{\mathrm{T}} x$$
$$\text{s.t.} \quad \boldsymbol{A}x \leqslant \boldsymbol{b}$$
$$x \leqslant 0$$

习题 2.18　用拉格朗日函数计算如下线性优化问题的对偶问题：

$$\max \ \boldsymbol{c}^{\mathrm{T}} x$$
$$\text{s.t.} \quad \boldsymbol{A}x \geqslant \boldsymbol{b}$$
$$x \leqslant 0$$

习题 2.19　用拉格朗日函数计算如下线性优化问题的对偶问题：

$$\max \ \boldsymbol{c}^{\mathrm{T}} x$$
$$\text{s.t.} \quad \boldsymbol{A}x = \boldsymbol{b}$$
$$x \leqslant 0$$

习题 2.20　用拉格朗日函数计算如下线性优化问题的对偶问题：

$$\max \ \boldsymbol{c}^{\mathrm{T}} x$$
$$\text{s.t.} \quad \boldsymbol{A}x \leqslant \boldsymbol{b}$$

习题 2.21　用拉格朗日函数计算如下线性优化问题的对偶问题：

$$\max \ \boldsymbol{c}^{\mathrm{T}} x$$
$$\text{s.t.} \quad \boldsymbol{A}x \geqslant \boldsymbol{b}$$

习题 2.22　用拉格朗日函数计算如下线性优化问题的对偶问题：

$$\max \ \boldsymbol{c}^{\mathrm{T}} x$$
$$\text{s.t.} \quad \boldsymbol{A}x = \boldsymbol{b}$$

习题 2.23　试证明：假设 N 是一个具有 n 个元素的有限集合，承载子

$$\{f_A\}, \forall A \in \mathcal{P}_0(N)$$

是线性空间 G_N 的一个基。

2.3　习题解答

习题 2.1　假定

$$X = [0, 1], Y = [0, 1]$$

函数为

$$f(x, y) = 4xy - 2x - y + 3$$

计算可得

$$\underline{f}(x) = \min_{y \in Y} f(x, y), \overline{f}(y) = \max_{x \in X} f(x, y)$$

$$f_{\max}^* = \max_{y \in Y} \overline{f}(y), f_{\min}^* = \min_{x \in X} \underline{f}(x)$$

$$\underline{f}^* = \max_{x \in X} \underline{f}(x), \overline{f}^* = \min_{y \in Y} \overline{f}(y)$$

$$\operatorname*{Argmin}_{x \in X} \underline{f}(x), \operatorname*{Argmax}_{y \in Y} \overline{f}(y)$$

$$\operatorname*{Argmin}_{x \in X, y \in Y} f(x, y), \operatorname*{Argmax}_{x \in X, y \in Y} f(x, y)$$

$$\operatorname*{Argmax}_{x \in X} \underline{f}(x), \operatorname*{Argmin}_{y \in Y} \overline{f}(y)$$

注释 2.1　本题主要考查双变量函数各项值的计算。

解答　根据定义可知

$$\underline{f}(x) = \min_{y \in Y} f(x, y)$$

$$= \min_{y \in [0,1]} (4xy - 2x - y + 3)$$

$$= \min_{y \in [0,1]} (4x - 1)y + (3 - 2x)$$

$$= \begin{cases} 3 - 2x, & x \in (1/4, 1] \\ 5/2, & x = 1/4 \\ 2 + 2x, & x \in [0, 1/4) \end{cases}$$

$$\overline{f}(y) = \max_{x \in X} f(x, y)$$

$$= \max_{x \in [0,1]} (4xy - 2x - y + 3)$$

$$= \max_{x \in [0,1]} (4y - 2)x + (3 - y)$$

$$= \begin{cases} 1 + 3y, & y \in (1/2, 1] \\ 5/2, & y = 1/2 \\ 3 - y, & y \in [0, 1/2) \end{cases}$$

$$f_{\min}^* = \min_{x \in X} \underline{f}(x) = \min_{x \in [0,1]} \underline{f}(x) = 1$$

$$\operatorname*{Argmin}_{x \in [0,1]} \underline{f}(x) = \{1\}$$

Note

$$f_{\max}^* = \max_{y \in Y} \overline{f}(y) = \max_{y \in [0,1]} \overline{f}(y) = 4$$

$$\underset{y \in [0,1]}{\text{Argmax}}\, \overline{f}(y) = \{1\}$$

$$\underline{f}^* = \max_{x \in X} \underline{f}(x) = \max_{x \in [0,1]} \underline{f}(x) = 5/2$$

$$\underset{x \in [0,1]}{\text{Argmax}}\, \underline{f}(x) = \{1/4\}$$

$$\overline{f}^* = \min_{y \in Y} \overline{f}(y) = \min_{y \in [0,1]} \overline{f}(y) = 5/2$$

$$\underset{y \in [0,1]}{\text{Argmin}}\, \overline{f}(y) = \{1/2\}$$

$$f(1, y) = 3y + 1, \underset{y \in [0,1]}{\text{Argmin}} f(1, y) = \{0\}$$

$$\underset{X, Y}{\text{Argmin}} f(x, y) = \{(1, 0)\}$$

$$f(x, 1) = 2x + 2, \underset{x \in [0,1]}{\text{Argmax}} f(x, 1) = \{1\}$$

$$\underset{X, Y}{\text{Argmax}} f(x, y) = \{(1, 1)\}$$

通过计算可得，本题中双变量函数的各项值和策略如下：整体最大值是 4，整体最大策略是 $(1, 1)$；整体最小值是 1，整体最小策略是 $(1, 0)$；最大最小值是 $5/2$，最大最小策略是 $x = 1/4$；最小最大值是 $5/2$，最小最大策略是 $y = 1/2$。

习题 2.2 试证明：X, Y 是两个集合，函数 $f : X \times Y \to \mathbb{R}^1$，那么一定有

$$\max_{x \in X} \min_{y \in Y} f(x, y) \leqslant \min_{y \in Y} \max_{x \in X} f(x, y)$$

进一步可得

$$\underline{f}(x) \leqslant \underline{f}^* \leqslant \overline{f}^* \leqslant \overline{f}(y)$$

注释 2.2 本题主要考查双变量函数的最大最小值和最小最大值之间的关系。

解答 首先一定有

$$f(x, y) \leqslant \max_{x \in X} f(x, y)$$

两边同时对 y 取最小，可得

$$\min_{y \in Y} f(x, y) \leqslant \min_{y \in Y} \max_{x \in X} f(x, y)$$

两边同时对 x 取最大，可得

$$\max_{x \in X} \min_{y \in Y} f(x, y) \leqslant \max_{x \in X} \min_{y \in Y} \max_{x \in X} f(x, y)$$

右边项 $\min\limits_{y\in Y}\max\limits_{x\in X}f(x,y)$ 已经是一个确定的数值, 所以

$$\max_{x\in X}\min_{y\in Y}\max_{x\in X}f(x,y)=\min_{y\in Y}\max_{x\in X}f(x,y)$$

综上可得

$$\max_{x\in X}\min_{y\in Y}f(x,y)\leqslant\min_{y\in Y}\max_{x\in X}f(x,y)$$

根据定义, 可得

$$\max_{x\in X}\underline{f}(x)\leqslant\min_{y\in Y}\overline{f}(y)$$

进一步可得

$$\underline{f}(x)\leqslant\max_{x\in X}\underline{f}(x)\leqslant\min_{y\in Y}\overline{f}(y)\leqslant\overline{f}(y)$$

也就是

$$\underline{f}(x)\leqslant\underline{f}^{*}\leqslant\overline{f}^{*}\leqslant\overline{f}(y)$$

习题 2.3 试证明: X,Y 是两个集合, 函数 $f:X\times Y\to\mathbb{R}^{1}$, 如果

$$\underline{f}^{*}=\overline{f}^{*}$$

那么

$$\forall x^{*}\in\operatorname*{Argmax}_{x\in X}\underline{f}(x),\forall y^{*}\in\operatorname*{Argmin}_{y\in Y}\overline{f}(y)$$

一定有

$$(x^{*},y^{*})\in\operatorname{Saddle}(f),\underline{f}^{*}=\overline{f}^{*}=f(x^{*},y^{*})$$

注释 2.3 本题主要考查双变量函数的最大最小值、最小最大值与鞍点之间的关系。

解答 假设

$$\underline{f}^{*}=\overline{f}^{*}$$

取定

$$x^{*}\in\operatorname*{Argmax}_{x\in X}\underline{f}(x),y^{*}\in\operatorname*{Argmin}_{y\in Y}\overline{f}(y)$$

那么有

$$f(x,y^{*})\leqslant\max_{x}f(x,y^{*})=\overline{f}(y^{*})=\overline{f}^{*}=\underline{f}^{*}=\underline{f}(x^{*})=\min_{y\in Y}f(x^{*},y)\leqslant f(x^{*},y^{*})$$

$$\leqslant\max_{x}f(x,y^{*})=\overline{f}(y^{*})=\overline{f}^{*}=\underline{f}^{*}=\underline{f}(x^{*})=\min_{y\in Y}f(x^{*},y)\leqslant f(x^{*},y)$$

观察公式第一行之首、第一行之尾和第二行之尾, 可得

$$f(x,y^{*})\leqslant f(x^{*},y^{*})\leqslant f(x^{*},y)$$

这就证明了

$$(x^*, y^*) \in \mathrm{Saddle}(f)$$

观察到

$$\overline{f}^* = \underline{f}^* = \underline{f}(x^*) = \min_{y \in Y} f(x^*, y) \leqslant f(x^*, y^*) \leqslant \max_{x} f(x, y^*) = \overline{f}(y^*) = \overline{f}^* = \underline{f}^*$$

可得

$$\underline{f}^* = \overline{f}^* = f(x^*, y^*)$$

习题 2.4 X, Y 是两个集合，函数 $f : X \times Y \to \mathbb{R}^1$，如果

$$(x^*, y^*) \in \mathrm{Saddle}(f)$$

那么一定有

$$\underline{f}^* = \overline{f}^* = f(x^*, y^*)$$

$$x^* \in \underset{x \in X}{\mathrm{Argmax}}\, \underline{f}(x)$$

$$y^* \in \underset{y \in Y}{\mathrm{Argmin}}\, \overline{f}(y)$$

注释 2.4 本题主要考查双变量函数的最大最小值、最小最大值与鞍点之间的关系。

解答 令

$$(x^*, y^*) \in \mathrm{Saddle}(f)$$

根据定义，可得

$$f(x, y^*) \leqslant f(x^*, y^*) \leqslant f(x^*, y)$$

由此可得

$$\overline{f}^* \leqslant \overline{f}(y^*) = \max_{x} f(x, y^*) \leqslant f(x^*, y^*) \leqslant \min_{y} f(x^*, y) = \underline{f}(x^*) \leqslant \underline{f}^* \leqslant \overline{f}^*$$

所以一切都变成等号，可得

$$\overline{f}^* = \overline{f}(y^*) = \max_{x} f(x, y^*) = f(x^*, y^*) = \min_{y} f(x^*, y) = \underline{f}(x^*) = \underline{f}^* = \overline{f}^*$$

也就是

$$\underline{f}^* = \overline{f}^* = f(x^*, y^*)$$

$$x^* \in \underset{x \in X}{\mathrm{Argmax}}\, \underline{f}(x)$$

$$y^* \in \underset{y \in Y}{\mathrm{Argmin}}\, \overline{f}(y)$$

习题 2.5　用拉格朗日函数计算如下线性优化问题的对偶问题：

$$\min \ \boldsymbol{c}^{\mathrm{T}} x$$
$$\text{s.t.} \quad \boldsymbol{A} x \leqslant \boldsymbol{b}$$
$$x \geqslant 0$$

注释 2.5　本题主要考查线性优化模型的对偶模型的计算。

解答　首先将模型转化为标准形式：

$$\min \ \boldsymbol{c}^{\mathrm{T}} x$$
$$\text{s.t.} \quad \boldsymbol{A} x - \boldsymbol{b} \leqslant 0$$
$$- x \leqslant 0$$

其次考查模型的定义域，显然为 $D = \mathbb{R}^n$，再次构造拉格朗日函数：

$$L(x, \boldsymbol{\alpha}_1, \boldsymbol{\alpha}_2) = \boldsymbol{c}^{\mathrm{T}} x + \boldsymbol{\alpha}_1^{\mathrm{T}}(\boldsymbol{A} x - \boldsymbol{b}) - \boldsymbol{\alpha}_2^{\mathrm{T}} x = (\boldsymbol{c} + \boldsymbol{A}^{\mathrm{T}} \boldsymbol{\alpha}_1 - \boldsymbol{\alpha}_2)^{\mathrm{T}} x - \boldsymbol{\alpha}_1^{\mathrm{T}} \boldsymbol{b}$$

然后计算拉格朗日函数在定义域上的最小值：

$$\inf_{x \in \mathbb{R}^n} L(x, \boldsymbol{\alpha}_1, \boldsymbol{\alpha}_2) = \begin{cases} -\boldsymbol{\alpha}_1^{\mathrm{T}} \boldsymbol{b}, & \boldsymbol{c} + \boldsymbol{A}^{\mathrm{T}} \boldsymbol{\alpha}_1 - \boldsymbol{\alpha}_2 = 0 \\ -\infty, & \text{其他} \end{cases}$$

注意到 $\boldsymbol{\alpha}_1 \geqslant 0, \boldsymbol{\alpha}_2 \geqslant 0$，所以对偶模型为

$$\max \ -\boldsymbol{\alpha}_1^{\mathrm{T}} \boldsymbol{b}$$
$$\text{s.t.} \quad \boldsymbol{c} + \boldsymbol{A}^{\mathrm{T}} \boldsymbol{\alpha}_1 - \boldsymbol{\alpha}_2 = 0$$
$$\boldsymbol{\alpha}_1 \geqslant 0, \boldsymbol{\alpha}_2 \geqslant 0$$

进一步整理可得

$$\min \ \boldsymbol{\alpha}_1^{\mathrm{T}} \boldsymbol{b}$$
$$\text{s.t.} \quad \boldsymbol{c} + \boldsymbol{A}^{\mathrm{T}} \boldsymbol{\alpha}_1 \geqslant 0$$
$$\boldsymbol{\alpha}_1 \geqslant 0$$

改变决策变量的符号，可得对偶模型为

$$\min \ \boldsymbol{b}^{\mathrm{T}} y$$
$$\text{s.t.} \quad \boldsymbol{c} + \boldsymbol{A}^{\mathrm{T}} y \geqslant 0$$
$$y \geqslant 0$$

习题 2.6   用拉格朗日函数计算如下线性优化问题的对偶问题:

$$\min \ \boldsymbol{c}^{\mathrm{T}}x$$
$$\text{s.t.} \quad \boldsymbol{A}x \geqslant \boldsymbol{b}$$
$$x \geqslant 0$$

注释 2.6   本题主要考查线性优化模型的对偶模型的计算。

解答   首先将模型转化为标准形式:

$$\min \ \boldsymbol{c}^{\mathrm{T}}x$$
$$\text{s.t.} \quad \boldsymbol{b} - \boldsymbol{A}x \leqslant 0$$
$$-x \leqslant 0$$

其次考查模型的定义域,显然为 $D = \mathbb{R}^n$,再次构造拉格朗日函数:

$$L(x, \boldsymbol{\alpha}_1, \boldsymbol{\alpha}_2) = \boldsymbol{c}^{\mathrm{T}}x + \boldsymbol{\alpha}_1^{\mathrm{T}}(\boldsymbol{b} - \boldsymbol{A}x) - \boldsymbol{\alpha}_2^{\mathrm{T}}x = (\boldsymbol{c} - \boldsymbol{A}^{\mathrm{T}}\boldsymbol{\alpha}_1 - \boldsymbol{\alpha}_2)^{\mathrm{T}}x + \boldsymbol{\alpha}_1^{\mathrm{T}}\boldsymbol{b}$$

然后计算拉格朗日函数在定义域上的最小值:

$$\inf_{x \in \mathbb{R}^n} L(x, \boldsymbol{\alpha}_1, \boldsymbol{\alpha}_2) = \begin{cases} \boldsymbol{\alpha}_1^{\mathrm{T}}\boldsymbol{b}, & \boldsymbol{c} - \boldsymbol{A}^{\mathrm{T}}\boldsymbol{\alpha}_1 - \boldsymbol{\alpha}_2 = 0 \\ -\infty, & \text{其他} \end{cases}$$

注意到 $\boldsymbol{\alpha}_1 \geqslant 0, \boldsymbol{\alpha}_2 \geqslant 0$,所以对偶模型为

$$\max \ \boldsymbol{\alpha}_1^{\mathrm{T}}\boldsymbol{b}$$
$$\text{s.t.} \quad \boldsymbol{c} - \boldsymbol{A}^{\mathrm{T}}\boldsymbol{\alpha}_1 - \boldsymbol{\alpha}_2 = 0$$
$$\boldsymbol{\alpha}_1 \geqslant 0, \boldsymbol{\alpha}_2 \geqslant 0$$

进一步整理可得

$$\max \ \boldsymbol{\alpha}_1^{\mathrm{T}}\boldsymbol{b}$$
$$\text{s.t.} \quad \boldsymbol{c} - \boldsymbol{A}^{\mathrm{T}}\boldsymbol{\alpha}_1 \geqslant 0$$
$$\boldsymbol{\alpha}_1 \geqslant 0$$

改变决策变量的符号,可得对偶模型为

$$\max \ \boldsymbol{b}^{\mathrm{T}}y$$
$$\text{s.t.} \quad \boldsymbol{A}^{\mathrm{T}}y \leqslant \boldsymbol{c}$$
$$y \geqslant 0$$

习题 2.7 用拉格朗日函数计算如下线性优化问题的对偶问题:

$$\min \ \boldsymbol{c}^{\mathrm{T}}x$$
$$\text{s.t.} \quad \boldsymbol{A}x = \boldsymbol{b}$$
$$x \geqslant 0$$

注释 2.7 本题主要考查线性优化模型的对偶模型的计算。

解答 首先将模型转化为标准形式:

$$\min \ \boldsymbol{c}^{\mathrm{T}}x$$
$$\text{s.t.} \quad \boldsymbol{A}x - \boldsymbol{b} = 0$$
$$-x \leqslant 0$$

其次考查模型的定义域,显然为 $D = \mathbb{R}^n$,再次构造拉格朗日函数:

$$L(x, \boldsymbol{\alpha}, \boldsymbol{\beta}) = \boldsymbol{c}^{\mathrm{T}}x + \boldsymbol{\beta}^{\mathrm{T}}(\boldsymbol{A}x - \boldsymbol{b}) - \boldsymbol{\alpha}^{\mathrm{T}}x = (\boldsymbol{c} + \boldsymbol{A}^{\mathrm{T}}\boldsymbol{\beta} - \boldsymbol{\alpha})^{\mathrm{T}}x - \boldsymbol{\beta}^{\mathrm{T}}\boldsymbol{b}$$

然后计算拉格朗日函数在定义域上的最小值:

$$\inf_{x \in \mathbb{R}^n} L(x, \boldsymbol{\alpha}, \boldsymbol{\beta}) = \begin{cases} -\boldsymbol{\beta}^{\mathrm{T}}\boldsymbol{b}, & \boldsymbol{c} + \boldsymbol{A}^{\mathrm{T}}\boldsymbol{\beta} - \boldsymbol{\alpha} = 0 \\ -\infty, & \text{其他} \end{cases}$$

注意到 $\boldsymbol{\alpha} \geqslant 0$,所以对偶模型为

$$\max \ -\boldsymbol{\beta}^{\mathrm{T}}\boldsymbol{b}$$
$$\text{s.t.} \quad \boldsymbol{c} + \boldsymbol{A}^{\mathrm{T}}\boldsymbol{\beta} - \boldsymbol{\alpha} = 0$$
$$\boldsymbol{\alpha} \geqslant 0$$

进一步整理可得

$$\min \ \boldsymbol{\beta}^{\mathrm{T}}\boldsymbol{b}$$
$$\text{s.t.} \quad \boldsymbol{c} + \boldsymbol{A}^{\mathrm{T}}\boldsymbol{\beta} \geqslant 0$$

改变决策变量的符号,可得对偶模型为

$$\min \ \boldsymbol{b}^{\mathrm{T}}y$$
$$\text{s.t.} \quad \boldsymbol{c} + \boldsymbol{A}^{\mathrm{T}}y \geqslant 0$$

习题 2.8 用拉格朗日函数计算如下线性优化问题的对偶问题:

$$\min \ \boldsymbol{c}^{\mathrm{T}}x$$

$$\text{s.t.} \quad \boldsymbol{A}x \leqslant \boldsymbol{b}$$
$$x \leqslant 0$$

注释 2.8　本题主要考查线性优化模型的对偶模型的计算。

解答　首先将模型转化为标准形式：

$$\min \ \boldsymbol{c}^{\mathrm{T}}\boldsymbol{x}$$
$$\text{s.t.} \quad \boldsymbol{A}x - \boldsymbol{b} \leqslant 0$$
$$x \leqslant 0$$

其次考查模型的定义域，显然为 $D = \mathbb{R}^n$，再次构造拉格朗日函数：

$$L(x, \boldsymbol{\alpha}_1, \boldsymbol{\alpha}_2) = \boldsymbol{c}^{\mathrm{T}}x + \boldsymbol{\alpha}_1^{\mathrm{T}}(\boldsymbol{A}x - \boldsymbol{b}) + \boldsymbol{\alpha}_2^{\mathrm{T}}x = (\boldsymbol{c} + \boldsymbol{A}^{\mathrm{T}}\boldsymbol{\alpha}_1 + \boldsymbol{\alpha}_2)^{\mathrm{T}}x - \boldsymbol{\alpha}_1^{\mathrm{T}}\boldsymbol{b}$$

然后计算拉格朗日函数在定义域上的最小值：

$$\inf_{x \in \mathbb{R}^n} L(x, \boldsymbol{\alpha}_1, \boldsymbol{\alpha}_2) = \begin{cases} -\boldsymbol{\alpha}_1^{\mathrm{T}}\boldsymbol{b}, & \boldsymbol{c} + \boldsymbol{A}^{\mathrm{T}}\boldsymbol{\alpha}_1 + \boldsymbol{\alpha}_2 = 0 \\ -\infty, & \text{其他} \end{cases}$$

注意到 $\boldsymbol{\alpha}_1 \geqslant 0, \boldsymbol{\alpha}_2 \geqslant 0$，所以对偶模型为

$$\max \ - \boldsymbol{\alpha}_1^{\mathrm{T}}\boldsymbol{b}$$
$$\text{s.t.} \quad \boldsymbol{c} + \boldsymbol{A}^{\mathrm{T}}\boldsymbol{\alpha}_1 + \boldsymbol{\alpha}_2 = 0$$
$$\boldsymbol{\alpha}_1 \geqslant 0, \boldsymbol{\alpha}_2 \geqslant 0$$

进一步整理可得

$$\min \ \boldsymbol{\alpha}_1^{\mathrm{T}}\boldsymbol{b}$$
$$\text{s.t.} \quad \boldsymbol{c} + \boldsymbol{A}^{\mathrm{T}}\boldsymbol{\alpha}_1 \leqslant 0$$
$$\boldsymbol{\alpha}_1 \geqslant 0$$

改变决策变量的符号，可得对偶模型为

$$\min \ \boldsymbol{b}^{\mathrm{T}}y$$
$$\text{s.t.} \quad \boldsymbol{c} + \boldsymbol{A}^{\mathrm{T}}y \leqslant 0$$
$$y \geqslant 0$$

习题 2.9　用拉格朗日函数计算如下线性优化问题的对偶问题：

$$\min \ \boldsymbol{c}^{\mathrm{T}}x$$

$$\text{s.t.} \quad \boldsymbol{A}x \geqslant \boldsymbol{b}$$
$$x \leqslant 0$$

注释 2.9 本题主要考查线性优化模型的对偶模型的计算。

解答 首先将模型转化为标准形式：

$$\min \ \boldsymbol{c}^{\mathrm{T}}x$$
$$\text{s.t.} \quad \boldsymbol{b} - \boldsymbol{A}x \leqslant 0$$
$$x \leqslant 0$$

其次考查模型的定义域，显然为 $D = \mathbb{R}^n$，再次构造拉格朗日函数：

$$L(x, \boldsymbol{\alpha}_1, \boldsymbol{\alpha}_2) = \boldsymbol{c}^{\mathrm{T}}x + \boldsymbol{\alpha}_1^{\mathrm{T}}(\boldsymbol{b} - \boldsymbol{A}x) + \boldsymbol{\alpha}_2^{\mathrm{T}}x = (\boldsymbol{c} - \boldsymbol{A}^{\mathrm{T}}\boldsymbol{\alpha}_1 + \boldsymbol{\alpha}_2)^{\mathrm{T}}x + \boldsymbol{\alpha}_1^{\mathrm{T}}\boldsymbol{b}$$

然后计算拉格朗日函数在定义域上的最小值：

$$\inf_{x \in \mathbb{R}^n} L(x, \boldsymbol{\alpha}_1, \boldsymbol{\alpha}_2) = \begin{cases} \boldsymbol{\alpha}_1^{\mathrm{T}}\boldsymbol{b}, & \boldsymbol{c} - \boldsymbol{A}^{\mathrm{T}}\boldsymbol{\alpha}_1 + \boldsymbol{\alpha}_2 = 0 \\ -\infty, & \text{其他} \end{cases}$$

注意到 $\boldsymbol{\alpha}_1 \geqslant 0, \boldsymbol{\alpha}_2 \geqslant 0$，所以对偶模型为

$$\max \ \boldsymbol{\alpha}_1^{\mathrm{T}}\boldsymbol{b}$$
$$\text{s.t.} \quad \boldsymbol{c} - \boldsymbol{A}^{\mathrm{T}}\boldsymbol{\alpha}_1 + \boldsymbol{\alpha}_2 = 0$$
$$\boldsymbol{\alpha}_1 \geqslant 0, \boldsymbol{\alpha}_2 \geqslant 0$$

进一步整理可得

$$\max \ \boldsymbol{\alpha}_1^{\mathrm{T}}\boldsymbol{b}$$
$$\text{s.t.} \quad \boldsymbol{A}^{\mathrm{T}}\boldsymbol{\alpha}_1 \geqslant \boldsymbol{c}$$
$$\boldsymbol{\alpha}_1 \geqslant 0$$

改变决策变量的符号，可得对偶模型为

$$\max \ \boldsymbol{b}^{\mathrm{T}}y$$
$$\text{s.t.} \quad \boldsymbol{A}^{\mathrm{T}}y \geqslant \boldsymbol{c}$$
$$y \geqslant 0$$

习题 2.10 用拉格朗日函数计算如下线性优化问题的对偶问题：

$$\min \ \boldsymbol{c}^{\mathrm{T}}x$$

$$\text{s.t.} \quad \boldsymbol{A}x = \boldsymbol{b}$$
$$x \leqslant 0$$

注释 2.10   本题主要考查线性优化模型的对偶模型的计算。

解答   首先将模型转化为标准形式：

$$\min \ \boldsymbol{c}^{\mathrm{T}}x$$
$$\text{s.t.} \quad \boldsymbol{A}x - \boldsymbol{b} = 0$$
$$x \leqslant 0$$

其次考查模型的定义域，显然为 $D = \mathbb{R}^n$，再次构造拉格朗日函数：

$$L(x, \boldsymbol{\alpha}, \boldsymbol{\beta}) = \boldsymbol{c}^{\mathrm{T}}x + \boldsymbol{\beta}^{\mathrm{T}}(\boldsymbol{A}x - \boldsymbol{b}) + \boldsymbol{\alpha}^{\mathrm{T}}x = (\boldsymbol{c} + \boldsymbol{A}^{\mathrm{T}}\boldsymbol{\beta} + \boldsymbol{\alpha})^{\mathrm{T}}x - \boldsymbol{\beta}^{\mathrm{T}}\boldsymbol{b}$$

然后计算拉格朗日函数在定义域上的最小值：

$$\inf_{x \in \mathbb{R}^n} L(x, \boldsymbol{\alpha}, \boldsymbol{\beta}) = \begin{cases} -\boldsymbol{\beta}^{\mathrm{T}}\boldsymbol{b}, \ \boldsymbol{c} + \boldsymbol{A}^{\mathrm{T}}\boldsymbol{\beta} + \boldsymbol{\alpha} = 0 \\ -\infty, \text{其他} \end{cases}$$

注意到 $\boldsymbol{\alpha} \geqslant 0$，所以对偶模型为

$$\max \ - \boldsymbol{\beta}^{\mathrm{T}}\boldsymbol{b}$$
$$\text{s.t.} \quad \boldsymbol{c} + \boldsymbol{A}^{\mathrm{T}}\boldsymbol{\beta} + \boldsymbol{\alpha} = 0$$
$$\boldsymbol{\alpha} \geqslant 0$$

进一步整理可得

$$\min \ \boldsymbol{\beta}^{\mathrm{T}}\boldsymbol{b}$$
$$\text{s.t.} \quad \boldsymbol{c} + \boldsymbol{A}^{\mathrm{T}}\boldsymbol{\beta} \leqslant 0$$

改变决策变量的符号，可得对偶模型为

$$\min \ \boldsymbol{b}^{\mathrm{T}}y$$
$$\text{s.t.} \quad \boldsymbol{c} + \boldsymbol{A}^{\mathrm{T}}y \leqslant 0$$

习题 2.11   用拉格朗日函数计算如下线性优化问题的对偶问题：

$$\min \ \boldsymbol{c}^{\mathrm{T}}x$$
$$\text{s.t.} \quad \boldsymbol{A}x \leqslant \boldsymbol{b}$$

注释 2.11 本题主要考查线性优化模型的对偶模型的计算。

解答 首先将模型转化为标准形式：

$$\min \ \boldsymbol{c}^{\mathrm{T}}x$$
$$\text{s.t.} \quad \boldsymbol{A}x - \boldsymbol{b} \leqslant 0$$

其次考查模型的定义域，显然为 $D = \mathbb{R}^n$，再次构造拉格朗日函数：

$$L(x, \boldsymbol{\alpha}) = \boldsymbol{c}^{\mathrm{T}}x + \boldsymbol{\alpha}^{\mathrm{T}}(\boldsymbol{A}x - \boldsymbol{b}) = (\boldsymbol{c} + \boldsymbol{A}^{\mathrm{T}}\boldsymbol{\alpha})^{\mathrm{T}}x - \boldsymbol{\alpha}^{\mathrm{T}}\boldsymbol{b}$$

然后计算拉格朗日函数在定义域上的最小值：

$$\inf_{x \in \mathbb{R}^n} L(x, \boldsymbol{\alpha}) = \begin{cases} -\boldsymbol{\alpha}^{\mathrm{T}}\boldsymbol{b}, \ \boldsymbol{c} + \boldsymbol{A}^{\mathrm{T}}\boldsymbol{\alpha} = 0 \\ -\infty, \text{其他} \end{cases}$$

注意到 $\boldsymbol{\alpha} \geqslant 0$，所以对偶模型为

$$\max \ -\boldsymbol{\alpha}^{\mathrm{T}}\boldsymbol{b}$$
$$\text{s.t.} \quad \boldsymbol{c} + \boldsymbol{A}^{\mathrm{T}}\boldsymbol{\alpha} = 0$$
$$\boldsymbol{\alpha} \geqslant 0$$

进一步整理可得

$$\min \ \boldsymbol{\alpha}^{\mathrm{T}}\boldsymbol{b}$$
$$\text{s.t.} \quad \boldsymbol{c} + \boldsymbol{A}^{\mathrm{T}}\boldsymbol{\alpha} = 0$$
$$\boldsymbol{\alpha} \geqslant 0$$

改变决策变量的符号，可得对偶模型为

$$\min \ \boldsymbol{b}^{\mathrm{T}}y$$
$$\text{s.t.} \quad \boldsymbol{c} + \boldsymbol{A}^{\mathrm{T}}y = 0$$
$$y \geqslant 0$$

习题 2.12 用拉格朗日函数计算如下线性优化问题的对偶问题：

$$\min \ \boldsymbol{c}^{\mathrm{T}}x$$
$$\text{s.t.} \quad \boldsymbol{A}x \geqslant \boldsymbol{b}$$

注释 2.12 本题主要考查线性优化模型的对偶模型的计算。

解答 首先将模型转化为标准形式:

$$\min \ \boldsymbol{c}^{\mathrm{T}}x$$
$$\text{s.t.} \quad \boldsymbol{b} - \boldsymbol{A}x \leqslant 0$$

其次考查模型的定义域, 显然为 $D = \mathbb{R}^n$, 再次构造拉格朗日函数:

$$L(x, \boldsymbol{\alpha}) = \boldsymbol{c}^{\mathrm{T}}x + \boldsymbol{\alpha}^{\mathrm{T}}(\boldsymbol{b} - \boldsymbol{A}x) = (\boldsymbol{c} - \boldsymbol{A}^{\mathrm{T}}\boldsymbol{\alpha})^{\mathrm{T}}x + \boldsymbol{\alpha}^{\mathrm{T}}\boldsymbol{b}$$

然后计算拉格朗日函数在定义域上的最小值:

$$\inf_{x \in \mathbb{R}^n} L(x, \boldsymbol{\alpha}) = \begin{cases} \boldsymbol{\alpha}^{\mathrm{T}}\boldsymbol{b}, & \boldsymbol{c} - \boldsymbol{A}^{\mathrm{T}}\boldsymbol{\alpha} = 0 \\ -\infty, & \text{其他} \end{cases}$$

注意到 $\boldsymbol{\alpha} \geqslant 0$, 所以对偶模型为

$$\max \ \boldsymbol{\alpha}^{\mathrm{T}}\boldsymbol{b}$$
$$\text{s.t.} \quad \boldsymbol{c} - \boldsymbol{A}^{\mathrm{T}}\boldsymbol{\alpha} = 0$$
$$\boldsymbol{\alpha} \geqslant 0$$

改变决策变量的符号, 可得对偶模型为

$$\max \ \boldsymbol{b}^{\mathrm{T}}y$$
$$\text{s.t.} \quad \boldsymbol{A}^{\mathrm{T}}y = \boldsymbol{c}$$
$$y \geqslant 0$$

习题 2.13 用拉格朗日函数计算如下线性优化问题的对偶问题:

$$\min \ \boldsymbol{c}^{\mathrm{T}}x$$
$$\text{s.t.} \quad \boldsymbol{A}x = \boldsymbol{b}$$

注释 2.13 本题主要考查线性优化模型的对偶模型的计算。

解答 首先将模型转化为标准形式:

$$\min \ \boldsymbol{c}^{\mathrm{T}}x$$
$$\text{s.t.} \quad \boldsymbol{A}x - \boldsymbol{b} = 0$$

其次考查模型的定义域, 显然为 $D = \mathbb{R}^n$, 再次构造拉格朗日函数:

$$L(x, \boldsymbol{\beta}) = \boldsymbol{c}^{\mathrm{T}}x + \boldsymbol{\beta}^{\mathrm{T}}(\boldsymbol{A}x - \boldsymbol{b}) = (\boldsymbol{c} + \boldsymbol{A}^{\mathrm{T}}\boldsymbol{\beta})^{\mathrm{T}}x - \boldsymbol{\beta}^{\mathrm{T}}\boldsymbol{b}$$

然后计算拉格朗日函数在定义域上的最小值：

$$\inf_{x \in \mathbb{R}^n} L(x, \boldsymbol{\beta}) = \begin{cases} -\boldsymbol{\beta}^{\mathrm{T}} \boldsymbol{b}, & \boldsymbol{c} + \boldsymbol{A}^{T} \boldsymbol{\beta} = 0 \\ -\infty, & \text{其他} \end{cases}$$

Note

注意到 $\boldsymbol{\alpha} \geqslant 0$，所以对偶模型为

$$\max \quad -\boldsymbol{\beta}^{\mathrm{T}} \boldsymbol{b}$$
$$\text{s.t.} \quad \boldsymbol{c} + \boldsymbol{A}^{\mathrm{T}} \boldsymbol{\beta} = 0$$

改变决策变量的符号，可得对偶模型为

$$\min \quad \boldsymbol{b}^{\mathrm{T}} y$$
$$\text{s.t.} \quad \boldsymbol{c} + \boldsymbol{A}^{\mathrm{T}} y = 0$$

习题 2.14 用拉格朗日函数计算如下线性优化问题的对偶问题：

$$\max \quad \boldsymbol{c}^{\mathrm{T}} x$$
$$\text{s.t.} \quad \boldsymbol{A} x \leqslant \boldsymbol{b}$$
$$x \geqslant 0$$

注释 2.14 本题主要考查线性优化模型的对偶模型的计算。

解答 首先将模型转化为标准形式：

$$\min \quad (-\boldsymbol{c})^{\mathrm{T}} x$$
$$\text{s.t.} \quad \boldsymbol{A} x - \boldsymbol{b} \leqslant 0$$
$$-x \leqslant 0$$

其次考查模型的定义域，显然为 $D = \mathbb{R}^n$，再次构造拉格朗日函数：

$$L(x, \boldsymbol{\alpha}_1, \boldsymbol{\alpha}_2) = (-\boldsymbol{c})^{\mathrm{T}} x + \boldsymbol{\alpha}_1^{\mathrm{T}} (\boldsymbol{A} x - \boldsymbol{b}) - \boldsymbol{\alpha}_2^{\mathrm{T}} x = (-\boldsymbol{c} + \boldsymbol{A}^{\mathrm{T}} \boldsymbol{\alpha}_1 - \boldsymbol{\alpha}_2)^{\mathrm{T}} x - \boldsymbol{\alpha}_1^{\mathrm{T}} \boldsymbol{b}$$

然后计算拉格朗日函数在定义域上的最小值：

$$\inf_{x \in \mathbb{R}^n} L(x, \boldsymbol{\alpha}_1, \boldsymbol{\alpha}_2) = \begin{cases} -\boldsymbol{\alpha}_1^{\mathrm{T}} \boldsymbol{b}, & -\boldsymbol{c} + \boldsymbol{A}^{\mathrm{T}} \boldsymbol{\alpha}_1 - \boldsymbol{\alpha}_2 = 0 \\ -\infty, & \text{其他} \end{cases}$$

注意到 $\boldsymbol{\alpha}_1 \geqslant 0, \boldsymbol{\alpha}_2 \geqslant 0$，所以对偶模型为

$$\max \quad -\boldsymbol{\alpha}_1^{\mathrm{T}} \boldsymbol{b}$$

$$\text{s.t.} \quad -\boldsymbol{c} + \boldsymbol{A}^{\mathrm{T}}\boldsymbol{\alpha}_1 - \boldsymbol{\alpha}_2 = 0$$
$$\boldsymbol{\alpha}_1 \geqslant 0, \boldsymbol{\alpha}_2 \geqslant 0$$

进一步整理可得

$$\min \ \boldsymbol{\alpha}_1^{\mathrm{T}}\boldsymbol{b}$$
$$\text{s.t.} \quad -\boldsymbol{c} + \boldsymbol{A}^{\mathrm{T}}\boldsymbol{\alpha}_1 \geqslant 0$$
$$\boldsymbol{\alpha}_1 \geqslant 0$$

改变决策变量的符号,可得对偶模型为

$$\min \ \boldsymbol{b}^{\mathrm{T}}y$$
$$\text{s.t.} \quad \boldsymbol{A}^{\mathrm{T}}y \geqslant \boldsymbol{c}$$
$$y \geqslant 0$$

习题 2.15 用拉格朗日函数计算如下线性优化问题的对偶问题:

$$\max \ \boldsymbol{c}^{\mathrm{T}}x$$
$$\text{s.t.} \quad \boldsymbol{A}x \geqslant \boldsymbol{b}$$
$$x \geqslant 0$$

注释 2.15 本题主要考查线性优化模型的对偶模型的计算。
解答 首先将模型转化为标准形式:

$$\min \ (-\boldsymbol{c})^{\mathrm{T}}x$$
$$\text{s.t.} \quad \boldsymbol{b} - \boldsymbol{A}x \leqslant 0$$
$$-x \leqslant 0$$

其次考查模型的定义域,显然为 $D = \mathbb{R}^n$,再次构造拉格朗日函数:

$$L(x, \boldsymbol{\alpha}_1, \boldsymbol{\alpha}_2) = (-\boldsymbol{c})^{\mathrm{T}}x + \boldsymbol{\alpha}_1^{\mathrm{T}}(\boldsymbol{b} - \boldsymbol{A}x) - \boldsymbol{\alpha}_2^{\mathrm{T}}x = (-\boldsymbol{c} - \boldsymbol{A}^{\mathrm{T}}\boldsymbol{\alpha}_1 - \boldsymbol{\alpha}_2)^{\mathrm{T}}x + \boldsymbol{\alpha}_1^{\mathrm{T}}\boldsymbol{b}$$

然后计算拉格朗日函数在定义域上的最小值:

$$\inf_{x \in \mathbb{R}^n} L(x, \boldsymbol{\alpha}_1, \boldsymbol{\alpha}_2) = \begin{cases} \boldsymbol{\alpha}_1^{\mathrm{T}}\boldsymbol{b}, & -\boldsymbol{c} - \boldsymbol{A}^{\mathrm{T}}\boldsymbol{\alpha}_1 - \boldsymbol{\alpha}_2 = 0 \\ -\infty, & \text{其他} \end{cases}$$

注意到 $\boldsymbol{\alpha}_1 \geqslant 0, \boldsymbol{\alpha}_2 \geqslant 0$,所以对偶模型为

$$\max \ \boldsymbol{\alpha}_1^{\mathrm{T}}\boldsymbol{b}$$

$$\text{s.t.} \quad -\boldsymbol{c} - \boldsymbol{A}^{\mathrm{T}}\boldsymbol{\alpha}_1 - \boldsymbol{\alpha}_2 = 0$$
$$\boldsymbol{\alpha}_1 \geqslant 0, \boldsymbol{\alpha}_2 \geqslant 0$$

进一步整理可得

$$\max \ \boldsymbol{\alpha}_1^{\mathrm{T}}\boldsymbol{b}$$
$$\text{s.t.} \quad -\boldsymbol{c} - \boldsymbol{A}^{\mathrm{T}}\boldsymbol{\alpha}_1 \geqslant 0$$
$$\boldsymbol{\alpha}_1 \geqslant 0$$

改变决策变量的符号，可得对偶模型为

$$\max \ \boldsymbol{b}^{\mathrm{T}}y$$
$$\text{s.t.} \quad \boldsymbol{A}^{\mathrm{T}}y + \boldsymbol{c} \leqslant 0$$
$$y \geqslant 0$$

习题 2.16 用拉格朗日函数计算如下线性优化问题的对偶问题：

$$\max \ \boldsymbol{c}^{\mathrm{T}}x$$
$$\text{s.t.} \quad \boldsymbol{A}x = \boldsymbol{b}$$
$$x \geqslant 0$$

注释 2.16 本题主要考查线性优化模型的对偶模型的计算。

解答 首先将模型转化为标准形式：

$$\min \ (-\boldsymbol{c})^{\mathrm{T}}x$$
$$\text{s.t.} \quad \boldsymbol{A}x - \boldsymbol{b} = 0$$
$$-x \leqslant 0$$

其次考查模型的定义域，显然为 $D = \mathbb{R}^n$，再次构造拉格朗日函数：

$$L(x, \boldsymbol{\alpha}, \boldsymbol{\beta}) = (-\boldsymbol{c})^{\mathrm{T}}x + \boldsymbol{\beta}^{\mathrm{T}}(\boldsymbol{A}x - \boldsymbol{b}) - \boldsymbol{\alpha}^{\mathrm{T}}x = (-\boldsymbol{c} + \boldsymbol{A}^{\mathrm{T}}\boldsymbol{\beta} - \boldsymbol{\alpha})^{\mathrm{T}}x - \boldsymbol{\beta}^{\mathrm{T}}\boldsymbol{b}$$

然后计算拉格朗日函数在定义域上的最小值：

$$\inf_{x \in \mathbb{R}^n} L(x, \boldsymbol{\alpha}, \boldsymbol{\beta}) = \begin{cases} -\boldsymbol{\beta}^{\mathrm{T}}\boldsymbol{b}, & -\boldsymbol{c} + \boldsymbol{A}^{\mathrm{T}}\boldsymbol{\beta} - \boldsymbol{\alpha} = 0 \\ -\infty, & \text{其他} \end{cases}$$

注意到 $\boldsymbol{\alpha} \geqslant 0$，所以对偶模型为

$$\max \ -\boldsymbol{\beta}^{\mathrm{T}}\boldsymbol{b}$$

$$\text{s.t.} \quad -\boldsymbol{c} + \boldsymbol{A}^{\mathrm{T}}\boldsymbol{\beta} - \boldsymbol{\alpha} = 0$$

$$\boldsymbol{\alpha} \geqslant 0$$

进一步整理可得

$$\min \ \boldsymbol{\beta}^{\mathrm{T}}\boldsymbol{b}$$

$$\text{s.t.} \quad -\boldsymbol{c} + \boldsymbol{A}^{\mathrm{T}}\boldsymbol{\beta} \geqslant 0$$

改变决策变量的符号，可得对偶模型为

$$\min \ \boldsymbol{b}^{\mathrm{T}}y$$

$$\text{s.t.} \quad \boldsymbol{A}^{\mathrm{T}}y \geqslant \boldsymbol{c}$$

习题 2.17 用拉格朗日函数计算如下线性优化问题的对偶问题

$$\max \ \boldsymbol{c}^{\mathrm{T}}x$$

$$\text{s.t.} \quad \boldsymbol{A}x \leqslant \boldsymbol{b}$$

$$x \leqslant 0$$

注释 2.17 本题主要考查线性优化模型的对偶模型的计算。

解答 首先将模型转化为标准形式：

$$\min \ (-\boldsymbol{c})^{\mathrm{T}}x$$

$$\text{s.t.} \quad \boldsymbol{A}x - \boldsymbol{b} \leqslant 0$$

$$x \leqslant 0$$

其次考查模型的定义域，显然为 $D = \mathbb{R}^n$，再次构造拉格朗日函数：

$$L(x, \boldsymbol{\alpha}_1, \boldsymbol{\alpha}_2) = (-\boldsymbol{c})^{\mathrm{T}}x + \boldsymbol{\alpha}_1^{\mathrm{T}}(\boldsymbol{A}x - \boldsymbol{b}) + \boldsymbol{\alpha}_2^{\mathrm{T}}x = (-\boldsymbol{c} + \boldsymbol{A}^{\mathrm{T}}\boldsymbol{\alpha}_1 + \boldsymbol{\alpha}_2)^{\mathrm{T}}x - \boldsymbol{\alpha}_1^{\mathrm{T}}\boldsymbol{b}$$

然后计算拉格朗日函数在定义域上的最小值：

$$\inf_{x \in \mathbb{R}^n} L(x, \boldsymbol{\alpha}_1, \boldsymbol{\alpha}_2) = \begin{cases} -\boldsymbol{\alpha}_1^{\mathrm{T}}\boldsymbol{b}, & -\boldsymbol{c} + \boldsymbol{A}^{\mathrm{T}}\boldsymbol{\alpha}_1 + \boldsymbol{\alpha}_2 = 0 \\ -\infty, & \text{其他} \end{cases}$$

注意到 $\boldsymbol{\alpha}_1 \geqslant 0, \boldsymbol{\alpha}_2 \geqslant 0$，所以对偶模型为

$$\max \ -\boldsymbol{\alpha}_1^{\mathrm{T}}\boldsymbol{b}$$

$$\text{s.t.} \quad -\boldsymbol{c} + \boldsymbol{A}^{\mathrm{T}}\boldsymbol{\alpha}_1 + \boldsymbol{\alpha}_2 = 0$$

$$\boldsymbol{\alpha}_1 \geqslant 0, \boldsymbol{\alpha}_2 \geqslant 0$$

进一步整理可得

$$\min \ \boldsymbol{\alpha}_1^{\mathrm{T}} \boldsymbol{b}$$
$$\text{s.t.} \quad -\boldsymbol{c} + \boldsymbol{A}^{\mathrm{T}} \boldsymbol{\alpha}_1 \leqslant 0$$
$$\boldsymbol{\alpha}_1 \geqslant 0$$

改变决策变量的符号，可得对偶模型为

$$\min \ \boldsymbol{b}^{\mathrm{T}} y$$
$$\text{s.t.} \quad \boldsymbol{A}^{\mathrm{T}} y \leqslant \boldsymbol{c}$$
$$y \geqslant 0$$

习题 2.18　用拉格朗日函数计算如下线性优化问题的对偶问题：

$$\max \ \boldsymbol{c}^{\mathrm{T}} x$$
$$\text{s.t.} \quad \boldsymbol{A}x \geqslant \boldsymbol{b}$$
$$x \leqslant 0$$

注释 2.18　本题主要考查线性优化模型的对偶模型的计算。

解答　首先将模型转化为标准形式：

$$\min \ (-\boldsymbol{c})^{\mathrm{T}} x$$
$$\text{s.t.} \quad \boldsymbol{b} - \boldsymbol{A}x \leqslant 0$$
$$x \leqslant 0$$

其次考查模型的定义域，显然为 $D = \mathbb{R}^n$，再次构造拉格朗日函数：

$$L(x, \boldsymbol{\alpha}_1, \boldsymbol{\alpha}_2) = (-\boldsymbol{c})^{\mathrm{T}} x + \boldsymbol{\alpha}_1^{\mathrm{T}} (\boldsymbol{b} - \boldsymbol{A}x) + \boldsymbol{\alpha}_2^{\mathrm{T}} x = (-\boldsymbol{c} - \boldsymbol{A}^{\mathrm{T}} \boldsymbol{\alpha}_1 + \boldsymbol{\alpha}_2)^{\mathrm{T}} x + \boldsymbol{\alpha}_1^{\mathrm{T}} \boldsymbol{b}$$

然后计算拉格朗日函数在定义域上的最小值：

$$\inf_{x \in \mathbb{R}^n} L(x, \boldsymbol{\alpha}_1, \boldsymbol{\alpha}_2) = \begin{cases} \boldsymbol{\alpha}_1^{\mathrm{T}} \boldsymbol{b}, & -\boldsymbol{c} - \boldsymbol{A}^{\mathrm{T}} \boldsymbol{\alpha}_1 + \boldsymbol{\alpha}_2 = 0 \\ -\infty, & \text{其他} \end{cases}$$

注意到 $\boldsymbol{\alpha}_1 \geqslant 0, \boldsymbol{\alpha}_2 \geqslant 0$，所以对偶模型为

$$\max \ \boldsymbol{\alpha}_1^{\mathrm{T}} \boldsymbol{b}$$

$$\text{s.t.} \quad -\boldsymbol{c} - \boldsymbol{A}^{\mathrm{T}}\boldsymbol{\alpha}_1 + \boldsymbol{\alpha}_2 = 0$$

$$\boldsymbol{\alpha}_1 \geqslant 0, \boldsymbol{\alpha}_2 \geqslant 0$$

进一步整理可得

$$\max \ \boldsymbol{\alpha}_1^{\mathrm{T}}\boldsymbol{b}$$

$$\text{s.t.} \quad \boldsymbol{A}^{\mathrm{T}} + \boldsymbol{c}\boldsymbol{\alpha}_1 \geqslant 0$$

$$\boldsymbol{\alpha}_1 \geqslant 0$$

改变决策变量的符号，可得对偶模型为

$$\max \ \boldsymbol{b}^{\mathrm{T}}y$$

$$\text{s.t.} \quad \boldsymbol{A}^{\mathrm{T}}y + \boldsymbol{c} \geqslant 0$$

$$\boldsymbol{y} \geqslant 0$$

习题 2.19　用拉格朗日函数计算如下线性优化问题的对偶问题：

$$\max \ \boldsymbol{c}^{\mathrm{T}}x$$

$$\text{s.t.} \quad \boldsymbol{A}x = \boldsymbol{b}$$

$$x \leqslant 0$$

注释 2.19　本题主要考查线性优化模型的对偶模型的计算。

解答　首先将模型转化为标准形式：

$$\min \ (-\boldsymbol{c})^{\mathrm{T}}x$$

$$\text{s.t.} \quad \boldsymbol{A}x - \boldsymbol{b} = 0$$

$$x \leqslant 0$$

其次考查模型的定义域，显然为 $D = \mathbb{R}^n$，再次构造拉格朗日函数：

$$L(x, \boldsymbol{\alpha}, \boldsymbol{\beta}) = (-\boldsymbol{c})^{\mathrm{T}}x + \boldsymbol{\beta}^{\mathrm{T}}(\boldsymbol{A}x - \boldsymbol{b}) + \boldsymbol{\alpha}^{\mathrm{T}}x = (-\boldsymbol{c} + \boldsymbol{A}^{\mathrm{T}}\boldsymbol{\beta} + \boldsymbol{\alpha})^{\mathrm{T}}x - \boldsymbol{\beta}^{\mathrm{T}}\boldsymbol{b}$$

然后计算拉格朗日函数在定义域上的最小值：

$$\inf_{x \in \mathbb{R}^n} L(x, \boldsymbol{\alpha}, \boldsymbol{\beta}) = \begin{cases} -\boldsymbol{\beta}^{\mathrm{T}}\boldsymbol{b}, \ -\boldsymbol{c} + \boldsymbol{A}^{\mathrm{T}}\boldsymbol{\beta} + \boldsymbol{\alpha} = 0 \\ -\infty, \text{其他} \end{cases}$$

注意到 $\boldsymbol{\alpha} \geqslant 0$，所以对偶模型为

$$\max \ -\boldsymbol{\beta}^{\mathrm{T}}\boldsymbol{b}$$

$$\text{s.t.} \quad -\boldsymbol{c} + \boldsymbol{A}^{\mathrm{T}}\boldsymbol{\beta} + \boldsymbol{\alpha} = 0$$

$$\boldsymbol{\alpha} \geqslant 0$$

进一步整理可得

$$\min \ \boldsymbol{\beta}^{\mathrm{T}}\boldsymbol{b}$$

$$\text{s.t.} \quad -\boldsymbol{c} + \boldsymbol{A}^{\mathrm{T}}\boldsymbol{\beta} \leqslant 0$$

改变决策变量的符号，可得对偶模型为

$$\min \ \boldsymbol{b}^{\mathrm{T}}y$$

$$\text{s.t.} \quad \boldsymbol{A}^{\mathrm{T}}y \leqslant \boldsymbol{c}$$

习题 2.20 用拉格朗日函数计算如下线性优化问题的对偶问题：

$$\max \ \boldsymbol{c}^{\mathrm{T}}x$$

$$\text{s.t.} \quad \boldsymbol{A}x \leqslant \boldsymbol{b}$$

注释 2.20 本题主要考查线性优化模型的对偶模型的计算。

解答 首先将模型转化为标准形式：

$$\min \ (-\boldsymbol{c})^{\mathrm{T}}x$$

$$\text{s.t.} \quad \boldsymbol{A}x - \boldsymbol{b} \leqslant 0$$

其次考查模型的定义域，显然为 $D = \mathbb{R}^n$，再次构造拉格朗日函数：

$$L(x,\boldsymbol{\alpha}) = (-\boldsymbol{c})^{\mathrm{T}}x + \boldsymbol{\alpha}^{\mathrm{T}}(\boldsymbol{A}x - \boldsymbol{b}) = (-\boldsymbol{c} + \boldsymbol{A}^{\mathrm{T}}\boldsymbol{\alpha})^{\mathrm{T}}x - \boldsymbol{\alpha}^{\mathrm{T}}\boldsymbol{b}$$

然后计算拉格朗日函数在定义域上的最小值：

$$\inf_{x \in \mathbb{R}^n} L(x,\boldsymbol{\alpha}) = \begin{cases} -\boldsymbol{\alpha}^{\mathrm{T}}\boldsymbol{b}, & -\boldsymbol{c} + \boldsymbol{A}^{\mathrm{T}}\boldsymbol{\alpha} = 0 \\ -\infty, & \text{其他} \end{cases}$$

注意到 $\boldsymbol{\alpha} \geqslant 0$，所以对偶模型为

$$\max \ -\boldsymbol{\alpha}^{\mathrm{T}}\boldsymbol{b}$$

$$\text{s.t.} \quad -\boldsymbol{c} + \boldsymbol{A}^{\mathrm{T}}\boldsymbol{\alpha} = 0$$

$$\boldsymbol{\alpha} \geqslant 0$$

进一步整理可得

$$\min \ \boldsymbol{\alpha}^{\mathrm{T}}\boldsymbol{b}$$

$$\text{s.t.} \quad -\boldsymbol{c} + \boldsymbol{A}^{\mathrm{T}}\boldsymbol{\alpha} = 0$$
$$\boldsymbol{\alpha} \geqslant 0$$

改变决策变量的符号，可得对偶模型为

$$\min \ \boldsymbol{b}^{\mathrm{T}}y$$
$$\text{s.t.} \quad \boldsymbol{A}^{\mathrm{T}}y = \boldsymbol{c}$$
$$y \geqslant 0$$

习题 2.21 用拉格朗日函数计算如下线性优化问题的对偶问题：

$$\max \ \boldsymbol{c}^{\mathrm{T}}x$$
$$\text{s.t.} \quad \boldsymbol{A}x \geqslant \boldsymbol{b}$$

注释 2.21 本题主要考查线性优化模型的对偶模型的计算。

解答 首先将模型转化为标准形式：

$$\min \ (-\boldsymbol{c})^{\mathrm{T}}x$$
$$\text{s.t.} \quad \boldsymbol{b} - \boldsymbol{A}x \leqslant 0$$

其次考查模型的定义域，显然为 $D = \mathbb{R}^n$，再次构造拉格朗日函数：

$$L(x, \boldsymbol{\alpha}) = (-\boldsymbol{c})^{\mathrm{T}}x + \boldsymbol{\alpha}^{\mathrm{T}}(\boldsymbol{b} - \boldsymbol{A}x) = (-\boldsymbol{c} - \boldsymbol{A}^{\mathrm{T}}\boldsymbol{\alpha})^{\mathrm{T}}x + \boldsymbol{\alpha}^{\mathrm{T}}\boldsymbol{b}$$

然后计算拉格朗日函数在定义域上的最小值：

$$\inf_{x \in \mathbb{R}^n} L(x, \boldsymbol{\alpha}) = \begin{cases} \boldsymbol{\alpha}^{\mathrm{T}}\boldsymbol{b}, & -\boldsymbol{c} - \boldsymbol{A}^{\mathrm{T}}\boldsymbol{\alpha} = 0 \\ -\infty, & \text{其他} \end{cases}$$

注意到 $\boldsymbol{\alpha} \geqslant 0$，所以对偶模型为

$$\max \ \boldsymbol{\alpha}^{\mathrm{T}}\boldsymbol{b}$$
$$\text{s.t.} \quad -\boldsymbol{c} - \boldsymbol{A}^{\mathrm{T}}\boldsymbol{\alpha} = 0$$
$$\boldsymbol{\alpha} \geqslant 0$$

改变决策变量的符号，可得对偶模型为

$$\max \ \boldsymbol{b}^{\mathrm{T}}y$$
$$\text{s.t.} \quad \boldsymbol{A}^{\mathrm{T}}y + \boldsymbol{c} = 0$$
$$y \geqslant 0$$

Note

习题 2.22　用拉格朗日函数计算如下线性优化问题的对偶问题：

$$\max \ \boldsymbol{c}^{\mathrm{T}} x$$
$$\text{s.t.} \quad \boldsymbol{A} x = \boldsymbol{b}$$

注释 2.22　本题主要考查线性优化模型的对偶模型的计算。

解答　首先将模型转化为标准形式：

$$\min \ (-\boldsymbol{c})^{\mathrm{T}} x$$
$$\text{s.t.} \quad \boldsymbol{A} x - \boldsymbol{b} = 0$$

其次考查模型的定义域，显然为 $D = \mathbb{R}^n$，再次构造拉格朗日函数：

$$L(x, \boldsymbol{\beta}) = (-\boldsymbol{c})^{\mathrm{T}} x + \boldsymbol{\beta}^{\mathrm{T}} (\boldsymbol{A} x - \boldsymbol{b}) = (-\boldsymbol{c} + \boldsymbol{A}^{\mathrm{T}} \boldsymbol{\beta})^{\mathrm{T}} x - \boldsymbol{\beta}^{\mathrm{T}} \boldsymbol{b}$$

然后计算拉格朗日函数在定义域上的最小值：

$$\inf_{x \in \mathbb{R}^n} L(x, \boldsymbol{\beta}) = \begin{cases} -\boldsymbol{\beta}^{\mathrm{T}} \boldsymbol{b}, \ -\boldsymbol{c} + \boldsymbol{A}^{\mathrm{T}} \boldsymbol{\beta} = 0 \\ -\infty, \text{其他} \end{cases}$$

注意到 $\boldsymbol{\alpha} \geqslant 0$，所以对偶模型为

$$\max \ -\boldsymbol{\beta}^{\mathrm{T}} \boldsymbol{b}$$
$$\text{s.t.} \quad -\boldsymbol{c} + \boldsymbol{A}^{\mathrm{T}} \boldsymbol{\beta} = 0$$

改变决策变量的符号，可得对偶模型为

$$\min \ \boldsymbol{b}^{\mathrm{T}} y$$
$$\text{s.t.} \quad \boldsymbol{A}^{\mathrm{T}} y = \boldsymbol{c}$$

习题 2.23　试证明：假设 N 是一个具有 n 个元素的有限集合，承载子

$$\{f_A\}, \forall A \in \mathcal{P}_0(N)$$

是线性空间 G_N 的一个基。

注释 2.23　本题主要考查盈利函数空间的结构。

解答　根据合作博弈的向量表示，可知 G_N 是一个线性空间，并且

$$G_N \cong \mathbb{R}^{2^n - 1}$$

因此只需要证明 $\{f_A\}, \forall A \in \mathcal{P}_0(N)$ 构成了 G_N 的基。如果不然，那么必定有

$$\exists \boldsymbol{\alpha} = (\alpha_A)_{A \in \mathcal{P}_0(N)} \neq 0, \text{s.t.} \sum_{A \in \mathcal{P}_0(N)} \alpha_A f_A(B) = 0, \forall B \in \mathcal{P}(N)$$

令

$$\tau = \{A \mid A \in \mathcal{P}_0(N); \alpha_A \neq 0\}$$

因为 $\alpha \neq 0$，所以 $\tau \neq \varnothing$，按照集合的包含关系，取定 B_0 是 τ 中的极小集合，即没有 τ 中的其他集合严格被它包含。我们需要证明

$$\sum_{A \in \mathcal{P}_0(N)} \alpha_A f_A(B_0) \neq 0$$

从而产生矛盾。根据前面的推导可知

$$\sum_{A \in \mathcal{P}_0(N)} \alpha_A f_A(B_0)$$
$$= \sum_{A \in \mathcal{P}_0(N), A \subset B_0} \alpha_A f_A(B_0) + \alpha_{B_0} f_{B_0}(B_0) + \sum_{A \in \mathcal{P}_0(N), A \nsubseteq B_0} \alpha_A f_A(B_0)$$

因为 $B_0 = \min \tau$，所以一定有

$$\forall A \in \mathcal{P}_0(N), A \subset B_0, \alpha_A = 0$$

根据承载子的定义可知

$$\forall A \in \mathcal{P}_0(N), A \nsubseteq B_0, f_A(B_0) = 0$$

综合可得

$$\sum_{A \in \mathcal{P}_0(N)} \alpha_A f_A(B_0) = \sum_{A \in \mathcal{P}_0(N), A \subset B_0} \alpha_A f_A(B_0) + \alpha_{B_0} f_{B_0}(B_0) +$$
$$\sum_{A \in \mathcal{P}_0(N), A \nsubseteq B_0} \alpha_A f_A(B_0)$$
$$= \alpha_{B_0} f_{B_0}(B_0) = \alpha_{B_0} \neq 0$$

与前文矛盾，因此 $\{f_A\}, \forall A \in \mathcal{P}_0(N)$ 构成了 G_N 的基。由此证明了结论。

第3章

二人博弈的纯粹策略解

本章首先梳理了二人有限零和博弈的模型要素、值与解、解的刻画等知识要点，然后分别针对每个知识要点提供习题及详细解答。

3.1 知识梳理

定义 3.1 三元组 $G = (S_1, S_2, \boldsymbol{A})$ 称为二人有限零和博弈，满足：

（1）$S_1 = \{a_1, a_2, \cdots, a_m\}$ 是参与人 1 的策略集；

（2）$S_2 = \{b_1, b_2, \cdots, b_n\}$ 是参与人 2 的策略集；

（3）矩阵 $\boldsymbol{A} = (a_{ij})_{m \times n}$ 是参与人 1 的盈利矩阵，其中 a_{ij} 是指参与人 1 持策略 a_i，参与人 2 持策略 b_j，此时参与人 1 的盈利为 a_{ij}；

（4）矩阵 $\boldsymbol{A} = (a_{ij})_{m \times n}$ 是参与人 2 的亏本矩阵，其中 a_{ij} 是指参与人 1 持策略 a_i，参与人 2 持策略 b_j，此时参与人 2 的亏本为 a_{ij}。

定义 3.2 假设 $G = (S_1, S_2, \boldsymbol{A})$ 是一个二人零和博弈，博弈的盈利上界定义为

$$U = \max_{i,j} a_{ij}$$

定义 3.3 假设 $G = (S_1, S_2, \boldsymbol{A})$ 是一个二人零和博弈，博弈的盈利下界定义为

$$L = \min_{i,j} a_{ij}$$

定义 3.4 假设 $G = (S_1, S_2, \boldsymbol{A})$ 是一个二人零和博弈，参与人 1 取定策略 a_i，那么此策略的保底盈利函数定义为

$$\underline{f}(i) =: \min_j a_{ij}$$

定义 3.5 假设 $G = (S_1, S_2, \boldsymbol{A})$ 是一个二人零和博弈，博弈的最大最小值定义为

$$\underline{f}^* = \max_i \underline{f}(i) = \max_i \min_j a_{ij}$$

即参与人 1 的保底盈利值，也就是参与人 1 所有策略的保底盈利值中的最大值。

定义 3.6　假设 $G = (S_1, S_2, \boldsymbol{A})$ 是一个二人零和博弈，博弈的最大最小策略定义为

$$a_{i^*}, i^* \in \operatorname*{Argmax}_{i} \underline{f}(i)$$

也就是

$$a_{i^*}, \underline{f}(i^*) = \max_{i} \underline{f}(i)$$

定义 3.7　假设 $G = (S_1, S_2, \boldsymbol{A})$ 是一个二人零和博弈，参与人 2 取定策略 b_j，那么此策略的保底亏本函数定义为

$$\bar{f}(j) =: \max_{i} a_{ij}$$

定义 3.8　假设 $G = (S_1, S_2, \boldsymbol{A})$ 是一个二人零和博弈，博弈的最小最大值定义为

$$\bar{f}^* = \min_{j} \bar{f}(j) = \min_{j} \max_{i} a_{ij}$$

即参与人 2 的保底亏本值，也就是参与人 2 所有策略最大亏本值的最小值。

定义 3.9　假设 $G = (S_1, S_2, \boldsymbol{A})$ 是一个二人零和博弈，博弈的最小最大策略定义为

$$b_{j^*}, j^* \in \operatorname*{Argmin}_{j} \bar{f}(j)$$

也就是

$$b_{j^*}, g^{j^*} = \min_{j} \bar{f}(j)$$

定义 3.10　假设 $G = (S_1, S_2, \boldsymbol{A})$ 是一个二人零和博弈，博弈有一个值，如果 $\underline{f}^* = \bar{f}^*$，此时数值 $v = \underline{f}^* = \bar{f}^*$ 称为博弈值，记为 $v(G)$。此时博弈的最大最小策略和最小最大策略分别称为参与人的最优策略，参与人 1 的最优策略和参与人 2 的最优策略形成的策略对称为博弈解。博弈解的集合记为

$$\operatorname{Sol}(G) = \{(a_{i^*}, b_{j^*}) | \ i^* \in \operatorname*{Argmax}_{i} \underline{f}(i), j^* \in \operatorname*{Argmin}_{j} \bar{f}(j)\}$$

定义 3.11　假设 $G = (S_1, S_2, \boldsymbol{A})$ 是二人有限零和博弈，策略组 (a_{i^*}, b_{j^*}) 称为均衡解，满足

$$a_{ij^*} \leqslant a_{i^*j^*} \leqslant a_{i^*j}, \forall i = 1, 2, \cdots, m, j = 1, 2, \cdots, n$$

博弈 G 的所有均衡解记为

$$\operatorname{Equm}(G)$$

那么均衡解 (a_{i^*}, b_{j^*}) 对应的盈利值 $a_{i^*j^*}$ 称为均衡值。

定义 3.12 函数 $f: X \times Y \to \mathbb{R}$，点 $(x^*, y^*) \in X \times Y$ 称为函数 f 的鞍点，满足

$$f(x^*, y^*) \geqslant f(X, y^*)$$
$$f(x^*, y^*) \leqslant f(x^*, Y)$$

3.2 习题清单

习题 3.1 假设 $G = (S_1, S_2, \boldsymbol{A})$ 是一个二人零和博弈，试证明：a_{i*} 是博弈的最大最小策略当且仅当

$$\underline{f}(i^*) \geqslant \underline{f}(i), \forall i \in \{1, 2, \cdots, m\}$$

习题 3.2 假设 $G = (S_1, S_2, \boldsymbol{A})$ 是一个二人零和博弈，试证明：a_{i*} 是博弈的最大最小策略当且仅当

$$\min_j a_{i*j} \geqslant \min_k a_{ik}, \forall i \in \{1, 2, \cdots, m\}$$

习题 3.3 假设 $G = (S_1, S_2, \boldsymbol{A})$ 是一个二人零和博弈，试证明：a_{i*} 是博弈的最大最小策略当且仅当

$$\underline{f}(i^*) \geqslant \underline{f}^*$$

习题 3.4 假设 $G = (S_1, S_2, \boldsymbol{A})$ 是一个二人零和博弈，试证明：a_{i*} 是博弈的最大最小策略当且仅当

$$a_{i*j} \geqslant \underline{f}^*, \forall j \in \{1, 2, \cdots, n\}$$

习题 3.5 假设 $G = (S_1, S_2, \boldsymbol{A})$ 是一个二人零和博弈，试证明：b_{j*} 是博弈的最小最大策略当且仅当

$$\overline{f}(j^*) \leqslant \overline{f}(j), \forall j \in \{1, 2, \cdots, n\}$$

习题 3.6 假设 $G = (S_1, S_2, \boldsymbol{A})$ 是一个二人零和博弈，试证明：b_{j*} 是博弈的最小最大策略当且仅当

$$\max_i a_{ij*} \leqslant \max_k a_{kj}, \forall j \in \{1, 2, \cdots, n\}$$

习题 3.7　假设 $G = (S_1, S_2, \boldsymbol{A})$ 是一个二人零和博弈，试证明：b_{j^*} 是博弈的最小最大策略当且仅当

$$\overline{f}(j^*) \leqslant \overline{f}^*$$

习题 3.8　假设 $G = (S_1, S_2, \boldsymbol{A})$ 是一个二人零和博弈，试证明：b_{j^*} 是博弈的最小最大策略当且仅当

$$a_{ij^*} \leqslant \overline{f}^*, \forall i \in \{1, 2, \cdots, m\}$$

习题 3.9　假设 $G = (S_1, S_2, \boldsymbol{A})$ 是一个二人零和博弈，试证明：必定有

$$\underline{f}^* \leqslant \overline{f}^*$$

习题 3.10　假设 $G = (S_1, S_2, \boldsymbol{A})$ 是一个二人零和博弈，博弈有一个值，试证明：博弈值一定是唯一的、确定的，此时参与人 1 的最优策略和参与人 2 的最优策略可以自由组合，形成博弈解。

习题 3.11　假设 $G = (S_1, S_2, \boldsymbol{A})$ 是二人有限零和博弈，试证明：任何一个博弈解都是均衡解，此时均衡解的均衡值就是博弈值。

习题 3.12　假设 $G = (S_1, S_2, \boldsymbol{A})$ 是二人有限零和博弈，(a_{i^*}, b_{j^*}) 是一组均衡解，试证明：博弈一定有值 $v = a_{i^*j^*}$，并且 (a_{i^*}, b_{j^*}) 是一组博弈解。

习题 3.13　假设 $G = (S_1, S_2, \boldsymbol{A})$ 是一个二人零和博弈，试证明：如果

$$(a_{i^*}, b_{j^*}), (a_{k^*}, b_{l^*}) \in \text{Equm}(G) = \text{Sol}(G)$$

那么有

$$(a_{k^*}, b_{j^*}), (a_{i^*}, b_{l^*}) \in \text{Equm}(G) = \text{Sol}(G)$$

习题 3.14　假设 $G = (S_1, S_2, \boldsymbol{A})$ 是一个二人零和博弈，试证明：(a_{i^*}, b_{j^*}) 是鞍点当且仅当 (a_{i^*}, b_{j^*}) 是博弈解或均衡解。

3.3　习题解答

习题 3.1　假设 $G = (S_1, S_2, \boldsymbol{A})$ 是一个二人零和博弈，试证明：a_{i^*} 是博弈的最大最小策略当且仅当

$$\underline{f}(i^*) \geqslant \underline{f}(i), \forall i \in \{1, 2, \cdots, m\}$$

注释 3.1　本题主要考查最大最小策略的刻画。

解答　根据定义，可知 a_{i*} 是最大最小策略当且仅当

$$\underline{f}(i^*) = \max_i \underline{f}(i)$$

也就是

$$\underline{f}(i^*) \geqslant \underline{f}(i), \forall i \in \{1, 2, \cdots, m\}$$

由此证明了结论。

习题 3.2　假设 $G = (S_1, S_2, \boldsymbol{A})$ 是一个二人零和博弈，试证明：a_{i*} 是博弈的最大最小策略当且仅当

$$\min_j a_{i*j} \geqslant \min_k a_{ik}, \forall i \in \{1, 2, \cdots, m\}$$

注释 3.2　本题主要考查最大最小策略的刻画。

解答　根据前面的习题可知，a_{i*} 是博弈的最大最小策略当且仅当

$$\underline{f}(i^*) \geqslant \underline{f}^*, \forall i \in \{1, 2, \cdots, m\}$$

根据 f_i 的定义马上可得

$$\min_j a_{i*j} \geqslant \min_k a_{ik}, \forall i \in \{1, 2, \cdots, m\}$$

由此证明了结论。

习题 3.3　假设 $G = (S_1, S_2, \boldsymbol{A})$ 是一个二人零和博弈，试证明：a_{i*} 是博弈的最大最小策略当且仅当

$$\underline{f}(i^*) \geqslant \underline{f}^*$$

注释 3.3　本题主要考查最大最小策略的刻画。

解答　根据前面的习题可知，a_{i*} 是博弈的最大最小策略当且仅当

$$\underline{f}(i^*) \geqslant \underline{f}^*, \forall i \in \{1, 2, \cdots, m\}$$

可以推出

$$\underline{f}(i^*) \geqslant \max_i \underline{f}(i)$$

也就是

$$\underline{f}(i^*) \geqslant \underline{f}^*$$

由此证明了结论。

习题 3.4　假设 $G = (S_1, S_2, \boldsymbol{A})$ 是一个二人零和博弈，试证明：a_{i*} 是博弈的最大最小策略当且仅当

$$a_{i^*j} \geqslant \underline{f}^*, \forall j \in \{1, 2, \cdots, n\}$$

注释 3.4　本题主要考查最大最小策略的刻画。

解答　根据前面的习题可知，a_{i^*} 是博弈的最大最小策略当且仅当

$$\underline{f}(i^*) \geqslant \underline{f}^*$$

根据定义可得

$$\min_j a_{i^*j} \geqslant \underline{f}^*$$

也就是

$$a_{i^*j} \geqslant \underline{f}^*, \forall j \in \{1, 2, \cdots, n\}$$

由此证明了结论。

习题 3.5　假设 $G = (S_1, S_2, \boldsymbol{A})$ 是一个二人零和博弈，试证明：b_{j*} 是博弈的最小最大策略当且仅当

$$\overline{f}(j^*) \leqslant \overline{f}(j), \forall j \in \{1, 2, \cdots, n\}$$

注释 3.5　本题主要考查最小最大策略的刻画。

解答　根据定义，b_{j*} 是博弈的最小最大策略当且仅当

$$\overline{f}(j^*) = \min_j \overline{f}(j)$$

也就是

$$\overline{f}(j^*) \leqslant \overline{f}(j), \forall j \in \{1, 2, \cdots, n\}$$

由此证明了结论。

习题 3.6　假设 $G = (S_1, S_2, \boldsymbol{A})$ 是一个二人零和博弈，试证明：b_{j*} 是博弈的最小最大策略当且仅当

$$\max_i a_{ij^*} \leqslant \max_k a_{kj}, \forall j \in \{1, 2, \cdots, n\}$$

注释 3.6　本题主要考查最小最大策略的刻画。

解答 根据前面的习题可知，b_{j^*} 是博弈的最小最大策略当且仅当

$$\overline{f}(j^*) \leqslant \overline{f}(j), \forall j \in \{1, 2, \cdots, m\}$$

根据 $\overline{f}(j)$ 的定义可得

$$\max_i a_{ij^*} \leqslant \max_k a_{kj}, \forall j \in \{1, 2, \cdots, n\}$$

由此证明了结论。

习题 3.7 假设 $G = (S_1, S_2, \boldsymbol{A})$ 是一个二人零和博弈，试证明：b_{j^*} 是博弈的最小最大策略当且仅当

$$\overline{f}(j^*) \leqslant \overline{f}^*$$

注释 3.7 本题主要考查最小最大策略的刻画。

解答 根据前面的习题可知，b_{j^*} 是博弈的最小最大策略当且仅当

$$\overline{f}(j^*) \leqslant \overline{f}(j), \forall j \in \{1, 2, \cdots, m\}$$

可以推出

$$\overline{f}(j^*) \leqslant \min_j \overline{f}(j)$$

也就是

$$\overline{f}(j^*) \leqslant \overline{f}^*$$

由此证明了结论。

习题 3.8 假设 $G = (S_1, S_2, \boldsymbol{A})$ 是一个二人零和博弈，试证明：b_{j^*} 是博弈的最小最大策略当且仅当

$$a_{ij^*} \leqslant \overline{f}^*, \forall i \in \{1, 2, \cdots, m\}$$

注释 3.8 本题主要考查最小最大策略的刻画。

解答 根据习题 3.7 可知，b_{j^*} 是博弈的最小最大策略当且仅当

$$\overline{f}(j^*) \leqslant \overline{f}^*$$

根据定义可得

$$\max_i a_{ij^*} \leqslant \overline{f}^*$$

也就是

$$a_{ij^*} \leqslant \overline{f}^*, \forall i \in \{1, 2, \cdots, m\}$$

由此证明了结论。

习题 3.9　假设 $G = (S_1, S_2, \boldsymbol{A})$ 是一个二人零和博弈，试证明：必定有

$$\underline{f}^* \leqslant \overline{f}^*$$

注释 3.9　本题主要考查二人零和博弈中保底盈利值和保底亏本值之间的关系。

解答　首先一定有

$$\min_j a_{ij} \leqslant a_{ij}$$

然后可得

$$\max_i \min_j a_{ij} \leqslant \max_i a_{ij}$$

进一步可得

$$\max_i \min_j a_{ij} \leqslant \min_j \max_i a_{ij}$$

也就是

$$\underline{f}^* \leqslant \overline{f}^*$$

由此证明了结论。

习题 3.10　假设 $G = (S_1, S_2, \boldsymbol{A})$ 是一个二人零和博弈，博弈有一个值，试证明：博弈值一定是唯一的、确定的，此时参与人 1 的最优策略和参与人 2 的最优策略可以自由组合，形成博弈解。

注释 3.10　本题主要考查二人零和博弈中博弈值的性质及博弈论与博弈值的关系。

解答　根据定义，博弈 $(S_1, S_2, \boldsymbol{A})$ 有值，那么有

$$\underline{f}^* = \overline{f}^*$$

也就是

$$v =: \min_j \max_i a_{ij} = \max_i \min_j a_{ij}$$

这个值只与 $\min_j \max_i a_{ij}$ 和 $\max_i \min_j a_{ij}$ 是否相等有关，只与矩阵 $\boldsymbol{A}$ 有关，所以如果博弈有值，那么就一定是唯一的、确定的。

博弈有了值，也就是

$$\max_i \underline{f}(i) = \min_j \overline{f}(j)$$

此时取定 $a_{i^*}, i^* \in \operatorname*{Argmax}_i \underline{f}(i)$ 和 $b_{j^*}, j^* \in \operatorname*{Argmin}_j \overline{f}(j)$，根据定义两者都为参与人的最优策略，那么

$$(a_{i^*}, b_{j^*}), \forall i^* \in \operatorname*{Argmax}_i \underline{f}(i), \forall j^* \in \operatorname*{Argmin}_j \overline{f}(j)$$

都是博弈的解。由此证明了结论。

习题 3.11 假设 $G = (S_1, S_2, \boldsymbol{A})$ 是二人有限零和博弈，试证明：任何一个博弈解都是均衡解，此时均衡解的均衡值就是博弈值。

注释 3.11 本题主要考查二人零和博弈中博弈解与均衡解的关系。

解答 假设 (a_{i^*}, b_{j^*}) 是博弈解，那么意味着

$$v = \underline{f}^* = \overline{f}^*$$

并且

$$i^* \in \underset{i}{\operatorname{Argmax}} \underline{f}(i), j^* \in \underset{j}{\operatorname{Argmin}} \overline{f}(j)$$

也就是

$$a_{ij^*} \leqslant \max_i a_{ij^*} = \overline{f}(j^*) = \underline{f}(i^*) = \min_j a_{i^*j} \leqslant$$
$$a_{i^*j^*} \leqslant \max_i a_{ij^*} = \overline{f}(j^*) = \underline{f}(i^*) = \min_j a_{i^*j} \leqslant$$
$$a_{i^*j}$$

所以可得

$$a_{ij^*} \leqslant a_{i^*j^*} \leqslant a_{i^*j}$$

并且

$$a_{i^*j^*} = \underline{f}(i^*) = \overline{f}(j^*) = v$$

由此证明了结论。

习题 3.12 假设 $G = (S_1, S_2, \boldsymbol{A})$ 是二人有限零和博弈，(a_{i^*}, b_{j^*}) 是一组均衡解，试证明：博弈一定有值 $v = a_{i^*j^*}$，并且 (a_{i^*}, b_{j^*}) 是一组博弈解。

注释 3.12 本题主要考查二人零和博弈中博弈解与均衡解的关系。

解答 因为 (a_{i^*}, b_{j^*}) 是一组均衡解，根据定义可得

$$a_{ij^*} \leqslant a_{i^*j^*} \leqslant a_{i^*j}, \forall i = 1, 2, \cdots, m, j = 1, 2, \cdots, n$$

进一步可得

$$\overline{f}(j^*) \leqslant a_{i^*j^*} \leqslant \underline{f}(i^*)$$

又因为

$$\underline{f}(i^*) \leqslant \underline{f}^* \leqslant \overline{f}^* \leqslant \overline{f}(j^*)$$

二者结合可得

$$\underline{f}(i^*) \leqslant \underline{f}^* \leqslant \overline{f}^* \leqslant \overline{f}(j^*) \leqslant a_{i^*j^*} \leqslant f_{i^*}$$

因此所有的不等式变为等式，也就是

$$\underline{f}(i^*) = \underline{f}^* = \overline{f}^* = \overline{f}(j^*) = a_{i^*j^*} = \underline{f}(i^*)$$

推得博弈有博弈值

$$v = a_{i^*j^*}$$

并且

$$i^* \in \operatorname*{Argmax}_{i} \underline{f}(i), j^* \in \operatorname*{Argmin}_{j} \overline{f}(j)$$

也就是说 (a_{i^*}, b_{j^*}) 是一组博弈解。由此证明了结论。

习题 3.13　假设 $G = (S_1, S_2, \boldsymbol{A})$ 是一个二人零和博弈，试证明：如果

$$(a_{i^*}, b_{j^*}), (a_{k^*}, b_{l^*}) \in \operatorname{Equm}(G) = \operatorname{Sol}(G)$$

那么有

$$(a_{k^*}, b_{j^*}), (a_{i^*}, b_{l^*}) \in \operatorname{Equm}(G) = \operatorname{Sol}(G)$$

注释 3.13　本题主要考查二人零和博弈中均衡解的交换定律。

解答　由习题 3.10 和习题 3.12 可得证。

习题 3.14　假设 $G = (S_1, S_2, \boldsymbol{A})$ 是一个二人零和博弈，试证明：(a_{i^*}, b_{j^*}) 是鞍点当且仅当 (a_{i^*}, b_{j^*}) 是博弈解或均衡解。

注释 3.14　本题主要考查二人零和博弈均衡解与鞍点的关系。

解答　鞍点是均衡点的另一种说法，根据习题 3.10 得证。

二人博弈的混合策略解

本章首先梳理了二人有限零和博弈的混合扩张模型、混合博弈值、混合博弈解、混合均衡解、混合均衡值、混合博弈解的存在性等知识要点，然后分别针对每个知识要点提供习题及详细解答。

4.1　知识梳理

定义 4.1　假设 A 是一个有限的非空集合且 $\#A = m$，定义在其上的概率分布空间为

$$\Delta(A) = \left\{ \boldsymbol{\alpha} \middle|\ \boldsymbol{\alpha} \in \mathbb{R}^m; \boldsymbol{\alpha} \geqslant \boldsymbol{0}; \sum_{i=1}^{m} \alpha_i = 1 \right\}$$

定义 4.2　假设 S 是包含 m 个元素的集合，其上的混合扩张定义为集合 S 上的概率分布空间，记为 Σ_S：

$$\Sigma_S = \left\{ \boldsymbol{x} \middle|\ \boldsymbol{x} \in \mathbb{R}^m, \boldsymbol{x} \geqslant \boldsymbol{0}, \sum_{i=1}^{m} x_i = 1 \right\}$$

定义 4.3　假设 S 是包含 m 个元素的集合，其上的混合扩张集合为 Σ_S，对于其中的任意一个混合扩张 $\boldsymbol{x} \in \Sigma_S$，其支撑集和零测集分别为

$$\mathrm{Supp}(\boldsymbol{x}) = \{i|\ x_i > 0, i = 1, 2, \cdots, m\}, \mathrm{Zero}(\boldsymbol{x}) = \{i|\ x_i = 0, i = 1, 2, \cdots, m\}$$

定义 4.4　假设 S_1, S_2 分别是参与人 1 和参与人 2 的有限策略集，元素数量分别为 m, n，此时称 S_1, S_2 分别为参与人 1 和参与人 2 的纯粹策略集，参与人 1 和参与人 2 基于 S_1, S_2 的混合策略集记为

$$\Sigma_1 = \left\{ \boldsymbol{x} \middle|\ \boldsymbol{x} \in \mathbb{R}^m, \boldsymbol{x} \geqslant \boldsymbol{0}, \sum_{i=1}^{m} x_i = 1 \right\}$$

$$\Sigma_2 = \left\{ \boldsymbol{y} \middle|\ \boldsymbol{y} \in \mathbb{R}^n, \boldsymbol{y} \geqslant \boldsymbol{0}, \sum_{i=1}^{m} y_i = 1 \right\}$$

记为 $\varSigma = \varSigma_1 \times \varSigma_2$。

定义 4.5 假设 S_1, S_2 是参与人 1 和参与人 2 的纯粹策略集，$\varSigma_1, \varSigma_2$ 分别是参与人 1 和参与人 2 的混合策略集，$G = (S_1, S_2, \boldsymbol{A})$ 是二人有限零和博弈，那么可以混合扩张为零和博弈：

$$G_{\mathrm{mix}} = (\varSigma_1, \varSigma_2, F)$$

其中，函数 F 是参与人 1 在混合策略意义下的盈利函数，定义为

$$F(\boldsymbol{x}, \boldsymbol{y}) = \boldsymbol{x}^{\mathrm{T}} \boldsymbol{A} \boldsymbol{y}, \forall \boldsymbol{x} \in \varSigma_1, \boldsymbol{y} \in \varSigma_2$$

定义 4.6 假设 $G = (S_1, S_2, \boldsymbol{A})$ 是二人有限零和博弈，$G_{\mathrm{mix}} = (\varSigma_1, \varSigma_2, F)$ 是其混合扩张，博弈的盈利上界定义为

$$U(G_{\mathrm{mix}}) = \max_{\boldsymbol{x}, \boldsymbol{y}} \boldsymbol{x}^{\mathrm{T}} \boldsymbol{A} \boldsymbol{y}$$

定义 4.7 假设 $G = (S_1, S_2, \boldsymbol{A})$ 是二人有限零和博弈，$G_{\mathrm{mix}} = (\varSigma_1, \varSigma_2, F)$ 是其混合扩张，博弈的盈利下界定义为

$$L(G_{\mathrm{mix}}) = \min_{\boldsymbol{x}, \boldsymbol{y}} \boldsymbol{x}^{\mathrm{T}} \boldsymbol{A} \boldsymbol{y}$$

定义 4.8 假设 $G = (S_1, S_2, \boldsymbol{A})$ 是二人有限零和博弈，$G_{\mathrm{mix}} = (\varSigma_1, \varSigma_2, F)$ 是其混合扩张，对于参与人 1 的混合策略 $\boldsymbol{x}$，博弈的保底盈利函数定义为

$$\underline{F}(\boldsymbol{x}) = \min_{\boldsymbol{y}} \boldsymbol{x}^{\mathrm{T}} \boldsymbol{A} \boldsymbol{y}$$

定义 4.9 假设 $G = (S_1, S_2, \boldsymbol{A})$ 是二人有限零和博弈，$G_{\mathrm{mix}} = (\varSigma_1, \varSigma_2, F)$ 是其混合扩张，博弈的最大最小值定义为

$$\underline{F}^* = \max_{\boldsymbol{x}} \underline{F}(\boldsymbol{x}) = \max_{\boldsymbol{x}} \min_{\boldsymbol{y}} \boldsymbol{x}^{\mathrm{T}} \boldsymbol{A} \boldsymbol{y} = \max_{\boldsymbol{x}} \min_{j} \boldsymbol{x}^{\mathrm{T}} \boldsymbol{A} \boldsymbol{\eta}_j$$

即参与人 1 的保底盈利值。

定义 4.10 假设 $G = (S_1, S_2, \boldsymbol{A})$ 是二人有限零和博弈，$G_{\mathrm{mix}} = (\varSigma_1, \varSigma_2, F)$ 是其混合扩张，博弈的最大最小策略定义为

$$\boldsymbol{x}^*, \boldsymbol{x}^* \in \underline{F}^{-1}(\underline{F}^*), \boldsymbol{x}^* \in \operatorname*{Argmax}_{\boldsymbol{x}} \underline{F}(\boldsymbol{x})$$

定义 4.11 假设 $G = (S_1, S_2, \boldsymbol{A})$ 是二人有限零和博弈，$G_{\mathrm{mix}} = (\varSigma_1, \varSigma_2, F)$ 是其混合扩张，博弈的最大亏本函数定义为

$$\overline{F}(\boldsymbol{y}) = \max_{\boldsymbol{x}} \boldsymbol{x}^{\mathrm{T}} \boldsymbol{A} \boldsymbol{y}$$

定义 4.12 假设 $G = (S_1, S_2, \boldsymbol{A})$ 是二人有限零和博弈，$G_{\mathrm{mix}} = (\varSigma_1, \varSigma_2, F)$ 是其混合扩张，博弈的最小最大值定义为

$$\overline{F}^* = \min_{\boldsymbol{y}} \overline{F}(\boldsymbol{y}) = \min_{\boldsymbol{y}} \max_{\boldsymbol{x}} \boldsymbol{x}^{\mathrm{T}} \boldsymbol{A} \boldsymbol{y} = \min_{\boldsymbol{y}} \max_{i} \boldsymbol{e}_i^{\mathrm{T}} \boldsymbol{A} \boldsymbol{y}$$

即为参与人 2 的保底亏本值。

定义 4.13 假设 $G = (S_1, S_2, \boldsymbol{A})$ 是二人有限零和博弈，$G_{\mathrm{mix}} = (\varSigma_1, \varSigma_2, F)$ 是其混合扩张，博弈的最小最大策略定义为

$$\boldsymbol{y}^*, \boldsymbol{y}^* \in \overline{F}^{-1}(\overline{F}^*), \boldsymbol{y}^* \in \operatorname*{Argmin}_{\boldsymbol{y}} \overline{F}(\boldsymbol{y})$$

定义 4.14 假设 $G = (S_1, S_2, \boldsymbol{A})$ 是二人有限零和博弈，$G_{\mathrm{mix}} = (\varSigma_1, \varSigma_2, F)$ 是其混合扩张，称混合博弈有一个值，如果

$$\underline{F}^* = \overline{F}^*$$

那么此时数值

$$v_{\mathrm{mix}} = \underline{F}^* = \overline{F}^*$$

称为混合博弈值，此时博弈的最大最小策略和最小最大策略称为博弈的混合最优策略。参与人 1 和参与人 2 的任意混合最优策略形成的策略对称为博弈的混合解，所有的混合解记为

$$\mathrm{MixSol}(G) = \{(\boldsymbol{x}^*, \boldsymbol{y}^*) |\ \boldsymbol{x}^* \in \underline{F}^{-1}(v_{\mathrm{mix}}); \boldsymbol{y}^* \in \overline{F}^{-1}(v_{\mathrm{mix}})\}$$

定义 4.15 假设 $G = (S_1, S_2, \boldsymbol{A})$ 是二人有限零和博弈，$G_{\mathrm{mix}} = (\varSigma_1, \varSigma_2, F)$ 是其混合扩张，如果满足

$$\boldsymbol{x}^{\mathrm{T}} \boldsymbol{A} \boldsymbol{y}^* \leqslant \boldsymbol{x}^{*\mathrm{T}} \boldsymbol{A} \boldsymbol{y}^* \leqslant \boldsymbol{x}^{*\mathrm{T}} \boldsymbol{A} \boldsymbol{y}, \forall \boldsymbol{x} \in \varSigma_1, \boldsymbol{y} \in \varSigma_2$$

那么

$$(\boldsymbol{x}^*, \boldsymbol{y}^*) \in \varSigma = \varSigma_1 \times \varSigma_2$$

是混合均衡解，所有的混合均衡解记为 $\mathrm{MixEqum}(G)$，混合均衡解对应的均衡值称为混合均衡值。

定义 4.16 函数 $f : X \times Y \to \mathbb{R}$，如果满足

$$f(\boldsymbol{x}^*, \boldsymbol{y}^*) \geqslant f(X, \boldsymbol{y}^*)$$
$$f(\boldsymbol{x}^*, \boldsymbol{y}^*) \leqslant f(\boldsymbol{x}^*, Y)$$

那么点 $(\boldsymbol{x}^*, \boldsymbol{y}^*) \in X \times Y$ 称为函数 f 的鞍点。

4.2 习题清单

习题 4.1　假设有有限个数据 $A = \{x_i\}_{i \in I} \subseteq \mathbb{R}$, $\#I < +\infty$, 那么任取 $\boldsymbol{\alpha} = (\alpha_i)_{i \in I} \in \Delta(A)$, 试证明:

$$\min A \leqslant \sum_{i \in I} \alpha_i x_i \leqslant \max A$$

习题 4.2　假设有有限个数据 $A = \{x_i\}_{i \in I} \subseteq \mathbb{R}$, $\#I < +\infty$, 试证明:

$$\min_{\boldsymbol{\alpha} \in \Delta(A)} \left(\sum_{i \in I} \alpha_i x_i \right) = \min A, \quad \max_{\boldsymbol{\alpha} \in \Delta(A)} \left(\sum_{i \in I} \alpha_i x_i \right) = \max A$$

习题 4.3　假设有有限个数据 $A = \{x_i\}_{i \in I} \subseteq \mathbb{R}$, $\#I < +\infty$, 取定 $\boldsymbol{\alpha} = (\alpha_i)_{i \in I} \in \Delta(A)$, 试证明: 如果有 $\min A = \sum_{i \in I} \alpha_i x_i$, 那么必定有

$$\alpha_i = 0, \forall i \in I \setminus I_{\min}$$

习题 4.4　假设有有限个数据 $A = \{x_i\}_{i \in I} \subseteq \mathbb{R}$, $\#I < +\infty$, 取定 $\boldsymbol{\alpha} = (\alpha_i)_{i \in I} \in \Delta(A)$, 试证明: 如果有 $\max A = \sum_{i \in I} \alpha_i x_i$, 那么必定有

$$\alpha_i = 0, \forall i \in I \setminus I_{\max}$$

习题 4.5　假设 $G = (S_1, S_2, \boldsymbol{A})$ 是二人有限零和博弈, $G_{\text{mix}} = (\Sigma_1, \Sigma_2, F)$ 是其混合扩张, 试证明:

$$\min_{\boldsymbol{y}} \boldsymbol{x}^{\mathrm{T}} \boldsymbol{A} \boldsymbol{y} = \min_j \boldsymbol{x}^{\mathrm{T}} \boldsymbol{A} \boldsymbol{\eta}_j$$
$$\max_{\boldsymbol{x}} \boldsymbol{x}^{\mathrm{T}} \boldsymbol{A} \boldsymbol{y} = \max_i \boldsymbol{e}_i^{\mathrm{T}} \boldsymbol{A} \boldsymbol{y}$$

习题 4.6　假设 $G = (S_1, S_2, \boldsymbol{A})$ 是二人有限零和博弈, $G_{\text{mix}} = (\Sigma_1, \Sigma_2, F)$ 是其混合扩张, 试证明: 博弈 G, G_{mix} 的盈利上界满足

$$U(G_{\text{mix}}) = U(G)$$

习题 4.7　假设 $G = (S_1, S_2, \boldsymbol{A})$ 是二人有限零和博弈, $G_{\text{mix}} = (\Sigma_1, \Sigma_2, F)$ 是其混合扩张, 试证明: 博弈 G, G_{mix} 的盈利下界满足

$$L(G_{\text{mix}}) = L(G)$$

习题 4.8　假设 $G = (S_1, S_2, \boldsymbol{A})$ 是二人有限零和博弈，$G_{\text{mix}} = (\Sigma_1, \Sigma_2, F)$ 是其混合扩张，试证明：

$$\underline{F}(\boldsymbol{x}) = \min_j \boldsymbol{x}^{\text{T}} \boldsymbol{A} \boldsymbol{\eta}_j$$

习题 4.9　假设 $G = (S_1, S_2, \boldsymbol{A})$ 是二人有限零和博弈，$G_{\text{mix}} = (\Sigma_1, \Sigma_2, F)$ 是其混合扩张，试证明：

$$\underline{F} : \Sigma_1 \to \mathbb{R}$$

是连续函数，$\underline{F}^*$ 一定存在，最大最小策略也一定存在。

习题 4.10　假设 $G = (S_1, S_2, \boldsymbol{A})$ 是二人有限零和博弈，$G_{\text{mix}} = (\Sigma_1, \Sigma_2, F)$ 是其混合扩张，试证明：$\boldsymbol{x}^*$ 是博弈的最大最小策略当且仅当

$$\underline{F}(\boldsymbol{x}^*) \geqslant \underline{F}(\boldsymbol{x}), \forall \boldsymbol{x} \in \Sigma_1$$

习题 4.11　假设 $G = (S_1, S_2, \boldsymbol{A})$ 是二人有限零和博弈，$G_{\text{mix}} = (\Sigma_1, \Sigma_2, F)$ 是其混合扩张，试证明：$\boldsymbol{x}^*$ 是博弈的最大最小策略当且仅当

$$\min_{\boldsymbol{y}} \boldsymbol{x}^{*\text{T}} \boldsymbol{A} \boldsymbol{y} \geqslant \min_{\boldsymbol{z}} \boldsymbol{x}^{\text{T}} \boldsymbol{A} \boldsymbol{z}, \forall \boldsymbol{x} \in \Sigma_1$$

习题 4.12　假设 $G = (S_1, S_2, \boldsymbol{A})$ 是二人有限零和博弈，$G_{\text{mix}} = (\Sigma_1, \Sigma_2, F)$ 是其混合扩张，试证明：$\boldsymbol{x}^*$ 是博弈的最大最小策略当且仅当

$$\min_j \boldsymbol{x}^{*\text{T}} \boldsymbol{A} \boldsymbol{\eta}_j \geqslant \min_k \boldsymbol{x}^{\text{T}} \boldsymbol{A} \boldsymbol{\eta}_k, \forall \boldsymbol{x} \in \Sigma_1$$

习题 4.13　假设 $G = (S_1, S_2, \boldsymbol{A})$ 是二人有限零和博弈，$G_{\text{mix}} = (\Sigma_1, \Sigma_2, F)$ 是其混合扩张，试证明：$\boldsymbol{x}^*$ 是博弈的最大最小策略当且仅当

$$\boldsymbol{x}^{*\text{T}} \boldsymbol{A} \boldsymbol{y} \geqslant \underline{F}^*, \forall \boldsymbol{y} \in \Sigma_2$$

习题 4.14　假设 $G = (S_1, S_2, \boldsymbol{A})$ 是二人有限零和博弈，$G_{\text{mix}} = (\Sigma_1, \Sigma_2, F)$ 是其混合扩张，试证明：$\boldsymbol{x}^*$ 是博弈的最大最小策略当且仅当

$$\boldsymbol{x}^{*\text{T}} \boldsymbol{A} \boldsymbol{\eta}_j \geqslant \underline{F}^*$$

习题 4.15　假设 $G = (S_1, S_2, \boldsymbol{A})$ 是二人有限零和博弈，$G_{\text{mix}} = (\Sigma_1, \Sigma_2, F)$ 是其混合扩张，试证明：

$$\overline{F}(\boldsymbol{y}) = \max_i \boldsymbol{e}_i^{\text{T}} \boldsymbol{A} \boldsymbol{y}$$

习题 4.16　假设 $G = (S_1, S_2, \boldsymbol{A})$ 是二人有限零和博弈，$G_{\text{mix}} = (\varSigma_1, \varSigma_2, F)$ 是其混合扩张，试证明：

$$\overline{F} : \varSigma_2 \to \mathbb{R}$$

是连续函数，$\overline{F}^*$ 一定存在，最小最大策略也一定存在。

习题 4.17　假设 $G = (S_1, S_2, \boldsymbol{A})$ 是二人有限零和博弈，$G_{\text{mix}} = (\varSigma_1, \varSigma_2, F)$ 是其混合扩张，试证明：$\boldsymbol{y}^*$ 是博弈的最小最大策略当且仅当

$$\overline{F}(\boldsymbol{y}^*) \leqslant \overline{F}(\boldsymbol{y}), \forall \boldsymbol{y} \in \varSigma_2$$

习题 4.18　假设 $G = (S_1, S_2, \boldsymbol{A})$ 是二人有限零和博弈，$G_{\text{mix}} = (\varSigma_1, \varSigma_2, F)$ 是其混合扩张，试证明：$\boldsymbol{y}^*$ 是博弈的最小最大策略当且仅当

$$\max_{\boldsymbol{x}} \boldsymbol{x}^{\mathrm{T}} \boldsymbol{A} \boldsymbol{y}^* \leqslant \max_{\boldsymbol{z}} \boldsymbol{z}^{\mathrm{T}} \boldsymbol{A} \boldsymbol{y}, \forall \boldsymbol{y} \in \varSigma_2$$

习题 4.19　假设 $G = (S_1, S_2, \boldsymbol{A})$ 是二人有限零和博弈，$G_{\text{mix}} = (\varSigma_1, \varSigma_2, F)$ 是其混合扩张，试证明：$\boldsymbol{y}^*$ 是博弈的最小最大策略当且仅当

$$\max_{i} \boldsymbol{e}_i^{\mathrm{T}} \boldsymbol{A} \boldsymbol{y}^* \leqslant \max_{k} \boldsymbol{e}_k^{\mathrm{T}} \boldsymbol{A} \boldsymbol{y}, \forall \boldsymbol{y} \in \varSigma_2$$

习题 4.20　假设 $G = (S_1, S_2, \boldsymbol{A})$ 是二人有限零和博弈，$G_{\text{mix}} = (\varSigma_1, \varSigma_2, F)$ 是其混合扩张，试证明：$\boldsymbol{y}^*$ 是博弈的最小最大策略当且仅当

$$\boldsymbol{x}^{\mathrm{T}} \boldsymbol{A} \boldsymbol{y}^* \leqslant \overline{F}^*, \forall \boldsymbol{x} \in \varSigma_1$$

习题 4.21　假设 $G = (S_1, S_2, \boldsymbol{A})$ 是二人有限零和博弈，$G_{\text{mix}} = (\varSigma_1, \varSigma_2, F)$ 是其混合扩张，试证明：$\boldsymbol{y}^*$ 是博弈的最小最大策略当且仅当

$$\boldsymbol{e}_i^{\mathrm{T}} \boldsymbol{A} \boldsymbol{y}^* \leqslant \overline{F}^*$$

习题 4.22　假设 $G = (S_1, S_2, \boldsymbol{A})$ 是二人有限零和博弈，$G_{\text{mix}} = (\varSigma_1, \varSigma_2, F)$ 是其混合扩张，试证明：

$$\underline{F}^* \leqslant \overline{F}^*$$

习题 4.23　假设 $G = (S_1, S_2, \boldsymbol{A})$ 是一个二人零和博弈，$G_{\text{mix}} = (\varSigma_1, \varSigma_2, F)$ 是其混合扩张，试证明：如果博弈有一个混合值，那么混合博弈值一定是唯一的、确定的，此时参与人 1 的混合最优策略和参与人 2 的混合最优策略可以自由组合，形成混合博弈解。

习题 4.24　假设 $G = (S_1, S_2, \boldsymbol{A})$ 是二人有限零和博弈，$G_{\text{mix}} = (\Sigma_1, \Sigma_2, F)$ 是其混合扩张，试证明：任何一个混合博弈解都是混合均衡解，此时混合均衡值就是混合博弈值。

习题 4.25　假设 $G = (S_1, S_2, \boldsymbol{A})$ 是二人有限零和博弈，$G_{\text{mix}} = (\Sigma_1, \Sigma_2, F)$ 是其混合扩张，$(\boldsymbol{x}^*, \boldsymbol{y}^*)$ 是一组混合均衡解，试证明：博弈一定有混合值：

$$v_{\text{mix}} = \boldsymbol{x}^{*\text{T}} \boldsymbol{A} \boldsymbol{y}^*$$

且 $(\boldsymbol{x}^*, \boldsymbol{y}^*)$ 是一组混合博弈解。

习题 4.26　假设 $G = (S_1, S_2, \boldsymbol{A})$ 是二人有限零和博弈，$G_{\text{mix}} = (\Sigma_1, \Sigma_2, F)$ 是其混合扩张，试证明：如果

$$(\boldsymbol{x}^*, \boldsymbol{y}^*), (\boldsymbol{z}^*, \boldsymbol{w}^*) \in \text{MixEqum}(G) = \text{MixSol}(G)$$

那么有

$$(\boldsymbol{x}^*, \boldsymbol{w}^*), (\boldsymbol{z}^*, \boldsymbol{y}^*) \in \text{MixEqum}(G) = \text{MixSol}(G)$$

习题 4.27　假设 $G = (S_1, S_2, \boldsymbol{A})$ 是二人有限零和博弈，$G_{\text{mix}} = (\Sigma_1, \Sigma_2, F)$ 是其混合扩张，试证明：$(\boldsymbol{x}^*, \boldsymbol{y}^*)$ 是函数 F 的鞍点当且仅当 $(\boldsymbol{x}^*, \boldsymbol{y}^*)$ 是混合博弈解或混合均衡解。

习题 4.28　假设 $G = (S_1, S_2, \boldsymbol{A})$ 是二人有限零和博弈，$G_{\text{mix}} = (\Sigma_1, \Sigma_2, F)$ 是其混合扩张，试证明：一定有

$$\overline{F}^* = \underline{F}^*$$

即博弈一定有混合值，那么一定也有混合博弈解，也就是混合均衡解。

习题 4.29　假设 $G = (S_1, S_2, \boldsymbol{A})$ 是二人有限零和博弈，$G_{\text{mix}} = (\Sigma_1, \Sigma_2, F)$ 是其混合扩张，试证明：混合策略对

$$(\boldsymbol{x}^*, \boldsymbol{y}^*) \in \Sigma = \Sigma_1 \times \Sigma_2$$

是混合博弈解当且仅当 $(\boldsymbol{x}^*, \boldsymbol{y}^*)$ 是如下线性规划的对偶解

$$
\begin{aligned}
\min \quad & \boldsymbol{v} \\
\text{s.t.} \quad & \boldsymbol{A}\boldsymbol{y} \leqslant \boldsymbol{v}\boldsymbol{1}_m \\
& \sum_{j=1}^{m} y_j = 1, \boldsymbol{y} \geqslant \boldsymbol{0}
\end{aligned}
$$

和

$$\max \quad \boldsymbol{w}$$
$$\text{s.t.} \quad \boldsymbol{x}^{\mathrm{T}}\boldsymbol{A} \geqslant \boldsymbol{w}\boldsymbol{1}_n^{\mathrm{T}}$$
$$\sum_{i=1}^{m} x_i = 1, \boldsymbol{x} \geqslant \boldsymbol{0}$$

4.3 习题解答

习题 4.1 假设有有限个数据 $A = \{x_i\}_{i\in I} \subseteq \mathbb{R}$，$\#I < +\infty$，那么任取 $\boldsymbol{\alpha} = (\alpha_i)_{i\in I} \in \Delta(A)$，试证明：

$$\min A \leqslant \sum_{i\in I} \alpha_i x_i \leqslant \max A$$

注释 4.1 本题主要考查概率作用在数据集上的上下界。

解答 本题仅用到非常基本的代数知识，读者自行完成证明。

习题 4.2 假设有有限个数据 $A = \{x_i\}_{i\in I} \subseteq \mathbb{R}$，$\#I < +\infty$，试证明：

$$\min_{\boldsymbol{\alpha}\in\Delta(A)} \left(\sum_{i\in I} \alpha_i x_i\right) = \min A, \quad \max_{\boldsymbol{\alpha}\in\Delta(A)} \left(\sum_{i\in I} \alpha_i x_i\right) = \max A$$

注释 4.2 本题主要考查概率作用在数据集上的最值。

解答 本题仅用到非常基本的代数知识，读者自行完成证明。

习题 4.3 假设有有限个数据 $A = \{x_i\}_{i\in I} \subseteq \mathbb{R}$，$\#I < \infty$，取定 $\boldsymbol{\alpha} = (\alpha_i)_{i\in I} \in \Delta(A)$，试证明：如果有 $\min A = \sum_{i\in I} \alpha_i x_i$，那么必定有

$$\alpha_i = 0, \forall i \in I \setminus I_{\min}$$

注释 4.3 本题主要考查概率作用在数据集上最值的分布问题。

解答 本题仅用到非常基本的代数知识，读者自行完成证明。

习题 4.4 假设有有限个数据 $A = \{x_i\}_{i\in I} \subseteq \mathbb{R}$，$\#I < +\infty$，取定 $\boldsymbol{\alpha} = (\alpha_i)_{i\in I} \in \Delta(A)$，试证明：如果有 $\max A = \sum_{i\in I} \alpha_i x_i$，那么必定有

$$\alpha_i = 0, \forall i \in I \setminus I_{\max}$$

注释 4.4 本题主要考查概率作用在数据集上最值的分布问题。

解答 本题仅用到非常基本的代数知识，读者自行完成证明。

习题 4.5 假设 $G = (S_1, S_2, \boldsymbol{A})$ 是二人有限零和博弈，$G_{\text{mix}} = (\varSigma_1, \varSigma_2, F)$ 是其混合扩张，试证明：

$$\min_{\boldsymbol{y}} \boldsymbol{x}^{\text{T}} \boldsymbol{A} \boldsymbol{y} = \min_j \boldsymbol{x}^{\text{T}} \boldsymbol{A} \boldsymbol{\eta}_j$$

$$\max_{\boldsymbol{x}} \boldsymbol{x}^{\text{T}} \boldsymbol{A} \boldsymbol{y} = \max_i \boldsymbol{e}_i^{\text{T}} \boldsymbol{A} \boldsymbol{y}$$

注释 4.5 本题主要考查二人零和博弈取极值的转化问题，由无穷变为有穷。

解答 本题仅用到非常基本的代数知识，读者自行完成证明。

习题 4.6 假设 $G = (S_1, S_2, \boldsymbol{A})$ 是二人有限零和博弈，$G_{\text{mix}} = (\varSigma_1, \varSigma_2, F)$ 是其混合扩张，试证明：博弈 G, G_{mix} 的盈利上界满足

$$U(G_{\text{mix}}) = U(G)$$

注释 4.6 本题主要考查二人零和博弈取极值的转化问题，由无穷变为有穷。

解答 本题仅用到非常基本的代数知识，读者自行完成证明。

习题 4.7 假设 $G = (S_1, S_2, \boldsymbol{A})$ 是二人有限零和博弈，$G_{\text{mix}} = (\varSigma_1, \varSigma_2, F)$ 是其混合扩张，试证明：博弈 G, G_{mix} 的盈利下界满足

$$L(G_{\text{mix}}) = L(G)$$

注释 4.7 本题主要考查二人零和博弈取极值的转化问题，由无穷变为有穷。

解答 本题仅用到非常基本的代数知识，读者自行完成证明。

习题 4.8 假设 $G = (S_1, S_2, \boldsymbol{A})$ 是二人有限零和博弈，$G_{\text{mix}} = (\varSigma_1, \varSigma_2, F)$ 是其混合扩张，试证明：

$$\underline{F}(\boldsymbol{x}) = \min_j \boldsymbol{x}^{\text{T}} \boldsymbol{A} \boldsymbol{\eta}_j$$

注释 4.8 本题主要考查二人零和博弈取极值的转化问题，由无穷变为有穷。

解答 本题仅用到非常基本的代数知识，读者自行完成证明。

习题 4.9 假设 $G = (S_1, S_2, \boldsymbol{A})$ 是二人有限零和博弈，$G_{\text{mix}} = (\varSigma_1, \varSigma_2, F)$ 是其混合扩张，试证明：

$$\underline{F} : \varSigma_1 \to \mathbb{R}$$

是连续函数，$\underline{F}^*$ 一定存在，最大最小策略也一定存在。

注释 4.9 本题主要考查二人零和博弈最大最小值及最大最小策略的存在性。

解答 $\varSigma_1$ 是有界的闭的凸集，函数 $\underline{F}$ 是多个线性函数的取小函数，所以一定连续，根据波尔查诺–维尔斯特拉斯定理，最大值点一定存在，一定可以取到最大值。

Note

习题 4.10 假设 $G = (S_1, S_2, \boldsymbol{A})$ 是二人有限零和博弈，$G_{\text{mix}} = (\Sigma_1, \Sigma_2, F)$ 是其混合扩张，试证明：$\boldsymbol{x}^*$ 是博弈的最大最小策略当且仅当

$$\underline{F}(\boldsymbol{x}^*) \geqslant \underline{F}(\boldsymbol{x}), \forall \boldsymbol{x} \in \Sigma_1$$

注释 4.10 本题主要考查二人零和博弈混合最大最小策略的刻画。

解答 本题仅用到非常基本的代数知识，读者自行完成证明。

习题 4.11 假设 $G = (S_1, S_2, \boldsymbol{A})$ 是二人有限零和博弈，$G_{\text{mix}} = (\Sigma_1, \Sigma_2, F)$ 是其混合扩张，试证明：$\boldsymbol{x}^*$ 是博弈的最大最小策略当且仅当

$$\min_{\boldsymbol{y}} \boldsymbol{x}^{*\mathrm{T}} \boldsymbol{A} \boldsymbol{y} \geqslant \min_{\boldsymbol{z}} \boldsymbol{x}^{\mathrm{T}} \boldsymbol{A} \boldsymbol{z}, \forall \boldsymbol{x} \in \Sigma_1$$

注释 4.11 本题主要考查二人零和博弈混合最大最小策略的刻画。

解答 本题仅用到非常基本的代数知识，读者自行完成证明。

习题 4.12 假设 $G = (S_1, S_2, \boldsymbol{A})$ 是二人有限零和博弈，$G_{\text{mix}} = (\Sigma_1, \Sigma_2, F)$ 是其混合扩张，试证明：$\boldsymbol{x}^*$ 是博弈的最大最小策略当且仅当

$$\min_{j} \boldsymbol{x}^{*\mathrm{T}} \boldsymbol{A} \boldsymbol{\eta}_j \geqslant \min_{k} \boldsymbol{x}^{\mathrm{T}} \boldsymbol{A} \boldsymbol{\eta}_k, \forall \boldsymbol{x} \in \Sigma_1$$

注释 4.12 本题主要考查二人零和博弈混合最大最小策略的刻画。

解答 本题仅用到非常基本的代数知识，读者自行完成证明。

习题 4.13 假设 $G = (S_1, S_2, \boldsymbol{A})$ 是二人有限零和博弈，$G_{\text{mix}} = (\Sigma_1, \Sigma_2, F)$ 是其混合扩张，试证明：$\boldsymbol{x}^*$ 是博弈的最大最小策略当且仅当

$$\boldsymbol{x}^{*\mathrm{T}} \boldsymbol{A} \boldsymbol{y} \geqslant \underline{F}^*, \forall \boldsymbol{y} \in \Sigma_2$$

注释 4.13 本题主要考查二人零和博弈混合最大最小策略的刻画。

解答 本题仅用到非常基本的代数知识，读者自行完成证明。

习题 4.14 假设 $G = (S_1, S_2, \boldsymbol{A})$ 是二人有限零和博弈，$G_{\text{mix}} = (\Sigma_1, \Sigma_2, F)$ 是其混合扩张，试证明：$\boldsymbol{x}^*$ 是博弈的最大最小策略当且仅当

$$\boldsymbol{x}^{*\mathrm{T}} \boldsymbol{A} \boldsymbol{\eta}_j \geqslant \underline{F}^*$$

注释 4.14 本题主要考查二人零和博弈混合最大最小策略的刻画。

解答 本题仅用到非常基本的代数知识，读者自行完成证明。

习题 4.15 假设 $G = (S_1, S_2, \boldsymbol{A})$ 是二人有限零和博弈，$G_{\text{mix}} = (\Sigma_1, \Sigma_2, F)$ 是其混合扩张，试证明：

$$\overline{F}(\boldsymbol{y}) = \max_{i} \boldsymbol{e}_i^{\mathrm{T}} \boldsymbol{A} \boldsymbol{y}$$

Note

注释 4.15　本题主要考查二人零和博弈取极值的转化问题，由无穷变为有穷。

解答　本题仅用到非常基本的代数知识，读者自行完成证明。

习题 4.16　假设 $G = (S_1, S_2, \boldsymbol{A})$ 是二人有限零和博弈，$G_{\mathrm{mix}} = (\varSigma_1, \varSigma_2, F)$ 是其混合扩张，试证明：

$$\overline{F} : \varSigma_2 \to \mathbb{R}$$

是连续函数，$\overline{F}^*$ 一定存在，最小最大策略也一定存在。

注释 4.16　本题主要考查二人零和博弈最小最大值及最小最大策略的存在性。

解答　$\varSigma_2$ 是有界的闭的凸集，函数 $\overline{F}$ 是多个线性函数的取大函数，所以一定连续，根据波尔查诺–维尔斯特拉斯定理，最小值点一定存在，最小值一定可以取到。

习题 4.17　假设 $G = (S_1, S_2, \boldsymbol{A})$ 是二人有限零和博弈，$G_{\mathrm{mix}} = (\varSigma_1, \varSigma_2, F)$ 是其混合扩张，试证明：$\boldsymbol{y}^*$ 是博弈的最小最大策略当且仅当

$$\overline{F}(\boldsymbol{y}^*) \leqslant \overline{F}(\boldsymbol{y}), \forall \boldsymbol{y} \in \varSigma_2$$

注释 4.17　本题主要考查二人零和博弈混合最小最大策略的刻画。

解答　本题仅用到非常基本的代数知识，读者自行完成证明。

习题 4.18　假设 $G = (S_1, S_2, \boldsymbol{A})$ 是二人有限零和博弈，$G_{\mathrm{mix}} = (\varSigma_1, \varSigma_2, F)$ 是其混合扩张，试证明：$\boldsymbol{y}^*$ 是博弈的最小最大策略当且仅当

$$\max_{\boldsymbol{x}} \boldsymbol{x}^{\mathrm{T}} A \boldsymbol{y}^* \leqslant \max_{\boldsymbol{z}} \boldsymbol{z}^{\mathrm{T}} A \boldsymbol{y}, \forall \boldsymbol{y} \in \varSigma_2$$

注释 4.18　本题主要考查二人零和博弈混合最小最大策略的刻画。

解答　本题仅用到非常基本的代数知识，读者自行完成证明。

习题 4.19　假设 $G = (S_1, S_2, \boldsymbol{A})$ 是二人有限零和博弈，$G_{\mathrm{mix}} = (\varSigma_1, \varSigma_2, F)$ 是其混合扩张，试证明：$\boldsymbol{y}^*$ 是博弈的最小最大策略当且仅当

$$\max_{i} \boldsymbol{e}_i^{\mathrm{T}} A \boldsymbol{y}^* \leqslant \max_{k} \boldsymbol{e}_k^{\mathrm{T}} A \boldsymbol{y}, \forall \boldsymbol{y} \in \varSigma_2$$

注释 4.19　本题主要考查二人零和博弈混合最小最大策略的刻画。

解答　本题仅用到非常基本的代数知识，读者自行完成证明。

习题 4.20　假设 $G = (S_1, S_2, \boldsymbol{A})$ 是二人有限零和博弈，$G_{\mathrm{mix}} = (\varSigma_1, \varSigma_2, F)$ 是其混合扩张，试证明：$\boldsymbol{y}^*$ 是博弈的最小最大策略当且仅当

$$\boldsymbol{x}^{\mathrm{T}} A \boldsymbol{y}^* \leqslant \overline{F}^*, \forall \boldsymbol{x} \in \varSigma_1$$

注释 4.20 本题主要考查二人零和博弈混合最小最大策略的刻画。

解答 本题仅用到非常基本的代数知识，读者自行完成证明。

习题 4.21 假设 $G = (S_1, S_2, \boldsymbol{A})$ 是二人有限零和博弈，$G_{\mathrm{mix}} = (\Sigma_1, \Sigma_2, F)$ 是其混合扩张，试证明：$\boldsymbol{y}^*$ 是博弈的最小最大策略当且仅当

$$\boldsymbol{e}_i^{\mathrm{T}} \boldsymbol{A} \boldsymbol{y}^* \leqslant \overline{F}^*$$

注释 4.21 本题主要考查二人零和博弈混合最小最大策略的刻画。

解答 本题仅用到非常基本的代数知识，读者自行完成证明。

习题 4.22 假设 $G = (S_1, S_2, \boldsymbol{A})$ 是二人有限零和博弈，$G_{\mathrm{mix}} = (\Sigma_1, \Sigma_2, F)$ 是其混合扩张，试证明：

$$\underline{F}^* \leqslant \overline{F}^*$$

注释 4.22 本题主要考查二人零和博弈的保底盈利值和保底亏本值之间的关系。

解答 首先

$$\min_{\boldsymbol{y}} \boldsymbol{x}^{\mathrm{T}} \boldsymbol{A} \boldsymbol{y} \leqslant \boldsymbol{x}^{\mathrm{T}} \boldsymbol{A} \boldsymbol{y}$$

自然成立，两边同时取 $\max\limits_{\boldsymbol{x}}$ 可得

$$\max_{\boldsymbol{x}} \min_{\boldsymbol{y}} \boldsymbol{x}^{\mathrm{T}} \boldsymbol{A} \boldsymbol{y} \leqslant \max_{\boldsymbol{x}} \boldsymbol{x}^{\mathrm{T}} \boldsymbol{A} \boldsymbol{y}$$

两边同时取 $\min\limits_{\boldsymbol{y}}$ 可得

$$\min_{\boldsymbol{y}} \max_{\boldsymbol{x}} \min_{\boldsymbol{y}} \boldsymbol{x}^{\mathrm{T}} \boldsymbol{A} \boldsymbol{y} \leqslant \min_{\boldsymbol{y}} \max_{\boldsymbol{x}} \boldsymbol{x}^{\mathrm{T}} \boldsymbol{A} \boldsymbol{y}$$

左边最外层的 $\min\limits_{\boldsymbol{y}}$ 没有作用在确定的数值上，可得

$$\max_{\boldsymbol{x}} \min_{\boldsymbol{y}} \boldsymbol{x}^{\mathrm{T}} \boldsymbol{A} \boldsymbol{y} \leqslant \min_{\boldsymbol{y}} \max_{\boldsymbol{x}} \boldsymbol{x}^{\mathrm{T}} \boldsymbol{A} \boldsymbol{y}$$

也就是

$$\underline{F}^* \leqslant \overline{F}^*$$

由此证明了结论。

习题 4.23 假设 $G = (S_1, S_2, \boldsymbol{A})$ 是一个二人零和博弈，$G_{\mathrm{mix}} = (\Sigma_1, \Sigma_2, F)$ 是其混合扩张，试证明：如果博弈有一个混合值，那么混合博弈值一定是唯一的、确定的，此时参与人 1 的混合最优策略和参与人 2 的混合最优策略可以自由组合，形成混合博弈解。

注释 4.23　本题主要考查二人零和博弈混合博弈值、混合博弈解的性质。

解答　根据定义，博弈 $(S_1, S_2, \boldsymbol{A})$ 有混合值，那么有

$$\overline{F}^* = \underline{F}^*$$

也就是

$$v_{\text{mix}} = \min_{\boldsymbol{y}} \max_{\boldsymbol{x}} \boldsymbol{x}^{\text{T}} \boldsymbol{A} \boldsymbol{y} = \max_{\boldsymbol{x}} \min_{\boldsymbol{y}} \boldsymbol{x}^{\text{T}} \boldsymbol{A} \boldsymbol{y}$$

这个值仅与 $\min\limits_{\boldsymbol{y}} \max\limits_{\boldsymbol{x}} \boldsymbol{x}^{\text{T}} \boldsymbol{A} \boldsymbol{y}, \max\limits_{\boldsymbol{x}} \min\limits_{\boldsymbol{y}} \boldsymbol{x}^{\text{T}} \boldsymbol{A} \boldsymbol{y}$ 是否相等有关，所以如果博弈有混合值，那么就一定是唯一的、确定的。

习题 4.24　假设 $G = (S_1, S_2, \boldsymbol{A})$ 是二人有限零和博弈，$G_{\text{mix}} = (\Sigma_1, \Sigma_2, F)$ 是其混合扩张，试证明：任何一个混合博弈解都是混合均衡解，此时混合均衡值就是混合博弈值。

注释 4.24　本题主要考查二人零和博弈的混合博弈解与混合均衡解之间的关系。

解答　假设 $(\boldsymbol{x}^*, \boldsymbol{y}^*)$ 是混合博弈解，那么意味着

$$v_{\text{mix}} = \overline{F}^* = \underline{F}^*$$

并且有

$$\boldsymbol{x}^* \in \operatorname*{Argmax}_{\boldsymbol{x}} \underline{F}(\boldsymbol{x}), \boldsymbol{y}^* \in \operatorname*{Argmin}_{\boldsymbol{y}} \overline{F}(\boldsymbol{y})$$

也就是

$$\boldsymbol{x}^{\text{T}} \boldsymbol{A} \boldsymbol{y}^* \leqslant \max_{\boldsymbol{x}} \boldsymbol{x}^{\text{T}} \boldsymbol{A} \boldsymbol{y}^* = \overline{F}(\boldsymbol{y}^*) = \underline{F}(\boldsymbol{x}^*) = \min_{\boldsymbol{y}} \boldsymbol{x}^{*\text{T}} \boldsymbol{A} \boldsymbol{y} \leqslant$$

$$\boldsymbol{x}^{*\text{T}} \boldsymbol{A} \boldsymbol{y}^* \leqslant \max_{\boldsymbol{x}} \boldsymbol{x}^{\text{T}} \boldsymbol{A} \boldsymbol{y}^* = \overline{F}(\boldsymbol{y}^*) = \underline{F}(\boldsymbol{x}^*) = \min_{\boldsymbol{y}} \boldsymbol{x}^{*\text{T}} \boldsymbol{A} \boldsymbol{y} \leqslant$$

$$\boldsymbol{x}^{*\text{T}} \boldsymbol{A} \boldsymbol{y}$$

所以可得

$$\boldsymbol{x}^{\text{T}} \boldsymbol{A} \boldsymbol{y}^* \leqslant \boldsymbol{x}^{*\text{T}} \boldsymbol{A} \boldsymbol{y}^* \leqslant \boldsymbol{x}^{*\text{T}} \boldsymbol{A} \boldsymbol{y}$$

并且有

$$\boldsymbol{x}^{*\text{T}} \boldsymbol{A} \boldsymbol{y}^* = \overline{F}(\boldsymbol{y}^*) = \underline{F}(\boldsymbol{x}^*) = v_{\text{mix}}$$

由此证明了结论。

习题 4.25　假设 $G = (S_1, S_2, \boldsymbol{A})$ 是二人有限零和博弈，$G_{\text{mix}} = (\Sigma_1, \Sigma_2, F)$ 是其混合扩张，$(\boldsymbol{x}^*, \boldsymbol{y}^*)$ 是一组混合均衡解，试证明：博弈一定有混合值：

$$v_{\text{mix}} = \boldsymbol{x}^{*\text{T}} \boldsymbol{A} \boldsymbol{y}^*$$

且 $(\boldsymbol{x}^*, \boldsymbol{y}^*)$ 是一组混合博弈解。

注释 4.25 本题主要考查二人零和博弈混合博弈解与混合均衡解之间的关系。

解答 因为 $(\boldsymbol{x}^*, \boldsymbol{y}^*)$ 是一组混合均衡解，根据定义可得

$$\boldsymbol{x}^{\mathrm{T}} \boldsymbol{A} \boldsymbol{y}^* \leqslant \boldsymbol{x}^{*\mathrm{T}} \boldsymbol{A} \boldsymbol{y}^* \leqslant \boldsymbol{x}^{*\mathrm{T}} \boldsymbol{A} \boldsymbol{y}, \forall \boldsymbol{x}, \boldsymbol{y}$$

进一步可得

$$\overline{F}(\boldsymbol{y}^*) \leqslant \boldsymbol{x}^{*\mathrm{T}} \boldsymbol{A} \boldsymbol{y}^* \leqslant \underline{F}(\boldsymbol{x}^*)$$

又因为

$$\underline{F}(\boldsymbol{x}^*) \leqslant \underline{F}^* \leqslant \overline{F}^* \leqslant \overline{F}(\boldsymbol{y}^*)$$

二者结合可得

$$\underline{F}(\boldsymbol{x}^*) \leqslant \underline{F}^* \leqslant \overline{F}^* \leqslant \overline{F}(\boldsymbol{y}^*) \leqslant \boldsymbol{x}^{*\mathrm{T}} \boldsymbol{A} \boldsymbol{y}^* \leqslant \underline{F}(\boldsymbol{x}^*)$$

将所有的不等式变为等式，即

$$\underline{F}(\boldsymbol{x}^*) = \underline{F}^* = \overline{F}^* = \overline{F}(\boldsymbol{y}^*) = \boldsymbol{x}^{*\mathrm{T}} \boldsymbol{A} \boldsymbol{y}^* = \underline{F}(\boldsymbol{x}^*)$$

推得混合博弈值为

$$v_{\mathrm{mix}} = \boldsymbol{x}^{*\mathrm{T}} \boldsymbol{A} \boldsymbol{y}^*$$

并且

$$\boldsymbol{x}^* \in \underset{\boldsymbol{x}}{\operatorname{Argmax}} \underline{F}(\boldsymbol{x}), \boldsymbol{y}^* \in \underset{\boldsymbol{y}}{\operatorname{Argmin}} \overline{F}(\boldsymbol{y})$$

也就是说 $(\boldsymbol{x}^*, \boldsymbol{y}^*)$ 是一组混合博弈解。由此证明了结论。

习题 4.26 假设 $G = (S_1, S_2, \boldsymbol{A})$ 是二人有限零和博弈，$G_{\mathrm{mix}} = (\Sigma_1, \Sigma_2, F)$ 是其混合扩张，试证明：如果

$$(\boldsymbol{x}^*, \boldsymbol{y}^*), (\boldsymbol{z}^*, \boldsymbol{w}^*) \in \operatorname{MixEqum}(G) = \operatorname{MixSol}(G)$$

那么有

$$(\boldsymbol{x}^*, \boldsymbol{w}^*), (\boldsymbol{z}^*, \boldsymbol{y}^*) \in \operatorname{MixEqum}(G) = \operatorname{MixSol}(G)$$

注释 4.26 本题主要考查二人零和博弈混合均衡解的交换律。

解答 本题是前面题目的自然推论，读者自行完成证明。

习题 4.27 假设 $G = (S_1, S_2, \boldsymbol{A})$ 是二人有限零和博弈，$G_{\mathrm{mix}} = (\Sigma_1, \Sigma_2, F)$ 是其混合扩张，试证明：$(\boldsymbol{x}^*, \boldsymbol{y}^*)$ 是函数 F 的鞍点当且仅当 $(\boldsymbol{x}^*, \boldsymbol{y}^*)$ 是混合博弈解是混合均衡解。

注释 **4.27**   本题主要考查二人零和博弈的混合均衡解与混合盈利函数鞍点之间的关系。

解答   鞍点是均衡点的另一种说法。

习题 4.28   假设 $G = (S_1, S_2, \boldsymbol{A})$ 是二人有限零和博弈，$G_{\mathrm{mix}} = (\varSigma_1, \varSigma_2, F)$ 是其混合扩张，试证明：一定有

$$\overline{F}^* = \underline{F}^*$$

即博弈一定有混合值，那么一定也有混合博弈解，也就是混合均衡解。

注释 **4.28**   本题主要考查二人零和博弈混合均衡解的存在性。

解答   为了完成本习题的解答，需要了解下面的线性规划对偶理论。

一般形式的线性规划的对偶： 假设 $\boldsymbol{c} \in \mathbb{R}^n, d \in \mathbb{R}^1, \boldsymbol{G} \in M_{m \times n}(\mathbb{R}), \boldsymbol{h} \in \mathbb{R}^m, \boldsymbol{A} \in M_{l \times n}(\mathbb{R}), \boldsymbol{b} \in \mathbb{R}^l$，一般形式的线性规划模型为

$$\min \ \boldsymbol{c}^{\mathrm{T}}\boldsymbol{x} + d$$
$$\mathrm{s.t.} \quad \boldsymbol{G}\boldsymbol{x} - \boldsymbol{h} \leqslant \boldsymbol{0}$$
$$\boldsymbol{A}\boldsymbol{x} - \boldsymbol{b} = \boldsymbol{0}$$

其对偶问题为

$$\min \ \boldsymbol{\alpha}^{\mathrm{T}}\boldsymbol{h} + \boldsymbol{\beta}^{\mathrm{T}}\boldsymbol{b} - d$$
$$\mathrm{s.t.} \quad \boldsymbol{\alpha} \geqslant \boldsymbol{0}, \boldsymbol{G}^{\mathrm{T}}\boldsymbol{\alpha} + \boldsymbol{A}^{\mathrm{T}}\boldsymbol{\beta} + \boldsymbol{c} = \boldsymbol{0}$$

二者等价。

标准形式的线性规划的对偶： 假设 $\boldsymbol{c} \in \mathbb{R}^n, d \in \mathbb{R}^1, \boldsymbol{A} \in M_{l \times n}(\mathbb{R}), \boldsymbol{b} \in \mathbb{R}^l$，标准形式的线性规划模型为

$$\min \ \boldsymbol{c}^{\mathrm{T}}\boldsymbol{x} + d$$
$$\mathrm{s.t.} \quad \boldsymbol{x} \geqslant \boldsymbol{0}$$
$$\boldsymbol{A}\boldsymbol{x} - \boldsymbol{b} = \boldsymbol{0}$$

其对偶问题为

$$\min \ \boldsymbol{\beta}^{\mathrm{T}}\boldsymbol{b} - d$$
$$\mathrm{s.t.} \quad \boldsymbol{\alpha} \geqslant \boldsymbol{0}, -\boldsymbol{\alpha} + \boldsymbol{A}^{\mathrm{T}}\boldsymbol{\beta} + \boldsymbol{c} = \boldsymbol{0}$$

二者等价。

不等式形式的线性规划的对偶： 假设 $c \in \mathbb{R}^n, d \in \mathbb{R}^1, A \in M_{m \times n}(\mathbb{R}), b \in \mathbb{R}^m$，不等式形式的线性规划模型为

$$\min \ c^T x + d$$
$$\text{s.t.} \quad Ax \leqslant b$$

其对偶问题为

$$\min \ \alpha^T b - d$$
$$\text{s.t.} \quad \alpha \geqslant 0, A^T \alpha + c = 0$$

二者等价。

根据定义，$\overline{F}^*$ 等价于

$$\min_y (\max_x x^T A y)$$

也就是

$$\min_y (\max_i e_i^T A y)$$

转化为

$$\min (\max_i e_i^T A y)$$
$$\text{s.t.} \quad \sum_{j=1}^m y_j = 1, y \geqslant 0$$

进一步转化为

$$\min \ v$$
$$\text{s.t.} \quad \max_i e_i^T A y \leqslant v$$
$$\sum_{j=1}^m y_j = 1, y \geqslant 0$$

整理可得

$$\min \ v$$
$$\text{s.t.} \quad Ay \leqslant v\mathbf{1}_m$$
$$\mathbf{1}_n^T y = 1, y \geqslant 0$$

整理为典范形式可得

$$\min \ v$$

$$\text{s.t.} \quad \boldsymbol{Ay} - v\boldsymbol{1}_m \leqslant \boldsymbol{0}$$
$$-\boldsymbol{y} \leqslant \boldsymbol{0}$$
$$\boldsymbol{1}_n^{\mathrm{T}}\boldsymbol{y} - 1 = 0$$

这是以 $(\boldsymbol{v}, \boldsymbol{y})$ 为自变量的线性优化问题。根据前面可知一定有最小值和最小值点，最小值就是 $\overline{F}^*$，最小值点就是最小最大策略。

同样，根据定义，$\underline{F}^*$ 等价于

$$\max_{\boldsymbol{x}}(\min_{\boldsymbol{y}} \boldsymbol{x}^{\mathrm{T}}\boldsymbol{Ay})$$

也就是

$$\max_{\boldsymbol{x}}(\min_{j} \boldsymbol{x}^{\mathrm{T}}\boldsymbol{A}\boldsymbol{\eta}_j)$$

转化为

$$\max(\min_{j} \boldsymbol{x}^{\mathrm{T}}\boldsymbol{A}\boldsymbol{\eta}_j)$$
$$\text{s.t.} \quad \sum_{i=1}^{m} x_i = 1, \boldsymbol{x} \geqslant \boldsymbol{0}$$

进一步转化为

$$\max \quad \boldsymbol{w}$$
$$\text{s.t.} \quad \min_{j} \boldsymbol{x}^{\mathrm{T}}\boldsymbol{A}\boldsymbol{\eta}_j \geqslant \boldsymbol{w}$$
$$\sum_{i=1}^{m} x_i = 1, \boldsymbol{x} \geqslant \boldsymbol{0}$$

整理可得

$$\max \quad \boldsymbol{w}$$
$$\text{s.t.} \quad \boldsymbol{x}^{\mathrm{T}}\boldsymbol{A} \geqslant \boldsymbol{w}\boldsymbol{1}_n^{\mathrm{T}}$$
$$\boldsymbol{1}_m^{\mathrm{T}}\boldsymbol{x} = 1, \boldsymbol{x} \geqslant \boldsymbol{0}$$

整理为典范形式可得

$$\max \quad \boldsymbol{w}$$
$$\text{s.t.} \quad -\boldsymbol{A}^{\mathrm{T}}\boldsymbol{x} + \boldsymbol{w}\boldsymbol{1}_n \leqslant \boldsymbol{0}$$
$$-\boldsymbol{x} \leqslant \boldsymbol{0}$$

$$\mathbf{1}_m^{\mathrm{T}} \boldsymbol{x} - 1 = 0$$

这是以 $(\boldsymbol{w}, \boldsymbol{x})$ 为自变量的线性优化问题。根据前面可知一定有最大值和最大值点，最大值就是 $\underline{F}^*$，最大值点就是最大最小策略。

要证明

$$\overline{F}^* = \underline{F}^*$$

只需要证明

$$
\begin{aligned}
\min \quad & \boldsymbol{v} \\
\text{s.t.} \quad & \boldsymbol{A}\boldsymbol{y} - \boldsymbol{v}\mathbf{1}_m \leqslant \mathbf{0} \\
& -\boldsymbol{y} \leqslant \mathbf{0} \\
& \mathbf{1}_n^{\mathrm{T}}\boldsymbol{y} - 1 = 0
\end{aligned}
$$

和

$$
\begin{aligned}
\max \quad & \boldsymbol{w} \\
\text{s.t.} \quad & -\boldsymbol{A}^{\mathrm{T}}\boldsymbol{x} + \boldsymbol{w}\mathbf{1}_n \leqslant \mathbf{0} \\
& -\boldsymbol{x} \leqslant \mathbf{0} \\
& \mathbf{1}_m^{\mathrm{T}}\boldsymbol{x} - 1 = 0
\end{aligned}
$$

是对偶的。如果能证明这一点，那么根据线性优化对偶定理可知这两个模型的最优值相等。

下面计算模型

$$
\begin{aligned}
\min \quad & \boldsymbol{v} \\
\text{s.t.} \quad & \boldsymbol{A}\boldsymbol{y} - \boldsymbol{v}\mathbf{1}_m \leqslant \mathbf{0} \\
& -\boldsymbol{y} \leqslant \mathbf{0} \\
& \mathbf{1}_n^{\mathrm{T}}\boldsymbol{y} - 1 = 0
\end{aligned}
$$

的对偶模型，整理得到

$$
\begin{aligned}
\min \quad & (\mathbf{0}_n^{\mathrm{T}}, 1) \begin{pmatrix} \boldsymbol{y} \\ \boldsymbol{v} \end{pmatrix} \\
\text{s.t.} \quad & \begin{pmatrix} \boldsymbol{A} & -\mathbf{1}_m \\ -\boldsymbol{I}_n & \mathbf{0}_n \end{pmatrix} \begin{pmatrix} \boldsymbol{y} \\ \boldsymbol{v} \end{pmatrix} \leqslant \mathbf{0}
\end{aligned}
$$

$$(\mathbf{1}_n^{\mathrm{T}}, \mathbf{0})\begin{pmatrix} \boldsymbol{y} \\ \boldsymbol{v} \end{pmatrix} - 1 = 0$$

可得对偶模型为

$$\min \quad \boldsymbol{\beta}$$
$$\text{s.t.} \quad \begin{pmatrix} \boldsymbol{A}^{\mathrm{T}} & -\boldsymbol{I}_n \\ -\mathbf{1}_m^{\mathrm{T}} & \mathbf{0}_n^{\mathrm{T}} \end{pmatrix} \boldsymbol{\alpha} + \beta(\mathbf{1}_n^{\mathrm{T}}, 0)^{\mathrm{T}} + (\mathbf{0}_n^{\mathrm{T}}, 1)^{\mathrm{T}} = \mathbf{0}$$
$$\boldsymbol{\alpha} \geqslant \mathbf{0}$$

整理得

$$\min \quad \boldsymbol{\beta}$$
$$\text{s.t.} \quad \boldsymbol{A}^{\mathrm{T}}\boldsymbol{\alpha}_1 - \boldsymbol{\alpha}_2 + \beta\mathbf{1}_n = \mathbf{0}$$
$$-\mathbf{1}_m^{\mathrm{T}}\boldsymbol{\alpha}_1 + 1 = \mathbf{0}$$
$$\boldsymbol{\alpha}_1 \geqslant \mathbf{0}, \boldsymbol{\alpha}_2 \geqslant \mathbf{0}$$

进一步可得

$$\min \quad -\boldsymbol{\beta}$$
$$\text{s.t.} \quad \boldsymbol{A}^{\mathrm{T}}\boldsymbol{\alpha}_1 + (-\beta)\mathbf{1}_n \geqslant \mathbf{0}$$
$$-\boldsymbol{\alpha}_1 \leqslant \mathbf{0}$$
$$\mathbf{1}_m^{\mathrm{T}}\boldsymbol{\alpha}_1 - 1 = 0$$

也就是

$$\max \quad \boldsymbol{\beta}$$
$$\text{s.t.} \quad -\boldsymbol{A}^{\mathrm{T}}\boldsymbol{\alpha}_1 + \beta\mathbf{1}_n \leqslant \mathbf{0}$$
$$-\boldsymbol{\alpha}_1 \leqslant \mathbf{0}$$
$$\mathbf{1}_m^{\mathrm{T}}\boldsymbol{\alpha}_1 - 1 = 0$$

修改变量得到

$$\max \quad \boldsymbol{w}$$
$$\text{s.t.} \quad -\boldsymbol{A}^{\mathrm{T}}\boldsymbol{x} + w\mathbf{1}_n \leqslant \mathbf{0}$$
$$-\boldsymbol{x} \leqslant \mathbf{0}$$
$$\mathbf{1}_m^{\mathrm{T}}\boldsymbol{x} - 1 = 0$$

由此证明了结论。

习题 4.29　假设 $G = (S_1, S_2, \boldsymbol{A})$ 是二人有限零和博弈，$G_{\text{mix}} = (\Sigma_1, \Sigma_2, F)$ 是其混合扩张，试证明：混合策略对

$$(\boldsymbol{x}^*, \boldsymbol{y}^*) \in \Sigma = \Sigma_1 \times \Sigma_2$$

是混合博弈解当且仅当 $(\boldsymbol{x}^*, \boldsymbol{y}^*)$ 为如下线性规划的对偶解：

$$\begin{aligned} \min \quad & \boldsymbol{v} \\ \text{s.t.} \quad & \boldsymbol{A}\boldsymbol{y} \leqslant \boldsymbol{v}\mathbf{1}_m \\ & \sum_{j=1}^{m} y_j = 1, \boldsymbol{y} \geqslant \boldsymbol{0} \end{aligned}$$

和

$$\begin{aligned} \max \quad & \boldsymbol{w} \\ \text{s.t.} \quad & \boldsymbol{x}^{\mathrm{T}}\boldsymbol{A} \geqslant \boldsymbol{w}\mathbf{1}_n^{\mathrm{T}} \\ & \sum_{i=1}^{m} x_i = 1, \boldsymbol{x} \geqslant \boldsymbol{0} \end{aligned}$$

注释 4.29　本题主要考查二人零和博弈混合均衡解的计算方法。

解答　证明过程参考习题 4.28。

第5章

多人博弈的纯粹纳什均衡

本章首先梳理了有关完全信息静态博弈的三个要素与一个假设、支配均衡、安全均衡、纳什均衡等知识要点，然后分别针对每个知识要点提供了习题及详细解答。

5.1 知识梳理

定义 5.1 完全信息静态博弈包含如下的三个要素与一个假设：

（1）参与人要素：参与人集合记为 N，单个参与人记为 $i \in N$；

（2）策略集要素：每个参与人 $\forall i \in N$ 都有一个策略集 A_i；

（3）盈利函数要素：每个参与人 $\forall i \in N$ 都有一个盈利函数 $f_i : A \to \mathbb{R}$，其中，$A = \times_{i \in N} A_i$；

（4）完全信息假设：参与人集合 N、策略集 $(A_i)_{i \in N}$、盈利函数 $(f_i)_{i \in N}$ 都是参与人的公共知识。

完全信息静态博弈模型一般记为三元组：

$$(N, (A_i)_{i \in N}, (f_i)_{i \in N})$$

定义 5.2 假设 $(N, (A_i)_{i \in N}, (f_i)_{i \in N})$ 是一个完全信息静态博弈，$I \subseteq N$ 是参与人集合的一个子集，$-I = N \setminus I$ 称为子集 I 的对手集。

$A_I = \times_{i \in I} A_i, A_{-I} = \times_{j \in -I} A_j$ 分别称为子集 I 的策略集及其对手集 $-I$ 的策略集。

$a_I = (a_i)_{i \in I}, a_{-I} = (a_j)_{j \in -I}$ 分别称为子集 I 的策略及其对手集 $-I$ 的策略。

特别地，当子集 $I = \{i\}$ 时，$-i = N \setminus \{i\}, A_{-i} = \times_{j \in -i} A_j, a_{-i} = (a_j)_{j \in -i}$ 分别称为参与人 i 的对手、对手的策略集、对手的策略。

一个策略向量可以表示为

$$\boldsymbol{a} = (a_i)_{i \in N} = (a_I, a_{-I}) = (a_1, a_{-1}) = \cdots = (a_i, a_{-i}) = \cdots$$

定义 5.3 完全信息静态博弈 $(N, (A_i)_{i \in N}, (f_i)_{i \in N})$：

（1）如果满足 $\#N < +\infty$，那么称为参与人有限博弈。

（2）如果满足 $\#A < +\infty$，那么称为策略集有限博弈。

（3）如果满足 $\#N < +\infty, \#A < +\infty$，那么称为有限博弈。

定义 5.4 假设 $(N, (A_i)_{i\in N}, (f_i)_{i\in N})$ 是一个完全信息静态博弈，参与人 i 有两个策略 $a_i, b_i \in A_i$，如果满足

$$f_i(a_i, c_{-i}) < f_i(b_i, c_{-i}), \forall c_{-i} \in A_{-i}$$

那么称 a_i 被 b_i 严格支配，记为 $a_i \prec\prec b_i$，上面的条件可以简写为

$$a_i \prec\prec b_i \Leftrightarrow f_i(a_i, A_{-i}) < f_i(b_i, A_{-i})$$

为了体现支配关系和当前策略集的关系，有时也将 $a_i \prec\prec b_i$ 记作 $a_i \prec\prec_A b_i$。

定义 5.5 假设 $(N, (A_i)_{i\in N}, (f_i)_{i\in N})$ 是一个完全信息静态博弈，如果满足

$$\exists b_i \in A_i, \text{s.t.} a_i \prec\prec b_i$$

那么参与人 i 的策略 $a_i \in A_i$ 称为严格被支配策略，为了体现支配关系和当前策略集的关系，有时也将 $a_i \prec\prec b_i$ 记作 $a_i \prec\prec_A b_i$。

公理 5.1 理性的参与人不会选择严格被支配策略。

公理 5.2 完全信息静态博弈中的参与人都是理性的。

公理 5.3 参与人是理性的这一事实是所有参与人的公共知识。

逐次剔除严格被支配策略的过程需要上面的三个公理作为逻辑基础，缺一不可。

定义 5.6 假设 $(N, (A_i)_{i\in N}, (f_i)_{i\in N})$ 是一个完全信息静态博弈，满足公理 5.1～ 公理 5.3，博弈可以实现逐次约简：

（1）令 $R_i^0 =: A_i (\forall i \in N)$;

（2）递归定义 $R_i^n (\forall i \in N)$:

$$R_i^n = \{s_i|\ s_i \in R_i^{n-1}, \nexists t_i \in R_i^{n-1}, \text{s.t.} t_i \succ\succ_{R_i^{n-1}} s_i\}$$

（3）最终产生 $R_i^\infty (\forall i \in N)$，使之再无法约简。

定义 5.7 假设 $(N, (A_i)_{i\in N}, (f_i)_{i\in N})$ 是一个完全信息静态博弈，满足公理 5.1～ 公理 5.3，博弈最终可以约简为

$$(N, (R_i^\infty)_{i\in N}, (f_i)_{i\in N})$$

此时策略集 $R^\infty = \times_{i\in N} R_i^\infty$ 称为严格支配均衡。

定义 5.8　假设 $(N, (A_i)_{i \in N}, (f_i)_{i \in N})$ 是一个完全信息静态博弈，参与人 i 有两个策略 $a_i, b_i \in A_i$，如果满足

$$f_i(a_i, c_{-i}) \leqslant f_i(b_i, c_{-i}), \forall c_{-i} \in A_{-i}, \exists d_{-i} \in A_{-i}, \text{s.t.} f_i(a_i, d_{-i}) < f_i(b_i, d_{-i})$$

那么称 a_i 被 b_i 弱支配，记为 $a_i \prec b_i$。上面的条件可以简写为

$$a_i \prec b_i \Leftrightarrow f_i(a_i, A_{-i}) \leqslant f_i(b_i, A_{-i}), \exists d_{-i} \in A_{-i}, \text{s.t.} f_i(a_i, d_{-i}) < f_i(b_i, d_{-i})$$

为了体现支配关系和当前策略集的关系，有时也将 $a_i \prec b_i$ 记作 $a_i \prec_A b_i$。

定义 5.9　假设 $(N, (A_i)_{i \in N}, (f_i)_{i \in N})$ 是一个完全信息静态博弈，如果满足

$$\exists b_i \in A_i, \text{s.t.} a_i \prec b_i$$

那么参与人 i 的策略 $a_i \in A_i$ 称为弱被支配策略。为了体现支配关系和当前策略集的关系，有时也将 $a_i \prec b_i$ 记作 $a_i \prec_A b_i$。

定义 5.10　假设 $(N, (A_i)_{i \in N}, (f_i)_{i \in N})$ 是一个完全信息静态博弈，参与人 i 的盈利上界定义为

$$M_i = \max_{\boldsymbol{a} \in A} f_i(\boldsymbol{a})$$

定义 5.11　假设 $(N, (A_i)_{i \in N}, (f_i)_{i \in N})$ 是一个完全信息静态博弈，参与人 i 的盈利下界定义为

$$m_i = \min_{\boldsymbol{a} \in A} f_i(\boldsymbol{a})$$

定义 5.12　假设 $(N, (A_i)_{i \in N}, (f_i)_{i \in N})$ 是一个完全信息静态博弈，参与人 i 的后发盈利函数定义为

$$f_{i,\text{low}}(a_i) = \min_{a_{-i} \in A_{-i}} f_i(a_i, a_{-i})$$

定义 5.13　假设 $(N, (A_i)_{i \in N}, (f_i)_{i \in N})$ 是一个完全信息静态博弈，参与人 i 的最大最小值定义为

$$\underline{v}_i = \max_{a_i \in A_i} f_{i,\text{low}}(a_i) = \max_{a_i \in A_i} \min_{a_{-i} \in A_{-i}} f_i(a_i, a_{-i})$$

定义 5.14　假设 $(N, (A_i)_{i \in N}, (f_i)_{i \in N})$ 是一个完全信息静态博弈，参与人 i 的最大最小策略定义为

$$a_i^* \in f_{i,\text{low}}^{-1}(\underline{v}_i) = \underset{a_i \in A_i}{\text{Argmax}}\, f_{i,\text{low}}(a_i)$$

定义 5.15 假设 $(N, (A_i)_{i \in N}, (f_i)_{i \in N})$ 是一个完全信息静态博弈，参与人 i 的先发盈利函数定义为

$$f_{i,\mathrm{up}}(a_{-i}) = \max_{a_i \in A_i} f_i(a_i, a_{-i})$$

定义 5.16 假设 $(N, (A_i)_{i \in N}, (f_i)_{i \in N})$ 是一个完全信息静态博弈，参与人 i 的最小最大值定义为

$$\overline{v}_i = \min_{a_{-i} \in A_{-i}} f_{i,\mathrm{up}}(a_{-i}) = \min_{a_{-i} \in A_{-i}} \max_{a_i \in A_i} f_i(a_i, a_{-i})$$

定义 5.17 假设 $(N, (A_i)_{i \in N}, (f_i)_{i \in N})$ 是一个完全信息静态博弈，参与人 i 的对手 $-i$ 的最小最大策略定义为

$$a^*_{-i} \in f_{i,\mathrm{up}}^{-1}(\overline{v}_i) = \mathop{\mathrm{Argmin}}_{a_{-i} \in A_{-i}} f_{i,\mathrm{up}}(a_{-i})$$

定义 5.18 假设 $(N, (A_i)_{i \in N}, (f_i)_{i \in N})$ 是一个完全信息静态博弈，$\boldsymbol{a} \in A$ 是一个纯粹策略向量，参与人 i 对 $\boldsymbol{a}$ 的偏离策略集为

$$\mathrm{Prof}_i(\boldsymbol{a}) = \{b_i |\ b_i \in A_i, \mathrm{s.t.} f_i(b_i, a_{-i}) > f_i(a_i, a_{-i})\}$$

偏离策略集表示参与人 i 在其对手策略固定的情况下对当前策略的修正。

定义 5.19 假设 $(N, (A_i)_{i \in N}, (f_i)_{i \in N})$ 是一个完全信息静态博弈，$a_{-i} \in A_{-i}$ 是一个纯粹策略向量，参与人 i 对 a_{-i} 的最优反应策略集定义为

$$\mathrm{BR}_i(a_{-i}) = \{a_i |\ a_i \in A_i, \mathrm{s.t.} f_i(a_i, a_{-i}) \geqslant f_i(A_i, a_{-i})\} = \mathop{\mathrm{Argmax}}_{a_i \in A_i} f_i(a_i, a_{-i})$$

定义 5.20 假设 $(N, (A_i)_{i \in N}, (f_i)_{i \in N})$ 是一个完全信息静态博弈，如果满足

$$f_i(a^*_i, a^*_{-i}) \geqslant f_i(A_i, a^*_{-i}), \forall i \in N$$

那么 $\boldsymbol{a}^* \in A$ 是纳什均衡。

定义 5.21 假设 $\Omega \subseteq \mathbb{R}^n$，如果满足

$$\forall \{\boldsymbol{x}_n\} \subseteq \Omega, \boldsymbol{x}_n \to \boldsymbol{x} \in \Omega \Rightarrow f(\boldsymbol{x}_n) \to f(\boldsymbol{x})$$

那么称函数 $f : \Omega \to \mathbb{R}$ 为连续的。

定义 5.22 假设 $\Omega \subseteq \mathbb{R}^n$，如果存在 $M > 0$ 使得

$$|\boldsymbol{x}| \leqslant M, \forall \boldsymbol{x} \in \Omega$$

那么称 Ω 为有界的。

定义 5.23　假设 $\Omega \subseteq \mathbb{R}^n$，如果满足

$$\forall \{\boldsymbol{x}_n\}_{n=1}^{\infty} \subseteq \Omega, \boldsymbol{x}_n \to \boldsymbol{x} \Rightarrow \boldsymbol{x} \in \Omega$$

那么称 Ω 为闭的。

定义 5.24　假设 $\Omega \subseteq \mathbb{R}^n$，如果它是有界的、闭的，即

$$\forall \{\boldsymbol{x}_n\}_{n=1}^{\infty} \subseteq \Omega, \exists \{\boldsymbol{x}_{n_k}\} \subseteq \{\boldsymbol{x}_n\}, \mathrm{s.t.} \boldsymbol{x}_{n_k} \to \boldsymbol{x} \in \Omega$$

那么称 Ω 为紧致的。

定义 5.25　假设 $\Omega \subseteq \mathbb{R}^n$，如果满足

$$\forall \boldsymbol{x}, \boldsymbol{y} \in \Omega \Rightarrow \lambda \boldsymbol{x} + (1-\lambda) \boldsymbol{y} \in \Omega, \forall \lambda \in [0,1]$$

那么称 Ω 为凸的。

定义 5.26　假设 $\Omega \subseteq \mathbb{R}^n$ 是凸集，如果满足

$$\forall \boldsymbol{x}, \boldsymbol{y} \in \Omega \Rightarrow f(\lambda \boldsymbol{x} + (1-\lambda) \boldsymbol{y}) \leqslant \lambda f(\boldsymbol{x}) + (1-\lambda) f(\boldsymbol{y}), \forall \lambda \in [0,1]$$

那么称函数 $f: \Omega \to \mathbb{R}$ 为凸的。

定义 5.27　假设 $\Omega \subseteq \mathbb{R}^n$ 是凸集，如果满足

$$\forall \boldsymbol{x}, \boldsymbol{y} \in \Omega \Rightarrow f(\lambda \boldsymbol{x} + (1-\lambda) \boldsymbol{y}) \geqslant \lambda f(\boldsymbol{x}) + (1-\lambda) f(\boldsymbol{y}), \forall \lambda \in [0,1]$$

那么称函数 $f: \Omega \to \mathbb{R}$ 为凹的。

定义 5.28　假设 $\Omega \subseteq \mathbb{R}^n$ 是凸集，如果

$$S_f(\alpha) = \{\boldsymbol{x} | \ \boldsymbol{x} \in \Omega, f(\boldsymbol{x}) \leqslant \alpha\}, \forall \alpha \in \mathbb{R}$$

是凸集，那么称函数 $f: \Omega \to \mathbb{R}$ 为拟凸的。

定义 5.29　假设 $\Omega \subseteq \mathbb{R}^n$ 是凸集，如果

$$T_f(\alpha) = \{\boldsymbol{x} | \ \boldsymbol{x} \in \Omega, f(\boldsymbol{x}) \geqslant \alpha\}, \forall \alpha \in \mathbb{R}$$

是凸集，那么称函数 $f: \Omega \to \mathbb{R}$ 为拟凹的。

定义 5.30　假设 $X \subseteq \mathbb{R}^n, Y \subseteq \mathbb{R}^m$，如果满足

$$f(\boldsymbol{x}) \in \mathcal{P}(Y), \forall \boldsymbol{x} \in X$$

那么称映射 $f: X \rightrightarrows Y$ 为集值映射。

定义 5.31 假设 $X \subseteq \mathbb{R}^n, Y \subseteq \mathbb{R}^m$，集值映射 $f : X \rightrightarrows Y$ 的图定义为

$$G_f = \{(\boldsymbol{x}, \boldsymbol{y}) \mid \boldsymbol{x} \in X, \boldsymbol{y} \in f(\boldsymbol{x})\} \subseteq X \times Y$$

定义 5.32 假设 $X \subseteq \mathbb{R}^n, Y \subseteq \mathbb{R}^m$，如果 G_f 是 $X \times Y$ 中的闭集，那么称集值映射 $f : X \rightrightarrows Y$ 为闭图的。

定义 5.33 假设 $\Omega \subseteq \mathbb{R}^n$，如果满足

$$\boldsymbol{x}^* \in f(\boldsymbol{x}^*)$$

那么称点 $\boldsymbol{x}^* \in \Omega$ 为集值映射 $f : \Omega \rightrightarrows \Omega$ 的不动点。

定理 5.1 (一维 Brouwer 不动点定理) 函数 $f : [0,1] \to [0,1]$ 是连续函数，则

$$\exists \boldsymbol{x}^* \in [0,1], \mathrm{s.t.} f(\boldsymbol{x}^*) = \boldsymbol{x}^*$$

定理 5.2 (高维 Brouwer 不动点定理) 函数 $f : \bar{B}^n(0,1) \to \bar{B}^n(0,1)$ 是连续函数，其中 $\bar{B}^n(0,1) = \{\boldsymbol{x} \mid \boldsymbol{x} \in \mathbb{R}^n, |\boldsymbol{x}| \leqslant 1\}$，则

$$\exists \boldsymbol{x}^* \in \bar{B}^n(0,1), \mathrm{s.t.} f(\boldsymbol{x}^*) = \boldsymbol{x}^*$$

定理 5.3 (Kakutani 不动点定理) 假设 $\Omega \subseteq \mathbb{R}^n$ 是非空紧致凸集，$f : \Omega \rightrightarrows \Omega$ 是集值映射，满足：

（1）$\forall \boldsymbol{x} \in \Omega, f(\boldsymbol{x}) \neq \varnothing$ 且 $f(\boldsymbol{x})$ 是凸集；

（2）G_f 是集值映射 f 的闭图。

那么集值映射 f 必定存在不动点。

定义 5.34 假设 $(N, (A_i)_{i \in N}, (f_i)_{i \in N})$ 是一个完全信息静态博弈，其中 $\forall i \in N, A_i \subseteq \mathbb{R}^n$ 且是非空紧致凸集，如果

$$\{a_i \mid a_i \in A_i, f(i)(a_i, b_{-i}) \geqslant f_i(b_i, b_{-i})\}, \forall \boldsymbol{b} \in A$$

是凸集，那么称函数 f_i 在 A_i 上是拟凹的。

定义 5.35 为了方便起见，对于一个完全信息静态博弈 G，其严格支配均衡记为 $R^\infty = \times_{i \in N} R_i^\infty$，其弱支配均衡记为 $W^\infty = \times_{i \in N} W_i^\infty$，其最大最小策略记为 $\mathrm{MaxMin} = \times_{i \in N} \mathrm{MaxMin}_i$，其纳什均衡记为 $\mathrm{NashEqum}(G)$。

5.2 习题清单

习题 5.1 假设 $(N, (A_i)_{i \in N}, (f_i)_{i \in N})$ 是一个完全信息静态博弈，试证明：$a_i^* \in A_i$ 为参与人 i 的最大最小策略当且仅当

$$\min_{a_{-i} \in A_{-i}} f_i(a_i^*, a_{-i}) \geqslant \min_{a_{-i} \in A_{-i}} f_i(a_i, a_{-i}), \forall a_i \in A_i$$

习题 5.2 假设 $(N, (A_i)_{i \in N}, (f_i)_{i \in N})$ 是一个完全信息静态博弈，试证明：$a_i^* \in A_i$ 为参与人 i 的最大最小策略当且仅当

$$f_i(a_i^*, A_{-i}) \geqslant \underline{v}_i = \max_{a_i \in A_i} \min_{a_{-i} \in A_{-i}} f_i(a_i, a_{-i})$$

习题 5.3 假设 $(N, (A_i)_{i \in N}, (f_i)_{i \in N})$ 是一个完全信息静态博弈，试证明：$a_{-i}^* \in A_{-i}$ 是参与人 i 的对手 $-i$ 的最小最大策略当且仅当

$$\max_{a_i \in A_i} f_i(a_i, a_{-i}^*) \leqslant \max_{a_i \in A_i} f_i(a_i, a_{-i}), \forall a_{-i} \in A_{-i}$$

习题 5.4 假设 $(N, (A_i)_{i \in N}, (f_i)_{i \in N})$ 是一个完全信息静态博弈，试证明：$a_{-i}^* \in A_{-i}$ 是参与人 i 的对手 $-i$ 的最小最大策略当且仅当

$$f_i(A_i, a_{-i}^*) \leqslant \overline{v}_i = \min_{a_{-i} \in A_{-i}} \max_{a_i \in A_i} f_i(a_i, a_{-i})$$

习题 5.5 假设 $(N, (A_i)_{i \in N}, (f_i)_{i \in N})$ 是一个完全信息静态博弈，试证明：对于参与人 i 而言，必定满足

$$\underline{v}_i \leqslant \overline{v}^i$$

习题 5.6 假设 $(N, (A_i)_{i \in N}, (f_i)_{i \in N})$ 是一个完全信息静态博弈，试证明：$a^* \in A$ 是纳什均衡当且仅当

$$\mathrm{Prof}_i(a^*) = \varnothing, \forall i \in N$$

习题 5.7 假设 $(N, (A_i)_{i \in N}, (f_i)_{i \in N})$ 是一个完全信息静态博弈，试证明：$a^* \in A$ 是纳什均衡当且仅当

$$a_i^* \in \mathrm{BR}_i(a_{-i}^*), \forall i \in N$$

习题 5.8　假设 $(N, (A_i)_{i \in N}, (f_i)_{i \in N})$ 是完全信息静态博弈，满足：

（1）$A_i \subseteq \mathbb{R}^n, \forall i \in N$ 且是非空紧致凸集；

（2）$f_i, \forall i \in N$ 是连续函数；

（3）$f_i, \forall i \in N$ 在 A_i 上是拟凹的。

试证明：必定存在纳什均衡。

习题 5.9　假设 $(N, (A_i)_{i \in N}, (f_i)_{i \in N})$ 是一个完全信息静态博弈，参与人 i 的一个策略 $a_i^* \in A_i$ 满足

$$a_i^* \succ_A b_i, \forall b_i \in A_i$$

试证明：a_i^* 是参与人 i 的最大最小策略。

习题 5.10　假设 $(N, (A_i)_{i \in N}, (f_i)_{i \in N})$ 是一个完全信息静态博弈，参与人 i 的一个策略 $a_i^* \in A_i$ 满足

$$a_i^* \succ_A b_i, \forall b_i \in A_i$$

试证明：

$$a_i^* \in \mathrm{BR}_i(a_{-i}), \forall a_{-i} \in A_{-i}$$

习题 5.11　假设 $(N, (A_i)_{i \in N}, (f_i)_{i \in N})$ 是一个完全信息静态博弈，满足

$$\exists a_i^*, \mathrm{s.t.} a_i^* \succ_A A_i \setminus \{a_i^*\}, \forall i \in N$$

试证明：$\boldsymbol{a}^* = (a_i^*)$ 是最大最小策略向量。

习题 5.12　假设 $(N, (A_i)_{i \in N}, (f_i)_{i \in N})$ 是一个完全信息静态博弈，满足

$$\exists a_i^*, \mathrm{s.t.} a_i^* \succ_A A_i \setminus \{a_i^*\}, \forall i \in N$$

试证明：$\boldsymbol{a}^* = (a_i^*)$ 是纳什均衡。

习题 5.13　假设 $(N, (A_i)_{i \in N}, (f_i)_{i \in N})$ 是一个有限的完全信息静态博弈，满足

$$\exists a_i^*, \mathrm{s.t.} a_i^* \succ\succ_A A_i \setminus \{a_i^*\}, \forall i \in N$$

试证明：$\boldsymbol{a}^* = (a_i^*)$ 是唯一的最大最小策略向量。

习题 5.14　假设 $(N, (A_i)_{i \in N}, (f_i)_{i \in N})$ 是一个有限的完全信息静态博弈，满足

$$\exists a_i^*, \mathrm{s.t.} a_i^* \succ\succ_A A_i \setminus \{a_i^*\}, \forall i \in N$$

试证明：$\boldsymbol{a}^* = (a_i^*)$ 是唯一的纳什均衡。

习题 5.15　假设 $(N, (A_i)_{i \in N}, (f_i)_{i \in N})$ 是一个有限的完全信息静态博弈，$\boldsymbol{a}^* \in A$ 是纳什均衡，试证明：

$$f_i(\boldsymbol{a}^*) \geqslant \underline{v}_i, \forall i \in N$$

习题 5.16 假设 $G_1 = (N, (A_i^1)_{i \in N}, (f_i)_{i \in N})$ 是一个完全信息静态博弈，$a_i^* \in A_i$ 是参与人 i 的弱被支配策略，定义新的博弈：

$$G_2 = (N, (A_i^2)_{i \in N}, (f_i)_{i \in N}), A_j^2 = A_j^1, \forall j \neq i, A_i^2 = A_i^1 \setminus \{a_i^*\}$$

试证明：

$$\underline{v}_i(G_1) = \underline{v}_i(G_2), \quad \underline{v}_j(G_2) \geqslant \underline{v}_j(G_1), \forall j \neq i$$

习题 5.17 假设 $G_1 = (N, (A_i)_{i \in N}, (f_i)_{i \in N})$ 是一个完全信息静态博弈，定义新的博弈：

$$G_2 = (N, (B_i)_{i \in N}, (f_i)_{i \in N}), B_i \subseteq A_i, \forall i \in N$$

满足

$$\exists \boldsymbol{a}^* \in \text{NashEqum}(G_1), \text{s.t.} \boldsymbol{a}^* \in B$$

试证明：

$$\boldsymbol{a}^* \in \text{NashEqum}(G_2)$$

习题 5.18 假设 $G_1 = (N, (A_i)_{i \in N}, (f_i)_{i \in N})$ 是一个完全信息静态博弈，$b_i^* \in A_i$ 是参与人 i 的弱被支配策略，定义新的博弈：

$$G_2 = (N, (B_i)_{i \in N}, (f_i)_{i \in N}); \; B_j = A_j, \forall j \neq i; \; B_i = A_i \setminus \{b_i^*\}$$

试证明：

$$\text{NashEqum}(G_2) \subseteq \text{NashEqum}(G_1)$$

习题 5.19 假设 $G_1 = (N, (A_i)_{i \in N}, (f_i)_{i \in N})$ 是一个完全信息静态博弈，通过逐次剔除弱被支配策略，得到新的博弈：

$$G_2 = (N, (B_i)_{i \in N}, (f_i)_{i \in N})$$

试证明：

$$\text{NashEqum}(G_2) \subseteq \text{NashEqum}(G_1)$$

习题 5.20 假设 $G_1 = (N, (A_i)_{i \in N}, (f_i)_{i \in N})$ 是一个完全信息静态博弈，$b_i^* \in A_i$ 是参与人 i 的严格被支配策略，定义新的博弈：

$$G_2 = (N, (B_i)_{i \in N}, (f_i)_{i \in N}); \; B_j = A_j, \forall j \neq i; \; B_i = A_i \setminus \{b_i^*\}$$

试证明：

$$\text{NashEqum}(G_2) = \text{NashEqum}(G_1)$$

习题 5.21 假设 $G_1 = (N, (A_i)_{i \in N}, (f_i)_{i \in N})$ 是一个完全信息静态博弈，通过逐次剔除严格被支配策略，得到新的博弈：

$$G_2 = (N, (B_i)_{i \in N}, (f_i)_{i \in N})$$

试证明：

$$\text{NashEqum}(G_2) = \text{NashEqum}(G_1)$$

习题 5.22 假设 $G_1 = (N, (A_i)_{i \in N}, (f_i)_{i \in N})$ 是一个完全信息静态博弈，试证明：参与人的严格被支配策略不可能是一个纳什均衡向量的分量。

5.3 习题解答

习题 5.1 假设 $(N, (A_i)_{i \in N}, (f_i)_{i \in N})$ 是一个完全信息静态博弈，试证明：$a_i^* \in A_i$ 为参与人 i 的最大最小策略当且仅当

$$\min_{a_{-i} \in A_{-i}} f_i(a_i^*, a_{-i}) \geqslant \min_{a_{-i} \in A_{-i}} f_i(a_i, a_{-i}), \forall a_i \in A_i$$

注释 5.1 本题主要考查对参与人的最大最小策略的刻画。

解答 首先定义函数：

$$\phi_i(a_i) = \min_{a_{-i} \in A_{-i}} f_i(a_i, a_{-i})$$

根据参与人最大最小策略的定义可得

$$a_i^i \in \operatorname*{Argmax}_{a_i \in A_i} \phi_i(a_i)$$

可以转化为

$$\phi_i(a_i^*) \geqslant \phi_i(A_i)$$

即

$$\min_{a_{-i} \in A_{-i}} f_i(a_i^*, a_{-i}) \geqslant \min_{a_{-i} \in A_{-i}} f_i(a_i, a_{-i}), \forall a_i \in A_i$$

证明完毕。

习题 5.2 假设 $(N, (A_i)_{i \in N}, (f_i)_{i \in N})$ 是一个完全信息静态博弈，试证明：$a_i^* \in A_i$ 为参与人 i 的最大最小策略当且仅当

$$f_i(a_i^*, A_{-i}) \geqslant \underline{v}_i = \max_{a_i \in A_i} \min_{a_{-i} \in A_{-i}} f_i(a_i, a_{-i})$$

注释 5.2　本题主要考查对参与人的最大最小策略的刻画。

解答　根据习题 5.1，a_i^* 是参与人 i 的最大最小策略，可知

$$\min_{a_{-i} \in A_{-i}} f_i(a_i^*, a_{-i}) \geqslant \min_{a_{-i} \in A_{-i}} f_i(a_i, a_{-i}), \forall a_i \in A_i$$

转化为

$$\min_{a_{-i} \in A_{-i}} f_i(a_i^*, a_{-i}) \geqslant \max_{a_i \in A_i} \min_{a_{-i} \in A_{-i}} f_i(a_i, a_{-i})$$

放缩为

$$f_i(a_i^*, A_{-i}) \geqslant \max_{a_i \in A_i} \min_{a_{-i} \in A_{-i}} f_i(a_i, a_{-i}) =: \underline{v}_i$$

反过来，如果策略 a_i^* 满足

$$f_i(a_i^*, A_{-i}) \geqslant \max_{a_i \in A_i} \min_{a_{-i} \in A_{-i}} f_i(a_i, a_{-i}) =: \underline{v}_i$$

那么一定有

$$\min_{a_{-i} \in A_{-i}} f_i(a_i^*, a_{-i}) \geqslant \max_{a_i \in A_i} \min_{a_{-i} \in A_{-i}} f_i(a_i, a_{-i}) =: \underline{v}_i$$

放缩为

$$\min_{a_{-i} \in A_{-i}} f_i(a_i^*, a_{-i}) \geqslant \min_{a_{-i} \in A_{-i}} f_i(a_i, a_{-i}), \forall a_i \in A_i$$

根据定义，a_i^* 为参与人的最大最小策略。证明完毕。

习题 5.3　假设 $(N, (A_i)_{i \in N}, (f_i)_{i \in N})$ 是一个完全信息静态博弈，试证明：$a_{-i}^* \in A_{-i}$ 是参与人 i 的对手 $-i$ 的最小最大策略当且仅当

$$\max_{a_i \in A_i} f_i(a_i, a_{-i}^*) \leqslant \max_{a_i \in A_i} f_i(a_i, a_{-i}), \forall a_{-i} \in A_{-i}$$

注释 5.3　本题主要考查对参与人的对手最小最大策略的刻画。

解答　首先定义函数：

$$\phi_{-i}(a_{-i}) =: \max_{a_i \in A_i} f_i(a_i, a_{-i})$$

a_{-i}^* 是参与人 $-i$ 的最小最大策略当且仅当

$$a_{-i}^* \in \underset{a_{-i} \in A_{-i}}{\operatorname{Argmin}} \, \phi_{-i}(a_{-i})$$

转化为

$$\phi_{-i}(a_{-i}^*) \leqslant \phi_{-i}(A_{-i})$$

即

$$\max_{a_i \in A_i} f_i(a_i, a_{-i}^*) \leqslant \max_{a_i \in A_i} f_i(a_i, a_{-i}), \forall a_{-i} \in A_{-i}$$

证明完毕。

习题 5.4　假设 $(N, (A_i)_{i \in N}, (f_i)_{i \in N})$ 是一个完全信息静态博弈，试证明：$a_{-i}^* \in A_{-i}$ 是参与人 i 的对手 $-i$ 的最小最大策略当且仅当

$$f_i(A_i, a_{-i}^*) \leqslant \overline{v}_i = \min_{a_{-i} \in A_{-i}} \max_{a_i \in A_i} f_i(a_i, a_{-i})$$

注释 5.4　本题主要考查对参与人的对手最小最大策略的刻画。

解答　根据习题 5.3 可知，如果 a_{-i}^* 是 $-i$ 的最大最小策略，那么有

$$\max_{a_i \in A_i} f_i(a_i, a_{-i}^*) \leqslant \max_{a_i \in A_i} f_i(a_i, a_{-i}), \forall a_{-i} \in A_{-i}$$

放缩为

$$\max_{a_i \in A_i} f_i(a_i, a_{-i}^*) \leqslant \min_{a_{-i} \in A_{-i}} \max_{a_i \in A_i} f_i(a_i, a_{-i})$$

进一步放缩为

$$f_i(A_i, a_{-i}^*) \leqslant \min_{a_{-i} \in A_{-i}} \max_{a_i \in A_i} f_i(a_i, a_{-i})$$

即

$$f_i(A_i, a_{-i}^*) \leqslant \overline{v}_i =: \min_{a_{-i} \in A_{-i}} \max_{a_i \in A_i} f_i(a_i, a_{-i})$$

反过来，如果策略 a_{-i}^* 满足

$$f_i(A_i, a_{-i}^*) \leqslant \overline{v}_i = \min_{a_{-i} \in A_{-i}} \max_{a_i \in A_i} f_i(a_i, a_{-i})$$

那么可以放缩为

$$\max_{a_i \in A_i} f_i(a_i, a_{-i}^*) \leqslant \min_{a_{-i} \in A_{-i}} \max_{a_i \in A_i} f_i(a_i, a_{-i})$$

进一步放缩为

$$\max_{a_i \in A_i} f_i(a_i, a_{-i}^*) \leqslant \max_{a_i \in A_i} f_i(a_i, a_{-i}), \forall a_{-i} \in A_{-i}$$

根据定义，可知 a_{-i}^* 是参与人 i 的对手 $-i$ 的最小最大策略。证明完毕。

习题 5.5　假设 $(N, (A_i)_{i \in N}, (f_i)_{i \in N})$ 是一个完全信息静态博弈，试证明：对于参与人 i 而言，必定满足

$$\underline{v}_i \leqslant \overline{v}^i$$

注释 5.5　本题主要考查参与人多种保底收益之间的关系。

解答　显然有

$$f_i(a_i, a_{-i}) = f_i(a_i, a_{-i})$$

放缩为

$$\min_{a_{-i} \in A_{-i}} f_i(a_i, a_{-i}) \leqslant f_i(a_i, a_{-i})$$

$$\max_{a_i \in A_i} \min_{a_{-i} \in A_{-i}} f_i(a_i, a_{-i}) \leqslant \max_{a_i \in A_i} f_i(a_i, a_{-i})$$

$$\max_{a_i \in A_i} \min_{a_{-i} \in A_{-i}} f_i(a_i, a_{-i}) \leqslant \min_{a_{-i} \in A_{-i}} \max_{a_i \in A_i} f_i(a_i, a_{-i})$$

即

$$\underline{v}_i \leqslant \overline{v}^i$$

证明完毕。

习题 5.6　假设 $(N, (A_i)_{i \in N}, (f_i)_{i \in N})$ 是一个完全信息静态博弈，试证明：$\boldsymbol{a}^* \in A$ 是纳什均衡当且仅当

$$\mathrm{Prof}_i(\boldsymbol{a}^*) = \varnothing, \forall i \in N$$

注释 5.6　本题主要考查纳什均衡的偏离刻画。

解答　（1）假设 $\boldsymbol{a}^* \in A$ 是纳什均衡，那么根据定义有

$$f_i(a_i^*, a_{-i}^*) \geqslant f_i(A_i, a_{-i}^*), \forall i \in N$$

因此

$$\mathrm{Prof}_i(\boldsymbol{a}^*) = \varnothing, \forall i \in N$$

（2）假设 $\mathrm{Prof}_i(\boldsymbol{a}^*) = \varnothing, \forall i \in N$，那么根据定义有

$$f_i(a_i^*, a_{-i}^*) \geqslant f_i(A_i, a_{-i}^*), \forall i \in N$$

因此 $\boldsymbol{a}^*$ 是纳什均衡。证明完毕。

习题 5.7　假设 $(N, (A_i)_{i \in N}, (f_i)_{i \in N})$ 是一个完全信息静态博弈，试证明：$\boldsymbol{a}^* \in A$ 是纳什均衡当且仅当

$$a_i^* \in \mathrm{BR}_i(a_{-i}^*), \forall i \in N$$

注释 5.7　本题主要考查对纳什均衡最优反应的刻画。

解答 （1）假设 $a^* \in A$ 是纳什均衡，那么根据定义有

$$f_i(a_i^*, a_{-i}^*) \geqslant f_i(A_i, a_{-i}^*), \forall i \in N$$

因此

$$a_i^* \in \mathrm{BR}_i(a_{-i}^*), \forall i \in N$$

（2）假设 $a_i^* \in \mathrm{BR}_i(a_{-i}^*), \forall i \in N$，那么根据定义有

$$f_i(a_i^*, a_{-i}^*) \geqslant f_i(A_i, a_{-i}^*), \forall i \in N$$

因此 $\boldsymbol{a}^*$ 是纳什均衡。证明完毕。

习题 5.8 假设 $(N, (A_i)_{i \in N}, (f_i)_{i \in N})$ 是完全信息静态博弈，满足：

（1）$A_i \subseteq \mathbb{R}^n, \forall i \in N$ 且是非空紧致凸集；

（2）$f_i, \forall i \in N$ 是连续函数；

（3）$f_i, \forall i \in N$ 在 A_i 上是拟凹的。

试证明：必定存在纳什均衡。

注释 5.8 本题主要考查利用 Kakutani 不动点定理证明纳什均衡的存在性，同时需要对盈利函数和策略空间增加凸性条件。

解答 定义集值映射：

$$\mathrm{BR} : A \rightrightarrows A.\mathrm{s.t.BR}(a) = \times_{i \in N} \mathrm{BR}_i(a_{-i})$$

因为 $A_i, \forall i \in N$ 是非空紧致凸集，所以 A 也是非空紧致凸集。因为函数 f_i 是连续的且 A_i 是非空紧致的，所以

$$\mathrm{BR}_i(a_{-i}) = \underset{a_i \in A_i}{\mathrm{Argmax}} f_i(a_i, a_{-i})$$

是非空集合。又因为 f_i 在 A_i 上是拟凹的，所以

$$\mathrm{BR}_i(a_{-i}) = \underset{a_i \in A_i}{\mathrm{Argmax}} f_i(a_i, a_{-i})$$

是非空凸集。因为 $f_i, \forall i \in N$ 是连续的，所以集值映射 B 是闭图的，因此 B 满足 Kakutani 不动点定理的所有条件，因此必定存在不动点，即纳什均衡，证明完毕。

习题 5.9 假设 $(N, (A_i)_{i \in N}, (f_i)_{i \in N})$ 是一个完全信息静态博弈，参与人 i 的一个策略 $a_i^* \in A_i$ 满足

$$a_i^* \succ_A b_i, \forall b_i \in A_i$$

试证明：a_i^* 是参与人 i 的最大最小策略。

注释 5.9 本题主要考查在弱支配意义下的最大元与最大最小策略的关系。

解答 因为策略 a_i^* 弱支配参与人 i 的其他策略，根据定义可知

$$f_i(a_i^*, A_{-i}) \geqslant f_i(b_i, A_{-i}), \forall b_i \in A_i$$

那么必定有

$$f_{i,\mathrm{low}}(a_i^*) \geqslant f_{i,\mathrm{low}}(b_i), \forall b_i \in A_i$$

根据定义可知 a_i^* 是参与人 i 的最大最小策略。证明完毕。

习题 5.10 假设 $(N, (A_i)_{i \in N}, (f_i)_{i \in N})$ 是一个完全信息静态博弈，参与人 i 的一个策略 $a_i^* \in A_i$ 满足

$$a_i^* \succ_A b_i, \forall b_i \in A_i$$

试证明：

$$a_i^* \in \mathrm{BR}_i(a_{-i}), \forall a_{-i} \in A_{-i}$$

注释 5.10 本题主要考查在弱支配意义下的最大元与最优反应的关系。

解答 因为策略 a_i^* 弱支配参与人 i 的其他策略，根据定义可知

$$f_i(a_i^*, a_{-i}) \geqslant f_i(b_i, a_{-i}), \forall b_i \in A_i, \forall a_{-i} \in A_{-i}$$

可得

$$a_i^* \in \mathrm{BR}_i(a_{-i}), \forall a_{-i} \in A_{-i}$$

证明完毕。

习题 5.11 假设 $(N, (A_i)_{i \in N}, (f_i)_{i \in N})$ 是一个完全信息静态博弈，满足

$$\exists a_i^*, \mathrm{s.t.} a_i^* \succ_A A_i \setminus \{a_i^*\}, \forall i \in N$$

试证明：$\boldsymbol{a}^* = (a_i^*)$ 是最大最小策略向量。

注释 5.11 本题主要考查在弱支配意义下的最大元构成的策略向量与最大最小策略向量之间的关系。

解答 因为向量 $\boldsymbol{a}^* = (a_i^*)_{i \in N}$ 的每一个分量都是在弱支配意义下的最大元，根据习题 5.9 可知每一个分量都是对应参与人的最大最小策略，因此是一个策略向量。证明完毕。

习题 5.12 假设 $(N, (A_i)_{i \in N}, (f_i)_{i \in N})$ 是一个完全信息静态博弈，满足

$$\exists a_i^*, \mathrm{s.t.} a_i^* \succ_A A_i \setminus \{a_i^*\}, \forall i \in N$$

试证明：$\boldsymbol{a}^* = (a_i^*)$ 是纳什均衡。

Note

注释 5.12   本题考查在弱支配意义下的最大元构成的策略向量与纳什均衡之间的关系。

解答   因为向量 $\boldsymbol{a}^* = (a_i^*)_{i \in N}$ 的每一个分量都是弱支配意义下的最大元，根据前面的习题，每一个分量都是对应参与人的最优反应策略，因此是一个纳什均衡。证明完毕。

习题 5.13   假设 $(N, (A_i)_{i \in N}, (f_i)_{i \in N})$ 是一个有限的完全信息静态博弈，满足

$$\exists a_i^*, \mathrm{s.t.}\, a_i^* \succ\succ_A A_i \setminus \{a_i^*\}, \forall i \in N$$

试证明：$\boldsymbol{a}^* = (a_i^*)$ 是唯一的最大最小策略向量。

注释 5.13   本题主要考查在严格支配意义下的最大元构成的策略向量与最大最小策略向量之间的关系及唯一性。

解答   因为策略 $\forall i \in N, a_i^*$ 严格支配参与人 i 的其他策略，根据习题 5.9 可知 a_i^* 是参与人 i 的最大最小策略。下面验证唯一性。假设 b_i^* 是另一个最大最小策略，因为 a_i^* 严格支配 b_i^*，因此有

$$f_i(a_i^*, A_{-i}) > f_i(b_i^*, A_{-i})$$

又因为博弈是有限的，推得

$$f_{i,\mathrm{low}}(a_i^*) > f_{i,\mathrm{low}}(b_i^*)$$

这与 b_i^* 是另一个最大最小策略矛盾。证明完毕。

习题 5.14   假设 $(N, (A_i)_{i \in N}, (f_i)_{i \in N})$ 是一个有限的完全信息静态博弈，满足

$$\exists a_i^*, \mathrm{s.t.}\, a_i^* \succ\succ_A A_i \setminus \{a_i^*\}, \forall i \in N$$

试证明：$\boldsymbol{a}^* = (a_i^*)$ 是唯一的纳什均衡。

注释 5.14   本题主要考查在严格支配意义下的最大元构成的策略向量与纳什均衡之间的关系及唯一性。

解答   因为策略 $\forall i \in N, a_i^*$ 严格支配参与人 i 的其他策略，根据习题 5.12 可知，$\boldsymbol{a}^*$ 是纳什均衡。下面验证唯一性。假设 $\boldsymbol{b}^* = (b_i^*)_{i \in N}$ 是另一个纳什均衡，不妨设 $a_i^* \neq b_i^*$，因为 a_i^* 严格支配 b_i^*，因此有

$$f_i(a_i^*, A_{-i}) > f_i(b_i^*, A_{-i})$$

可得

$$f_i(a_i^*, b_{-i}^*) > f_i(b_i^*, b_{-i}^*)$$

这与 $\boldsymbol{b}^* = (b_i^*)_{i \in N}$ 是另一个纳什均衡矛盾。证明完毕。

Note

习题 5.15 假设 $(N, (A_i)_{i \in N}, (f_i)_{i \in N})$ 是一个有限的完全信息静态博弈，$\boldsymbol{a}^* \in A$ 是纳什均衡，试证明：

$$f_i(\boldsymbol{a}^*) \geqslant \underline{v}_i, \forall i \in N$$

注释 5.15 本题主要考查纳什均衡盈利值和保底盈利值之间的关系。

解答 根据纳什均衡的定义可知

$$f_i(a_i^*, a_{-i}^*) \geqslant f_i(a_i, a_{-i}^*) \geqslant \min_{a_{-i} \in A_{-i}} f_i(a_i, a_{-i}), \forall a_i \in A_i$$

得到

$$f_i(\boldsymbol{a}^*) \geqslant \max_{a_i \in A_i} \min_{a_{-i} \in A_{-i}} f_i(a_i, a_{-i}) = \underline{v}_i$$

证明完毕。

习题 5.16 假设 $G_1 = (N, (A_i^1)_{i \in N}, (f_i)_{i \in N})$ 是一个完全信息静态博弈，$a_i^* \in A_i$ 是参与人 i 的弱被支配策略，定义新的博弈：

$$G_2 = (N, (A_i^2)_{i \in N}, (f_i)_{i \in N}), A_j^2 = A_j^1, \forall j \neq i, A_i^2 = A_i^1 \setminus \{a_i^*\}$$

试证明：

$$\underline{v}_i(G_1) = \underline{v}_i(G_2), \quad \underline{v}_j(G_2) \geqslant \underline{v}_j(G_1), \forall j \neq i$$

注释 5.16 本题主要考查某参与人的弱被支配策略剔除以后的各参与人在新博弈模型下的保守收益变化情况。

解答 （1）根据定义可知

$$\underline{v}_i(G_1) = \max_{a_i \in A_i^1} \min_{a_{-i} \in A_{-i}^1} f_i(a_i, a_{-i})$$

$$\underline{v}_i(G_2) = \max_{a_i \in A_i^2} \min_{a_{-i} \in A_{-i}^2} f_i(a_i, a_{-i})$$

$$= \max_{a_i \in A_i^2} \min_{a_{-i} \in A_{-i}^1} f_i(a_i, a_{-i})$$

$$= \max_{a_i \in A_i^1 \setminus \{a_i^*\}} \min_{a_{-i} \in A_{-i}^1} f_i(a_i, a_{-i})$$

显然有

$$\underline{v}_i(G_1) \geqslant \underline{v}_i(G_2)$$

下面证

$$\underline{v}_i(G_1) = \underline{v}_i(G_2)$$

因为 a_i^* 是弱被支配策略，所以必定存在 $b_i \in A_i^1 \setminus \{a_i^*\}$，使得

$$f_i(b_i, A_{-i}) \geqslant f_i(a_i^*, A_{-i})$$

所以

$$\min_{a_{-i} \in A_{-i}} f_i(b_i, a_{-i}) \geqslant \min_{a_{-i} \in A_{-i}} f_i(a_i^*, a_{-i})$$

进一步可得

$$\max_{a_i \in A_i^1 \backslash \{a_i^*\}} \min_{a_{-i} \in A_{-i}^1} f_i(a_i, a_{-i}) = \max_{a_i \in A_i^1} \min_{a_{-i} \in A_{-i}^1} f_i(a_i, a_{-i})$$

因此

$$\underline{v}_i(G_1) = \underline{v}_i(G_2)$$

（2）根据定义可知

$$\underline{v}_j(G_1) = \max_{a_j \in A_j^1} \min_{a_{-j} \in A_{-j}^1} f_j(a_j, a_{-j})$$

$$\underline{v}_j(G_2) = \max_{a_j \in A_j^2} \min_{a_{-j} \in A_{-j}^2} f_j(a_j, a_{-j})$$

$$= \max_{a_j \in A_j^1} \min_{a_{-j} \in A_{-\{ij\}}^1 \times A_i^2} f_j(a_j, a_{-j})$$

显然有

$$A_{-\{ij\}}^1 \times A_i^2 = A_{-\{ij\}}^1 \times (A_i^1 \backslash \{a_i^*\}) \subset A_{-j}^1$$

因此必定有

$$\underline{v}_j(G_1) \geqslant \underline{v}_j(G_2), \forall j \neq i$$

证明完毕。

习题 5.17　假设 $G_1 = (N, (A_i)_{i \in N}, (f_i)_{i \in N})$ 是一个完全信息静态博弈，定义新的博弈：

$$G_2 = (N, (B_i)_{i \in N}, (f_i)_{i \in N}), B_i \subseteq A_i, \forall i \in N$$

满足

$$\exists \boldsymbol{a}^* \in \text{NashEqum}(G_1), \text{s.t.} \boldsymbol{a}^* \in B$$

试证明：

$$\boldsymbol{a}^* \in \text{NashEqum}(G_2)$$

注释 5.17　本题主要考查策略集缩小后的新博弈模型的纳什均衡和原有博弈模型纳什均衡之间的关系。

解答　因为 $\boldsymbol{a}^* \in \text{NashEqum}(G_1)$，根据定义可得

$$f_i(a_i^*, a_{-i}^*) \geqslant f_i(A_i, a_{-i}^*), \forall i \in N$$

Note

因为 $B_i \subseteq A_i, \forall i \in N$，可得

$$f_i(a_i^*, a_{-i}^*) \geqslant f_i(B_i, a_{-i}^*), \forall i \in N$$

又因为 $\boldsymbol{a}^* \in B$，根据定义可得

$$\boldsymbol{a}^* \in \text{NashEqum}(G_2)$$

证明完毕。

习题 5.18 假设 $G_1 = (N, (A_i)_{i \in N}, (f_i)_{i \in N})$ 是一个完全信息静态博弈，$b_i^* \in A_i$ 是参与人 i 的弱被支配策略，定义新的博弈：

$$G_2 = (N, (B_i)_{i \in N}, (f_i)_{i \in N}), \ B_j = A_j, \forall j \neq i; \ B_i = A_i \setminus \{b_i^*\}$$

试证明：

$$\text{NashEqum}(G_2) \subseteq \text{NashEqum}(G_1)$$

注释 5.18 本题主要考查某参与人在弱被支配策略剔除后的纳什均衡变化情况。此题表明纳什均衡集合有可能变小，即剔除弱被支配策略时有可能剔除了纳什均衡。

解答 假设 $\boldsymbol{a}^* \in \text{NashEqum}(G_2)$，根据定义可知

$$f_k(a_k^*, a_{-k}^*) \geqslant f_k(B_k, a_{-k}^*), \forall k \in N$$

根据题目中的条件可得

$$f_j(a_j^*, a_{-j}^*) \geqslant f_j(A_j, a_{-j}^*), \forall j \neq i$$
$$f_i(a_i^*, a_{-i}^*) \geqslant f_i(A_i \setminus \{b_i^*\}, a_{-i}^*)$$

因为 b_i^* 是弱被支配的，因此存在 $c_i \in A_i \setminus \{b_i^*\}$ 使得

$$f_i(c_i, A_{-i}) \geqslant f_i(b_i^*, A_{-i})$$

因此

$$f_i(a_i^*, a_{-i}^*) \geqslant f_i(c_i, a_{-i}^*) \geqslant f_i(b_i^*, a_{-i}^*) \geqslant f_i(a_i, a_{-i}^*)$$

可得

$$f_i(a_i^*, a_{-i}^*) \geqslant f_i(A_i, a_{-i}^*)$$

根据定义可得

$$\boldsymbol{a}^* \in \text{NashEqum}(G_1)$$

证明完毕。

Note

习题 5.19　假设 $G_1 = (N, (A_i)_{i \in N}, (f_i)_{i \in N})$ 是一个完全信息静态博弈，通过逐次剔除弱被支配策略，得到新的博弈：

$$G_2 = (N, (B_i)_{i \in N}, (f_i)_{i \in N})$$

试证明：

$$\text{NashEqum}(G_2) \subseteq \text{NashEqum}(G_1)$$

注释 5.19　本题主要考查某参与人在弱被支配策略剔除后的纳什均衡变化情况。此题表明纳什均衡集合有可能变小，即剔除弱被支配策略时有可能剔除了纳什均衡。

解答　反复应用习题 5.19 获得的性质，剔除弱被支配均衡有可能缩小纳什均衡集合。证明完毕。

习题 5.20　假设 $G_1 = (N, (A_i)_{i \in N}, (f_i)_{i \in N})$ 是一个完全信息静态博弈，$b_i^* \in A_i$ 是参与人 i 的严格被支配策略，定义新的博弈：

$$G_2 = (N, (B_i)_{i \in N}, (f_i)_{i \in N}), \; B_j = A_j, \forall j \neq i, \; B_i = A_i \setminus \{b_i^*\}$$

试证明：

$$\text{NashEqum}(G_2) = \text{NashEqum}(G_1)$$

注释 5.20　本题主要考查某参与人在严格被支配策略剔除后的纳什均衡的变化情况。此题表明纳什均衡集合保持不变，即严格被支配策略的剔除不会引起纳什均衡的变化。

解答　显然

$$\text{NashEqum}(G_2) \subseteq \text{NashEqum}(G_1)$$

下面证

$$\text{NashEqum}(G_2) \supseteq \text{NashEqum}(G_1)$$

根据习题 5.17，只需证明

$$\text{NashEqum}(G_1) \subseteq B$$

任取 $\boldsymbol{a}^* \in \text{NashEqum}(G_1)$，只需证明 $a_i^* \neq b_i^*$。根据纳什均衡的定义可知

$$f_i(a_i^*, a_{-i}^*) \geqslant f_i(A_i, a_{-i}^*)$$

又因为 b_i^* 是严格被支配的，根据定义，存在 $c_i \in A_i \setminus \{b_i^*\}$ 使得

$$f_i(c_i, A_{-i}) > f_i(b_i^*, A_{-i})$$

二者结合，可得

$$f_i(a_i^*, a_{-i}^*) \geqslant f_i(c_i, a_{-i}^*) > f_i(b_i^*, a_{-i}^*)$$

证明完毕。

习题 5.21　假设 $G_1 = (N, (A_i)_{i \in N}, (f_i)_{i \in N})$ 是一个完全信息静态博弈，通过逐次剔除严格被支配策略，得到新的博弈：

$$G_2 = (N, (B_i)_{i \in N}, (f_i)_{i \in N})$$

试证明：

$$\text{NashEqum}(G_2) = \text{NashEqum}(G_1)$$

注释 5.21　本题主要考查某参与人在严格被支配策略剔除后的纳什均衡变化情况。此题表明纳什均衡集合保持不变，即严格被支配策略的剔除不会引起纳什均衡的变化。

解答　反复应用习题 5.21 中的结论，剔除严格被支配策略不会引起纳什均衡的变化。证明完毕。

习题 5.22　假设 $G_1 = (N, (A_i)_{i \in N}, (f_i)_{i \in N})$ 是一个完全信息静态博弈，试证明：参与人的严格被支配策略不可能是一个纳什均衡向量的分量。

注释 5.22　本题主要考查某参与人在严格被支配策略剔除后纳什均衡的变化情况。此题表明纳什均衡集合保持不变，即严格被支配策略的剔除不会引起纳什均衡的变化。

解答　应用习题 5.21 中的结论，剔除严格被支配策略不会引起纳什均衡的变化，即严格被支配策略不可能是纳什均衡的分量。证明完毕。

第6章

多人博弈的混合纳什均衡

本章首先梳理了完全信息静态博弈混合扩张后的要素、支配均衡、安全均衡、纳什均衡、颤抖手均衡和相关均衡等知识要点，然后分别针对每个知识要点提供了习题及详细解答。

6.1 知识梳理

定义 6.1 假设 A 是一个有限的非空集合且 $\#A = m$，定义在其上的概率分布空间为

$$\Delta(A) = \left\{ \boldsymbol{\alpha} \mid \boldsymbol{\alpha} \in \mathbb{R}^m; \boldsymbol{\alpha} \geqslant \boldsymbol{0}; \sum_{i=1}^{m} \alpha_i = 1 \right\}$$

$\Delta(A)$ 中的某概率分布 $\boldsymbol{\alpha}$ 在 A 上的作用记为 $\boldsymbol{\alpha}(a)$。

定义 6.2 假设 $G = (N, (A_i)_{i \in N}, (f_i)_{i \in N})$ 是一个完全信息静态博弈模型且 $\#N < +\infty, \#A < +\infty$，如果满足

（1）$\Sigma_i = \Delta(A_i), \forall i \in N, \Sigma = \times_{i \in N} \Sigma_i, \boldsymbol{\alpha} = (\alpha_i)_{i \in N} = (\alpha_i, \alpha_{-i}) \in \Sigma$；

（2）$\forall a \in A = \times_{i \in N} A_i, \forall \boldsymbol{\alpha} \in \Sigma = \times_{i \in N} \Sigma_i, \boldsymbol{\alpha}(a) = \prod_{i \in N} \alpha_i(a_i) = \alpha_i(a_i)\alpha_{-i}(a_{-i})$；

（3）$\forall i \in N, \forall \boldsymbol{\alpha} \in \Sigma, F_i(\boldsymbol{\alpha}) = \sum_{a \in A} \boldsymbol{\alpha}(a) f_i(a) =: E_{\boldsymbol{\alpha}}\{f_i\}$。

那么三元组 $G_m = (N, (\Sigma_i)_{i \in N}, (F_i)_{i \in N})$ 称为 G 的混合扩张，$A_i(\forall i \in N)$ 称为纯粹策略，$\Sigma_i(\forall i \in N)$ 称为混合策略，F_i 称为 f_i 的混合扩张。

定义 6.3 假设 $G = (N, (A_i)_{i \in N}, (f_i)_{i \in N})$ 是一个有限的完全信息静态博弈模型，$G_m = (N, (\Sigma_i)_{i \in N}, (F_i)_{i \in N})$ 是 G 的混合扩张，参与人 i 有两个混合策略 $\alpha_i, \beta_i \in \Sigma_i$，如果满足

$$F_i(\alpha_i, \gamma_{-i}) < F_i(\beta_i, \gamma_{-i}), \forall \gamma_{-i} \in \Sigma_{-i}$$

那么称 α_i 被 β_i 严格支配，记为 $\alpha_i \prec\prec \beta_i$，上面的条件可以简写为

$$\alpha_i \prec\prec \beta_i \Leftrightarrow F_i(\alpha_i, \Sigma_{-i}) < F_i(\beta_i, \Sigma_{-i})$$

为了体现支配关系和当前策略集合的关系，有时也将 $\alpha_i \prec\prec \beta_i$ 记作 $\alpha_i \prec\prec_\Sigma \beta_i$。

定义 6.4　假设 $G = (N, (A_i)_{i \in N}, (f_i)_{i \in N})$ 是一个有限的完全信息静态博弈模型，$G_m = (N, (\Sigma_i)_{i \in N}, (F_i)_{i \in N})$ 是 G 的混合扩张，如果满足

$$\exists \beta_i \in \Sigma_i, \mathrm{s.t.} \alpha_i \prec\prec \beta_i$$

那么参与人 i 的策略 $\alpha_i \in \Sigma_i$ 称为严格被支配策略，为了体现支配关系和当前策略集合的关系，有时也将 $\alpha_i \prec\prec \beta_i$ 记作 $\alpha_i \prec\prec_\Sigma \beta_i$。

定义 6.5　假设 $G = (N, (A_i)_{i \in N}, (f_i)_{i \in N})$ 是一个有限的完全信息静态博弈模型，$G_m = (N, (\Sigma_i)_{i \in N}, (F_i)_{i \in N})$ 是 G 的混合扩张，参与人 i 有两个策略 $\alpha_i, \beta_i \in \Sigma_i$，如果满足

$$F_i(\alpha_i, \gamma_{-i}) \leqslant F_i(\beta_i, \gamma_{-i}), \forall \gamma_{-i} \in \Sigma_{-i}, \exists \delta_{-i} \in \Sigma_{-i}, \mathrm{s.t.} F_i(\alpha_i, \delta_{-i}) < F_i(\beta_i, \delta_{-i})$$

那么称 α_i 被 β_i 弱支配，记为 $\alpha_i \prec \beta_i$，上面的条件可以简写为

$$\alpha_i \prec \beta_i \Leftrightarrow F_i(\alpha_i, \Sigma_{-i}) \leqslant F_i(\beta_i, \Sigma_{-i}), \exists \delta_{-i} \in \Sigma_{-i}, \mathrm{s.t.} F_i(\alpha_i, \delta_{-i}) < F_i(\beta_i, \delta_{-i})$$

为了体现支配关系和当前策略集合的关系，有时也将 $\alpha_i \prec \beta_i$ 记作 $\alpha_i \prec_\Sigma \beta_i$。

定义 6.6　假设 $G = (N, (A_i)_{i \in N}, (f_i)_{i \in N})$ 是一个有限的完全信息静态博弈模型，$G_m = (N, (\Sigma_i)_{i \in N}, (F_i)_{i \in N})$ 是 G 的混合扩张，如果满足

$$\exists \beta_i \in \Sigma_i, \mathrm{s.t.} \alpha_i \prec \beta_i$$

那么参与人 i 的策略 $\alpha_i \in \Sigma_i$ 称为弱被支配策略，为了体现支配关系和当前策略集合的关系，有时也将 $\alpha_i \prec \beta_i$ 记作 $\alpha_i \prec_\Sigma \beta_i$。

定义 6.7　假设 $G = (N, (A_i)_{i \in N}, (f_i)_{i \in N})$ 是一个有限的完全信息静态博弈模型，$G_m = (N, (\Sigma_i)_{i \in N}, (F_i)_{i \in N})$ 是 G 的混合扩张，参与人 i 的盈利上界定义为

$$M_i(G_m) = \max_{\boldsymbol{\alpha} \in \Sigma} F_i(\boldsymbol{\alpha})$$

定义 6.8　假设 $G = (N, (A_i)_{i \in N}, (f_i)_{i \in N})$ 是一个有限的完全信息静态博弈模型，$G_m = (N, (\Sigma_i)_{i \in N}, (F_i)_{i \in N})$ 是 G 的混合扩张，参与人 i 的盈利下界定义为

$$m_i(G_m) = \min_{\boldsymbol{\alpha} \in \Sigma} F_i(\boldsymbol{\alpha})$$

定义 6.9　假设 $G = (N, (A_i)_{i \in N}, (f_i)_{i \in N})$ 是一个有限的完全信息静态博弈模型，$G_m = (N, (\Sigma_i)_{i \in N}, (F_i)_{i \in N})$ 是 G 的混合扩张，参与人 i 的后发盈利函数定义为

$$F_{i,\mathrm{low}}(\alpha_i) = \min_{\alpha_{-i} \in \Sigma_{-i}} F_i(\alpha_i, \alpha_{-i})$$

Note

定义 6.10 假设 $G = (N, (A_i)_{i \in N}, (f_i)_{i \in N})$ 是一个有限的完全信息静态博弈模型，$G_m = (N, (\Sigma_i)_{i \in N}, (F_i)_{i \in N})$ 是 G 的混合扩张，参与人 i 的最大最小值定义为

$$\underline{v}_i(G_m) = \max_{\alpha_i \in \Sigma_i} F_{i,\text{low}}(\alpha_i) = \max_{\alpha_i \in \Sigma_i} \min_{\alpha_{-i} \in \Sigma_{-i}} F_i(\alpha_i, \alpha_{-i})$$

定义 6.11 假设 $G = (N, (A_i)_{i \in N}, (f_i)_{i \in N})$ 是一个有限的完全信息静态博弈模型，$G_m = (N, (\Sigma_i)_{i \in N}, (F_i)_{i \in N})$ 是 G 的混合扩张，参与人 i 的最大最小策略定义为

$$\alpha_i^* \in F_{i,\text{low}}^{-1}(\underline{v}_i)(G_m) = \underset{\alpha_i \in \Sigma_i}{\text{Argmax}}\, F_{i,\text{low}}(\alpha_i)$$

定义 6.12 假设 $G = (N, (A_i)_{i \in N}, (f_i)_{i \in N})$ 是一个有限的完全信息静态博弈模型，$G_m = (N, (\Sigma_i)_{i \in N}, (F_i)_{i \in N})$ 是 G 的混合扩张，参与人 i 的先发盈利函数定义为

$$F_{i,\text{up}}(\alpha_{-i}) = \max_{\alpha_i \in \Sigma_i} F_i(\alpha_i, \alpha_{-i})$$

定义 6.13 假设 $G = (N, (A_i)_{i \in N}, (f_i)_{i \in N})$ 是一个有限的完全信息静态博弈模型，$G_m = (N, (\Sigma_i)_{i \in N}, (F_i)_{i \in N})$ 是 G 的混合扩张，参与人 i 的最小最大值定义为

$$\overline{v}_i(G_m) = \min_{\alpha_{-i} \in \Sigma_{-i}} F_{i,\text{up}}(\alpha_{-i}) = \min_{\alpha_{-i} \in \Sigma_{-i}} \max_{\alpha_i \in \Sigma_i} F_i(\alpha_i, \alpha_{-i})$$

定义 6.14 假设 $G = (N, (A_i)_{i \in N}, (f_i)_{i \in N})$ 是一个有限的完全信息静态博弈模型，$G_m = (N, (\Sigma_i)_{i \in N}, (F_i)_{i \in N})$ 是 G 的混合扩张，参与人 i 的对手 $-i$ 的最小最大策略定义为

$$\alpha_{-i}^* \in F_{i,\text{up}}^{-1}(\overline{v}_i)(G_m) = \underset{\alpha_{-i} \in \Sigma_{-i}}{\text{Argmin}}\, F_{i,\text{up}}(\alpha_{-i})$$

定义 6.15 假设 $G = (N, (A_i)_{i \in N}, (f_i)_{i \in N})$ 是一个有限的完全信息静态博弈模型，$G_m = (N, (\Sigma_i)_{i \in N}, (F_i)_{i \in N})$ 是 G 的混合扩张，$\boldsymbol{\alpha} \in \Sigma$ 是一个策略向量，参与人 i 对 $\boldsymbol{\alpha}$ 的偏离策略集合定义为

$$\text{Prof}_i(\boldsymbol{\alpha}) = \{\beta_i |\ \beta_i \in \Sigma_i, \text{s.t.} F_i(\beta_i, \alpha_{-i}) > F_i(\alpha_i, \alpha_{-i})\}$$

偏离策略集合表示参与人 i 在其对手策略固定的情况下对当前策略的修正。

定义 6.16 假设 $G = (N, (A_i)_{i \in N}, (f_i)_{i \in N})$ 是一个有限的完全信息静态博弈模型，$G_m = (N, (\Sigma_i)_{i \in N}, (F_i)_{i \in N})$ 是 G 的混合扩张，$\alpha_{-i} \in \Sigma_{-i}$ 是一个策略向量，参与人 i 对 α_{-i} 的最优反应策略集合定义为

$$\text{BR}_i(\alpha_{-i}) = \{\beta_i |\ \beta_i \in \Sigma_i, \text{s.t.} F_i(\beta_i, \alpha_{-i}) \geqslant F_i(\Sigma_i, a_{-i})\} = \underset{\alpha_i \in \Sigma_i}{\text{Argmax}}\, F_i(\alpha_i, \alpha_{-i})$$

定义 6.17　假设 $G = (N, (A_i)_{i \in N}, (f_i)_{i \in N})$ 是一个有限的完全信息静态博弈模型，$G_m = (N, (\Sigma_i)_{i \in N}, (F_i)_{i \in N})$ 是 G 的混合扩张，如果满足

$$F_i(\alpha_i^*, \alpha_{-i}^*) \geqslant F_i(\Sigma_i, \alpha_{-i}^*), \forall i \in N$$

那么 $\boldsymbol{\alpha}^* \in \Sigma$ 是纳什均衡，G_m 所有的纳什均衡记为

$$\mathrm{MixNashEqum}(G) = \mathrm{NashEqum}(G_m)$$

定义 6.18　假设 $G = (N, (A_i)_{i \in N}, (f_i)_{i \in N})$ 是一个有限的完全信息静态博弈模型，参与人 i 的一个摄动向量定义为

$$\boldsymbol{\epsilon} = (\epsilon_i(a_i))_{a_i \in A_i}, \mathrm{s.t.} \epsilon_i > 0, \sum_{a_i \in A_i} \epsilon_i(a_i) \leqslant 1$$

参与人 i 的所有摄动向量集合记为 Pert_i，所有参与人的摄动向量集合记为 $\mathrm{Pert} = \times_{i \in N} \mathrm{Pert}_i$，其中的一个元素记为 $\boldsymbol{\epsilon} = (\epsilon_i)_{i \in N}$。

定义 6.19　假设 $G = (N, (A_i)_{i \in N}, (f_i)_{i \in N})$ 是一个有限的完全信息静态博弈模型，参与人 i 的一个 ϵ_i 混合策略集合定义为

$$\Sigma_{i, \epsilon_i} = \{\alpha_i | \; \alpha_i \in \Sigma_i, \alpha_i(a_i) \geqslant \epsilon_i(a_i), \forall a_i \in A_i\}$$

取定 $\boldsymbol{\epsilon} = (\epsilon_i)_{i \in N} \in \mathrm{Pert}$，所有参与人的 $\boldsymbol{\epsilon}$ 混合策略集合记为 $\Sigma_{\boldsymbol{\epsilon}} = \times_{i \in N} \Sigma_{i, \epsilon_i}$。

定义 6.20　假设 $G = (N, (A_i)_{i \in N}, (f_i)_{i \in N})$ 是一个有限的完全信息静态博弈模型，取定摄动向量 $\boldsymbol{\epsilon} \in \mathrm{Pert}$，定义 $\boldsymbol{\epsilon}$ 混合博弈为

$$G_{m, \boldsymbol{\epsilon}} = (N, (\Sigma_{i, \epsilon_i})_{i \in N}, (F_i)_{i \in N})$$

规定 $G_{m, 0} = G_m$。

定义 6.21　假设 $G = (N, (A_i)_{i \in N}, (f_i)_{i \in N})$ 是一个有限的完全信息静态博弈模型，取定 $\boldsymbol{\epsilon} = (\epsilon_i)_{i \in N} \in \mathrm{Pert}$，定义

$$M_i(\epsilon_i) = \max_{a_i \in A_i} \epsilon_i(a_i); m_i(\epsilon_i) = \min_{a_i \in A_i} \epsilon_i(a_i); M(\boldsymbol{\epsilon}) = \max_{i \in N} M_i(\epsilon_i); m(\boldsymbol{\epsilon}) = \min_{i \in N} m_i(\epsilon_i)$$

显然 $M(\boldsymbol{\epsilon}) \leqslant 1, m(\boldsymbol{\epsilon}) > 0$。

定义 6.22　假设 $G = (N, (A_i)_{i \in N}, (f_i)_{i \in N})$ 是一个有限的完全信息静态博弈模型，$G_m = (N, (\Sigma_i)_{i \in N}, (F_i)_{i \in N})$ 是其混合扩张。如果 $\mathrm{Supp}(\alpha_i) = A_i$，那么 $\alpha_i \in \Sigma_i$ 称为完备的，记为 $\alpha_i > 0$；如果 $\alpha_i, \forall i \in N$ 是完备的，那么 $\boldsymbol{\alpha} = (\alpha_i)_{i \in N} \in \Sigma$ 称为完备的，记为 $\boldsymbol{\alpha} > \boldsymbol{0}$。

定义 6.23 假设 $G = (N, (A_i)_{i \in N}, (f_i)_{i \in N})$ 是一个有限的完全信息静态博弈模型，$G_m = (N, (\Sigma_i)_{i \in N}, (F_i)_{i \in N})$ 是其混合扩张，如果满足

$$\exists (\epsilon^k)_{k \in \mathbb{N}} \subseteq \text{Pert}, \lim_{k \to \infty} M(\epsilon^k) = 0, \exists \alpha^k \in \text{NashEqum}(G_{m,\epsilon^k}), \text{s.t.} \alpha^k \to \alpha$$

那么 $\alpha \in \Sigma$ 称为博弈 G 的颤抖手均衡（Trembling Hand Equilibrium），博弈 G 的所有颤抖手均衡记为 TremHandEqum(G)。

定义 6.24 假设 $G = (N, (A_i)_{i \in N}, (f_i)_{i \in N})$ 是一个有限的完全信息静态博弈模型，如果满足

$$\sum_{a_{-i} \in A_{-i}} \alpha(a_i, a_{-i}) f_i(a_i, a_{-i}) \geqslant \sum_{a_{-i} \in A_{-i}} \alpha(a_i, a_{-i}) f_i(b_i, a_{-i}), \forall i \in N, \forall a_i, b_i \in A_i$$

那么分布 $\alpha \in \Delta(A)$ 称为博弈 G 的一个相关均衡，博弈 G 的所有相关均衡记为 CorEqum(G)。

6.2 习题清单

习题 6.1 假设 $G = (N, (A_i)_{i \in N}, (f_i)_{i \in N})$ 是一个有限的完全信息静态博弈模型，$G_m = (N, (\Sigma_i)_{i \in N}, (F_i)_{i \in N})$ 是 G 的混合扩张，试证明：

$$\forall \lambda \in [0, 1], \forall \alpha_i, \beta_i \in \Sigma_i, \forall \alpha_{-i} \in \Sigma_{-i}$$
$$\text{s.t.} F_j[\lambda \alpha_i + (1 - \lambda)\beta_i, \alpha_{-i}] = \lambda F_j(\alpha_i, \alpha_{-i}) + (1 - \lambda)F_j(\beta_i, \alpha_{-i})$$

习题 6.2 假设 $G = (N, (A_i)_{i \in N}, (f_i)_{i \in N})$ 是一个有限的完全信息静态博弈模型，$G_m = (N, (\Sigma_i)_{i \in N}, (F_i)_{i \in N})$ 是 G 的混合扩张，试证明：

（1）集合 Σ_i, $\forall i \in N$ 是非空紧致凸集；

（2）$F_i : \Sigma \to \mathbb{R}, \forall i \in N$ 是线性连续函数；

（3）$F_i : \Sigma \to \mathbb{R}, \forall i \in N$ 在 Σ_i 上是拟凹函数。

习题 6.3 假设有限个数据 $A = \{x_i\}_{i \in I} \subseteq \mathbb{R}$, $\#I < +\infty$，那么任取 $\alpha = (\alpha_i)_{i \in I} \in \Delta(A)$，试证明：

$$\min A \leqslant \sum_{i \in I} \alpha_i x_i \leqslant \max A$$

习题 6.4 假设有限个数据 $A = \{x_i\}_{i \in I} \subseteq \mathbb{R}$, $\#I < \infty$，试证明：

$$\min_{\alpha \in \Delta(A)} \left(\sum_{i \in I} \alpha_i x_i \right) = \min A; \quad \max_{\alpha \in \Delta(A)} \left(\sum_{i \in I} \alpha_i x_i \right) = \max A$$

习题 6.5　假设有限个数据 $A = \{x_i\}_{i \in I} \subseteq \mathbb{R}, \#I < +\infty$，取定 $\boldsymbol{\alpha} = (\alpha_i)_{i \in I} \in \Delta(A)$，$\min A = \sum\limits_{i \in I} \alpha_i x_i$，试证明：

$$\alpha_i = 0, \forall i \in I \setminus I_{\min}$$

习题 6.6　假设有限个数据 $A = \{x_i\}_{i \in I} \subseteq \mathbb{R}, \#I < +\infty$，取定 $\boldsymbol{\alpha} = (\alpha_i)_{i \in I} \in \Delta(A)$，$\max A = \sum\limits_{i \in I} \alpha_i x_i$，试证明：

$$\alpha_i = 0, \forall i \in I \setminus I_{\max}$$

习题 6.7　假设 $G = (N, (A_i)_{i \in N}, (f_i)_{i \in N})$ 是一个有限的完全信息静态博弈模型，$G_m = (N, (\Sigma_i)_{i \in N}, (F_i)_{i \in N})$ 是 G 的混合扩张，试证明：

$$M_i(G_m) =: \max_{\boldsymbol{\alpha} \in \Sigma} F_i(\boldsymbol{\alpha}) = \max_{a \in A} f_i(a) =: M_i(G)$$

习题 6.8　假设 $G = (N, (A_i)_{i \in N}, (f_i)_{i \in N})$ 是一个有限的完全信息静态博弈模型，$G_m = (N, (\Sigma_i)_{i \in N}, (F_i)_{i \in N})$ 是 G 的混合扩张，试证明：

$$m_i(G_m) =: \min_{\boldsymbol{\alpha} \in \Sigma} F_i(\boldsymbol{\alpha}) = \min_{a \in A} f_i(a) =: m_i(G)$$

习题 6.9　假设 $G = (N, (A_i)_{i \in N}, (f_i)_{i \in N})$ 是一个有限的完全信息静态博弈模型，$G_m = (N, (\Sigma_i)_{i \in N}, (F_i)_{i \in N})$ 是 G 的混合扩张，试证明：

$$F_{i,\text{low}}(\alpha_i) =: \min_{\alpha_{-i} \in \Sigma_{-i}} F_i(\alpha_i, \alpha_{-i}) = \min_{a_{-i} \in A_{-i}} F_i(\alpha_i, a_{-i})$$

习题 6.10　假设 $G = (N, (A_i)_{i \in N}, (f_i)_{i \in N})$ 是一个有限的完全信息静态博弈模型，$G_m = (N, (\Sigma_i)_{i \in N}, (F_i)_{i \in N})$ 是 G 的混合扩张，试证明：

$$\underline{v}_i(G_m) =: \max_{\alpha_i \in \Sigma_i} \min_{\alpha_{-i} \in \Sigma_{-i}} F_i(\alpha_i, \alpha_{-i}) = \max_{\alpha_i \in \Sigma_i} \min_{a_{-i} \in A_{-i}} F_i(\alpha_i, a_{-i})$$

习题 6.11　假设 $G = (N, (A_i)_{i \in N}, (f_i)_{i \in N})$ 是一个有限的完全信息静态博弈模型，$G_m = (N, (\Sigma_i)_{i \in N}, (F_i)_{i \in N})$ 是 G 的混合扩张，试证明：$\alpha_i^* \in \Sigma_i$ 为参与人 i 的最大最小策略当且仅当

$$\min_{a_{-i} \in A_{-i}} F_i(\alpha_i^*, a_{-i}) \geqslant \min_{a_{-i} \in A_{-i}} F_i(\alpha_i, a_{-i}), \forall \alpha_i \in \Sigma_i$$

习题 6.12　假设 $G = (N, (A_i)_{i \in N}, (f_i)_{i \in N})$ 是一个有限的完全信息静态博弈模型，$G_m = (N, (\Sigma_i)_{i \in N}, (F_i)_{i \in N})$ 是 G 的混合扩张，试证明：$\alpha_i^* \in \Sigma_i$ 为参与人 i 的最大最小策略当且仅当

$$F_i(\alpha_i^*, \Sigma_{-i}) \geqslant \underline{v}_i(G_m) = \max_{\alpha_i \in \Sigma_i} \min_{\alpha_{-i} \in \Sigma_{-i}} F_i(\alpha_i, \alpha_{-i})$$

习题 6.13 假设 $G = (N, (A_i)_{i \in N}, (f_i)_{i \in N})$ 是一个有限的完全信息静态博弈模型，$G_m = (N, (\Sigma_i)_{i \in N}, (F_i)_{i \in N})$ 是 G 的混合扩张，试证明：$\alpha_i^* \in \Sigma_i$ 为参与人 i 的最大最小策略当且仅当

$$F_i(\alpha_i^*, A_{-i}) \geqslant \underline{v}_i(G_m) = \max_{\alpha_i \in \Sigma_i} \min_{\alpha_{-i} \in \Sigma_{-i}} F_i(\alpha_i, \alpha_{-i})$$

习题 6.14 假设 $G = (N, (A_i)_{i \in N}, (f_i)_{i \in N})$ 是一个有限的完全信息静态博弈模型，$G_m = (N, (\Sigma_i)_{i \in N}, (F_i)_{i \in N})$ 是 G 的混合扩张，试证明：

$$F_{i,\mathrm{up}}(\alpha_{-i}) = \max_{a_i \in A_i} F_i(a_i, \alpha_{-i})$$

习题 6.15 假设 $G = (N, (A_i)_{i \in N}, (f_i)_{i \in N})$ 是一个有限的完全信息静态博弈模型，$G_m = (N, (\Sigma_i)_{i \in N}, (F_i)_{i \in N})$ 是 G 的混合扩张，试证明：$\alpha_{-i}^* \in \Sigma_{-i}$ 是参与人 i 的对手 $-i$ 的最小最大策略当且仅当

$$\max_{a_i \in A_i} F_i(a_i, \alpha_{-i}^*) \leqslant \max_{a_i \in A_i} F_i(a_i, \alpha_{-i}), \forall \alpha_{-i} \in \Sigma_{-i}$$

习题 6.16 假设 $G = (N, (A_i)_{i \in N}, (f_i)_{i \in N})$ 是一个有限的完全信息静态博弈模型，$G_m = (N, (\Sigma_i)_{i \in N}, (F_i)_{i \in N})$ 是 G 的混合扩张，试证明：$\alpha_{-i}^* \in \Sigma_{-i}$ 是参与人 i 的对手 $-i$ 的最小最大策略当且仅当

$$F_i(\Sigma_i, \alpha_{-i}^*) \leqslant \overline{v}_i(G_m) = \min_{\alpha_{-i} \in \Sigma_{-i}} \max_{\alpha_i \in \Sigma_i} F_i(\alpha_i, \alpha_{-i})$$

习题 6.17 假设 $G = (N, (A_i)_{i \in N}, (f_i)_{i \in N})$ 是一个有限的完全信息静态博弈模型，$G_m = (N, (\Sigma_i)_{i \in N}, (F_i)_{i \in N})$ 是 G 的混合扩张，试证明：$\alpha_{-i}^* \in \Sigma_{-i}$ 是参与人 i 的对手 $-i$ 的最小最大策略当且仅当

$$F_i(A_i, \alpha_{-i}^*) \leqslant \overline{v}_i(G_m) = \min_{\alpha_{-i} \in \Sigma_{-i}} \max_{\alpha_i \in \Sigma_i} F_i(\alpha_i, \alpha_{-i})$$

习题 6.18 假设 $G = (N, (A_i)_{i \in N}, (f_i)_{i \in N})$ 是一个有限的完全信息静态博弈模型，$G_m = (N, (\Sigma_i)_{i \in N}, (F_i)_{i \in N})$ 是 G 的混合扩张，对于参与人 i 而言，试证明：

$$\underline{v}_i(G_m) \leqslant \overline{v}^i(G_m)$$

习题 6.19 假设 $G = (N, (A_i)_{i \in N}, (f_i)_{i \in N})$ 是一个有限的完全信息静态博弈模型，$G_m = (N, (\Sigma_i)_{i \in N}, (F_i)_{i \in N})$ 是 G 的混合扩张，$\alpha_{-i} \in \Sigma_{-i}$ 是一个策略，试证明：参与人 i 对 α_{-i} 的最优反应策略集合刻画为

$$\mathrm{BR}_i(\alpha_{-i}) = \{\beta_i | \ \beta_i \in \Sigma_i, \mathrm{s.t.} F_i(\beta_i, \alpha_{-i}) \geqslant F_i(A_i, \alpha_{-i})\}$$

习题 6.20　假设 $G = (N, (A_i)_{i \in N}, (f_i)_{i \in N})$ 是一个有限的完全信息静态博弈模型，$G_m = (N, (\Sigma_i)_{i \in N}, (F_i)_{i \in N})$ 是 G 的混合扩张，试证明：$\boldsymbol{\alpha}^* \in \Sigma$ 是纳什均衡当且仅当

$$F_i(\alpha_i^*, \alpha_{-i}^*) \geqslant F_i(A_i, \alpha_{-i}^*), \forall i \in N$$

习题 6.21　假设 $G = (N, (A_i)_{i \in N}, (f_i)_{i \in N})$ 是一个有限的完全信息静态博弈模型，$G_m = (N, (\Sigma_i)_{i \in N}, (F_i)_{i \in N})$ 是 G 的混合扩张，试证明：$\boldsymbol{\alpha}^* \in \Sigma$ 是纳什均衡当且仅当

$$\mathrm{Prof}_i(\boldsymbol{\alpha}^*) = \varnothing, \forall i \in N$$

习题 6.22　假设 $G = (N, (A_i)_{i \in N}, (f_i)_{i \in N})$ 是一个有限的完全信息静态博弈模型，$G_m = (N, (\Sigma_i)_{i \in N}, (F_i)_{i \in N})$ 是 G 的混合扩张，试证明：$\boldsymbol{\alpha}^* \in \Sigma$ 是纳什均衡当且仅当

$$\alpha_i^* \in \mathrm{BR}_i(\alpha_{-i}^*), \forall i \in N$$

习题 6.23　假设 $A = (x_i)_{i \in I} \subseteq R, \#I < +\infty$ 是一个有限集合，满足

$$\exists \boldsymbol{\alpha} \in \Delta_+(A), \mathrm{s.t.} \max A = \sum_{i \in I} \alpha_i x_i$$

试证明：

$$x_i = \max A, \forall i \in I$$

习题 6.24　假设 $G = (N, (A_i)_{i \in N}, (f_i)_{i \in N})$ 是一个有限的完全信息静态博弈模型，$G_m = (N, (\Sigma_i)_{i \in N}, (F_i)_{i \in N})$ 是 G 的混合扩张，$\boldsymbol{\alpha}^* \in \Sigma$ 是纳什均衡，试证明：

$$F_i(\boldsymbol{\alpha}^*) = F_i(a_i, \alpha_{-i}^*), \forall a_i \in \mathrm{Supp}(\alpha_i^*), \forall i \in N$$

习题 6.25　假设 $G = (N, (A_i)_{i \in N}, (f_i)_{i \in N})$ 是一个有限的完全信息静态博弈模型，$G_m = (N, (\Sigma_i)_{i \in N}, (F_i)_{i \in N})$ 是 G 的混合扩张，试证明：必定存在混合纳什均衡。

习题 6.26　假设 $G = (N, (A_i)_{i \in N}, (f_i)_{i \in N})$ 是一个有限的完全信息静态博弈模型，$G_m(\boldsymbol{\epsilon}) = (N, (\Sigma_{i,\epsilon_i})_{i \in N}, (F_i)_{i \in N})$ 是其 $\boldsymbol{\epsilon}$ 混合博弈，试证明：

$$\mathrm{NashEqum}(G_{m,\boldsymbol{\epsilon}}) \neq \varnothing$$

习题 6.27　假设 $G = (N, (A_i)_{i \in N}, (f_i)_{i \in N})$ 是一个有限的完全信息静态博弈模型，$G_m = (N, (\Sigma_i)_{i \in N}, (F_i)_{i \in N})$ 是其混合扩张。任取 $\alpha_i \in \Sigma_i$，试证明：必定存在 $(\alpha_i^k)_{k \in \mathbb{N}} \subseteq \Sigma_i$，使得

$$\alpha_i^k > 0, \forall k \in \mathbb{N}; \quad \alpha_i^k \to \alpha_i$$

习题 6.28 假设 $G = (N, (A_i)_{i \in N}, (f_i)_{i \in N})$ 是一个有限的完全信息静态博弈模型，$G_m = (N, (\Sigma_i)_{i \in N}, (F_i)_{i \in N})$ 是其混合扩张。任取 $\boldsymbol{\alpha} \in \Sigma$。试证明：必定存在 $(\boldsymbol{\alpha}^k)_{k \in \mathbb{N}} \subseteq \Sigma$ 使得

$$\boldsymbol{\alpha}^k > 0, \forall k \in \mathbb{N}; \quad \boldsymbol{\alpha}^k \to \boldsymbol{\alpha}$$

习题 6.29 假设 $G = (N, (A_i)_{i \in N}, (f_i)_{i \in N})$ 是一个有限的完全信息静态博弈模型，取定 $(\epsilon_i^k)_{k \in \mathbb{N}} \subseteq \mathrm{Pert}_i$，并且满足 $M_i(\epsilon_i^k) \to 0$。试证明：任意取定 $\alpha_i \in \Sigma_i, \alpha_i > 0$，存在一列混合策略 $(\alpha_i^k)_{k \in \mathbb{N}}$ 满足如下条件：

$$\alpha_i^k \in \Sigma_{i,\epsilon_i^k}, \alpha_i^k \to \alpha_i$$

习题 6.30 假设 $G = (N, (A_i)_{i \in N}, (f_i)_{i \in N})$ 是一个有限的完全信息静态博弈模型，取定 $(\epsilon^k)_{k \in \mathbb{N}} \subseteq \mathrm{Pert}$，并且满足 $M(\epsilon^k) \to 0$。试证明：任意取定 $\boldsymbol{\alpha} \in \Sigma, \boldsymbol{\alpha} > 0$，存在一列混合策略 $(\boldsymbol{\alpha}^k)_{k \in \mathbb{N}}$ 满足如下条件：

$$\boldsymbol{\alpha}^k \in \Sigma_{\epsilon^k}, \boldsymbol{\alpha}^k \to \boldsymbol{\alpha}$$

习题 6.31 假设 $G = (N, (A_i)_{i \in N}, (f_i)_{i \in N})$ 是一个有限的完全信息静态博弈模型，取定 $(\epsilon_i^k)_{k \in \mathbb{N}} \subseteq \mathrm{Pert}_i$，并且满足 $M_i(\epsilon_i^k) \to 0$。试证明：任意取定 $\alpha_i \in \Sigma_i$，存在一列混合策略 $(\alpha_i^k)_{k \in \mathbb{N}}$ 满足如下条件：

$$\alpha_i^k \in \Sigma_{i,\epsilon_i^k}, \alpha_i^k \to \alpha_i$$

习题 6.32 假设 $G = (N, (A_i)_{i \in N}, (f_i)_{i \in N})$ 是一个有限的完全信息静态博弈模型，取定 $(\epsilon^k)_{k \in \mathbb{N}} \subseteq \mathrm{Pert}$，并且满足 $M(\epsilon^k) \to 0$。试证明：任意取定 $\boldsymbol{\alpha} \in \Sigma$，存在一列混合策略 $(\boldsymbol{\alpha}^k)_{k \in \mathbb{N}}$ 满足如下条件：

$$\boldsymbol{\alpha}^k \in \Sigma_{\epsilon^k}, \boldsymbol{\alpha}^k \to \boldsymbol{\alpha}$$

习题 6.33 假设 $G = (N, (A_i)_{i \in N}, (f_i)_{i \in N})$ 是一个有限的完全信息静态博弈模型，取定 $(\epsilon^k)_{k \in \mathbb{N}} \subseteq \mathrm{Pert}$，并且满足 $M(\epsilon^k) \to 0$，假设 $\boldsymbol{\alpha}^k \in \mathrm{NashEqum}(G_{m,\epsilon^k})$，并且满足 $\lim_{k \to \infty} \boldsymbol{\alpha}^k = \boldsymbol{\alpha}$。试证明：必定有 $\boldsymbol{\alpha} \in \mathrm{NashEqum}(G_m)$。

习题 6.34 假设 $G = (N, (A_i)_{i \in N}, (f_i)_{i \in N})$ 是一个有限的完全信息静态博弈模型，$a_i \in A_i$ 是参与人 i 在博弈 G 中的一个弱被支配策略，试证明：

$$\forall \boldsymbol{\epsilon} = (\epsilon_i)_{i \in N} \in \mathrm{Pert}, \forall \boldsymbol{\alpha}^* \in \mathrm{NashEqum}(G_{m,\epsilon}) \Rightarrow \alpha_i^*(a_i) = \epsilon_i(a_i)$$

习题 6.35 假设 $G = (N, (A_i)_{i \in N}, (f_i)_{i \in N})$ 是一个有限的完全信息静态博弈模型，试证明：

$$\mathrm{TremHandEqum}(G) \subseteq \mathrm{NashEqum}(G_m)$$

习题 6.36　假设 $G = (N, (A_i)_{i \in N}, (f_i)_{i \in N})$ 是一个有限的完全信息静态博弈模型，试证明：

$$\text{TremHandEqum}(G) \neq \varnothing$$

习题 6.37　假设 $G = (N, (A_i)_{i \in N}, (f_i)_{i \in N})$ 是一个有限的完全信息静态博弈模型，$a_i \in A_i$ 是参与人 i 在博弈 G 中的弱被支配策略，试证明：

$$\forall \boldsymbol{\alpha}^* \in \text{TremHandEqum}(G) \Rightarrow \alpha_i^*(a_i) = 0$$

习题 6.38　假设 $G = (N, (A_i)_{i \in N}, (f_i)_{i \in N})$ 是一个有限的完全信息静态博弈模型，$\boldsymbol{\alpha}^* \in \text{NashEqum}(G_m)$，并且满足 $\boldsymbol{\alpha}^* > \mathbf{0}$，试证明：

$$\boldsymbol{\alpha}^* \in \text{TremHandEqum}(G)$$

习题 6.39　假设 $G = (N, (A_i)_{i \in N}, (f_i)_{i \in N})$ 是一个有限的完全信息静态博弈模型，$G_m = (N, (\Sigma_i)_{i \in N}, (F_i)_{i \in N})$ 是其混合扩张，试证明：

$$\text{NashEqum}(G_m) \subseteq \text{CorEqum}(G)$$

习题 6.40　假设 $G = (N, (A_i)_{i \in N}, (f_i)_{i \in N})$ 是一个有限的完全信息静态博弈模型，试证明：

$$\text{CorEqum}(G) \neq \varnothing$$

习题 6.41　假设 $G = (N, (A_i)_{i \in N}, (f_i)_{i \in N})$ 是一个有限的完全信息静态博弈模型，试证明：$\text{CorEqum}(G)$ 是紧致凸集。

6.3　习题解答

习题 6.1　假设 $G = (N, (A_i)_{i \in N}, (f_i)_{i \in N})$ 是一个有限的完全信息静态博弈模型，$G_m = (N, (\Sigma_i)_{i \in N}, (F_i)_{i \in N})$ 是 G 的混合扩张，试证明：

$$\forall \lambda \in [0, 1], \forall \alpha_i, \beta_i \in \Sigma_i, \forall \alpha_{-i} \in \Sigma_{-i}$$
$$\text{s.t. } F_j(\lambda \alpha_i + (1 - \lambda)\beta_i, \alpha_{-i}) = \lambda F_j(\alpha_i, \alpha_{-i}) + (1 - \lambda)F_j(\beta_i, \alpha_{-i})$$

注释 6.1　本题主要考查有限的完全信息静态博弈混合扩张后的新博弈模型要素的性质。

解答　根据定义可知

$$F_j(\lambda \alpha_i + (1 - \lambda)\beta_i, \alpha_{-i})$$

$$= \sum_{a \in A} (\lambda\alpha_i + (1-\lambda)\beta_i, \alpha_{-i})(a) f_j(a)$$

$$= \sum_{a \in A} [\lambda\alpha_i + (1-\lambda)\beta_i]\alpha_i(a_i)\alpha_{-i}(a_{-i}) f_j(a)$$

$$= \lambda \sum_{a \in A} \alpha_i(a_i)\alpha_{-i}(a_{-i}) f_j(a) + (1-\lambda) \sum_{a \in A} \beta_i(a_i)\alpha_{-i}(a_{-i}) f_j(a)$$

$$= \lambda F_j(\alpha_i, \alpha_{-i}) + (1-\lambda) F_j(\beta_i, \alpha_{-i})$$

证明完毕。

习题 6.2 假设 $G = (N, (A_i)_{i \in N}, (f_i)_{i \in N})$ 是一个有限的完全信息静态博弈模型，$G_m = (N, (\Sigma_i)_{i \in N}, (F_i)_{i \in N})$ 是 G 的混合扩张，试证明：

（1）集合 Σ_i，$\forall i \in N$ 是非空紧致凸集；

（2）$F_i : \Sigma \to \mathbb{R}$，$\forall i \in N$ 是线性连续函数；

（3）$F_i : \Sigma \to \mathbb{R}$，$\forall i \in N$ 在 Σ_i 上是拟凹函数。

注释 6.2 本题主要考查有限的完全信息静态博弈混合扩张后的新博弈模型要素的性质。

解答 （1）集合 Σ_i 的定义为

$$\Sigma_i = \Delta(A_i) = \left\{ \boldsymbol{p} \mid \boldsymbol{p} \in \mathbb{R}^{A_i}, \boldsymbol{p} \geqslant \boldsymbol{0}, \sum_{i=1}^{m} p_i = 1 \right\}$$

此集合是由多个线性方程组决定的，因此一定是凸集，同时有界而且极限闭，可以明确构造出此集合中的元素，因此是非空紧致凸集。

（2）根据习题 6.1 的结论，可知

$$\forall \lambda \in [0, 1], \forall \alpha_i, \beta_i \in \Sigma_i, \forall \alpha_{-i} \in \Sigma_{-i}$$

$$\text{s.t. } F_j(\lambda\alpha_i + (1-\lambda)\beta_i, \alpha_{-i}) = \lambda F_j(\alpha_i, \alpha_{-i}) + (1-\lambda) F_j(\beta_i, \alpha_{-i})$$

因此映射 $F_j : \Sigma \to \mathbb{R}$ 是线性的，更准确地说是仿射的，必定是连续函数。

（3）仿射函数是凸函数，也是拟凹函数。证明完毕。

习题 6.3 假设有限个数据 $A = \{x_i\}_{i \in I} \subseteq \mathbb{R}$，$\#I < +\infty$，那么任取 $\alpha = (\alpha_i)_{i \in I} \in \Delta(A)$，试证明：

$$\min A \leqslant \sum_{i \in I} \alpha_i x_i \leqslant \max A$$

注释 6.3 本题考查有限数据集合凸组合的上下界控制。

解答 本题显然是成立的，读者可自行证明。

习题 6.4　假设有限个数据 $A = \{x_i\}_{i \in I} \subseteq \mathbb{R}$, $\#I < +\infty$，试证明：

$$\min_{\boldsymbol{\alpha} \in \Delta(A)} \left(\sum_{i \in I} \alpha_i x_i \right) = \min\ A; \quad \max_{\boldsymbol{\alpha} \in \Delta(A)} \left(\sum_{i \in I} \alpha_i x_i \right) = \max\ A$$

注释 6.4　本题考查有限数据集合凸组合的上下界控制。

解答　本题是显然成立的，读者可自行证明。

习题 6.5　假设有限个数据 $A = \{x_i\}_{i \in I} \subseteq \mathbb{R}$, $\#I < +\infty$，取定 $\boldsymbol{\alpha} = (\alpha_i)_{i \in I} \in \Delta(A)$, $\min\ A = \sum_{i \in I} \alpha_i x_i$，试证明：

$$\alpha_i = 0, \forall i \in I \setminus I_{\min}$$

注释 6.5　本题考查有限数据集合凸组合的上下界控制。

解答　本题是显然成立的，读者可自行证明。

习题 6.6　假设有限个数据 $A = \{x_i\}_{i \in I} \subseteq \mathbb{R}$, $\#I < +\infty$，取定 $\boldsymbol{\alpha} = (\alpha_i)_{i \in I} \in \Delta(A)$, $\max\ A = \sum_{i \in I} \alpha_i x_i$，试证明：

$$\alpha_i = 0, \forall i \in I \setminus I_{\max}$$

注释 6.6　本题考查有限数据集合凸组合的上下界控制。

解答　本题是显然成立的，读者可自行证明。

习题 6.7　假设 $G = (N, (A_i)_{i \in N}, (f_i)_{i \in N})$ 是一个有限的完全信息静态博弈模型，$G_m = (N, (\Sigma_i)_{i \in N}, (F_i)_{i \in N})$ 是 G 的混合扩张，试证明：

$$M_i(G_m) =: \max_{\boldsymbol{\alpha} \in \Sigma} F_i(\boldsymbol{\alpha}) = \max_{a \in A} f_i(a) =: M_i(G)$$

注释 6.7　本题主要考查混合扩张前后参与人的最大可能盈利值之间的关系。

解答　根据定义可知

$$M_i(G_m) =: \max_{\boldsymbol{\alpha} \in \Sigma} F_i(\boldsymbol{\alpha})$$
$$= \max_{\boldsymbol{\alpha} \in \Sigma} \sum_{a \in A} \boldsymbol{\alpha}(a) f_i(a)$$
$$= \max_{a \in A} f_i(a) =: M_i(G)$$

第三个等号用到了有限数据集合凸组合的上下界性质。证明完毕。

习题 6.8　假设 $G = (N, (A_i)_{i \in N}, (f_i)_{i \in N})$ 是一个有限的完全信息静态博弈模型，$G_m = (N, (\Sigma_i)_{i \in N}, (F_i)_{i \in N})$ 是 G 的混合扩张，试证明：

$$m_i(G_m) =: \min_{\boldsymbol{\alpha} \in \Sigma} F_i(\boldsymbol{\alpha}) = \min_{a \in A} f_i(a) =: m_i(G)$$

Note

注释 6.8　本题主要考查混合扩张前后参与人的最小盈利值之间的关系。

解答　根据定义可知

$$m_i(G_m) =: \min_{\boldsymbol{\alpha} \in \Sigma} F_i(\boldsymbol{\alpha})$$

$$= \min_{\boldsymbol{\alpha} \in \Sigma} \sum_{a \in A} \boldsymbol{\alpha}(a) f_i(a)$$

$$= \min_{a \in A} f_i(a) =: m_i(G)$$

第三个等号用到了有限数据集合凸组合的上下界性质。证明完毕。

习题 6.9　假设 $G = (N, (A_i)_{i \in N}, (f_i)_{i \in N})$ 是一个有限的完全信息静态博弈模型，$G_m = (N, (\Sigma_i)_{i \in N}, (F_i)_{i \in N})$ 是 G 的混合扩张，试证明：

$$F_{i,\text{low}}(\alpha_i) =: \min_{\alpha_{-i} \in \Sigma_{-i}} F_i(\alpha_i, \alpha_{-i}) = \min_{a_{-i} \in A_{-i}} F_i(\alpha_i, a_{-i})$$

注释 6.9　本题主要考查用有限数据集合凸组合的上下界性质来估计后发盈利函数的性质。

解答　根据定义可得

$$F_{i,\text{low}}(\alpha_i) =: \min_{\alpha_{-i} \in \Sigma_{-i}} F_i(\alpha_i, \alpha_{-i})$$

$$= \min_{\alpha_{-i} \in \Sigma_{-i}} \sum_{a_{-i} \in A_{-i}} \alpha_{-i}(a_{-i}) F_i(\alpha_i, a_{-i})$$

$$= \min_{a_{-i} \in A_{-i}} F_i(\alpha_i, a_{-i})$$

第三个等号用到了有限数据集合凸组合的上下界性质。证明完毕。

习题 6.10　假设 $G = (N, (A_i)_{i \in N}, (f_i)_{i \in N})$ 是一个有限的完全信息静态博弈模型，$G_m = (N, (\Sigma_i)_{i \in N}, (F_i)_{i \in N})$ 是 G 的混合扩张，试证明：

$$\underline{v}_i(G_m) =: \max_{\alpha_i \in \Sigma_i} \min_{\alpha_{-i} \in \Sigma_{-i}} F_i(\alpha_i, \alpha_{-i}) = \max_{\alpha_i \in \Sigma_i} \min_{a_{-i} \in A_{-i}} F_i(\alpha_i, a_{-i})$$

注释 6.10　本题主要考查混合最大最小值的刻画。

解答　根据定义可知

$$\underline{v}_i(G_m) =: \max_{\alpha_i \in \Sigma_i} F_{i,\text{low}}(\alpha_i)$$

$$= \max_{\alpha_i \in \Sigma_i} \min_{\alpha_{-i} \in \Sigma_{-i}} F_i(\alpha_i, \alpha_{-i})$$

$$= \max_{\alpha_i \in \Sigma_i} \min_{\alpha_{-i} \in \Sigma_{-i}} \sum_{a_{-i} \in A_{-i}} \alpha_{-i}(a_{-i}) F_i(\alpha_i, a_{-i})$$

$$= \max_{\alpha_i \in \Sigma_i} \min_{a_{-i} \in A_{-i}} F_i(\alpha_i, a_{-i})$$

证明完毕。

习题 6.11 假设 $G = (N, (A_i)_{i \in N}, (f_i)_{i \in N})$ 是一个有限的完全信息静态博弈模型，$G_m = (N, (\Sigma_i)_{i \in N}, (F_i)_{i \in N})$ 是 G 的混合扩张，试证明：$\alpha_i^* \in \Sigma_i$ 为参与人 i 的最大最小策略当且仅当

$$\min_{a_{-i} \in A_{-i}} F_i(\alpha_i^*, a_{-i}) \geqslant \min_{a_{-i} \in A_{-i}} F_i(\alpha_i, a_{-i}), \forall \alpha_i \in \Sigma_i$$

注释 6.11 本题主要考查混合最大最小策略的刻画。

解答 根据定义可知，α_i^* 是参与人 i 的最大最小策略当且仅当

$$\min_{\alpha_{-i} \in \Sigma_{-i}} F_i(\alpha_i^*, \alpha_{-i}) \geqslant \min_{\alpha_{-i} \in \Sigma_{-i}} F_i(\alpha_i, \alpha_{-i}), \forall \alpha_i \in \Sigma_i$$

可以等价转化为

$$\min_{a_{-i} \in A_{-i}} F_i(\alpha_i^*, a_{-i}) \geqslant \min_{a_{-i} \in A_{-i}} F_i(\alpha_i, a_{-i}), \forall \alpha_i \in \Sigma_i$$

证明完毕。

习题 6.12 假设 $G = (N, (A_i)_{i \in N}, (f_i)_{i \in N})$ 是一个有限的完全信息静态博弈模型，$G_m = (N, (\Sigma_i)_{i \in N}, (F_i)_{i \in N})$ 是 G 的混合扩张，试证明：$\alpha_i^* \in \Sigma_i$ 为参与人 i 的最大最小策略当且仅当

$$F_i(\alpha_i^*, \Sigma_{-i}) \geqslant \underline{v}_i(G_m) = \max_{\alpha_i \in \Sigma_i} \min_{\alpha_{-i} \in \Sigma_{-i}} F_i(\alpha_i, \alpha_{-i})$$

注释 6.12 本题主要考查混合最大最小策略的刻画。

解答 根据定义可知，α_i^* 是参与人 i 的最大最小策略当且仅当

$$\min_{\alpha_{-i} \in \Sigma_{-i}} F_i(\alpha_i^*, \alpha_{-i}) \geqslant \min_{\alpha_{-i} \in \Sigma_{-i}} F_i(\alpha_i, \alpha_{-i}), \forall \alpha_i \in \Sigma_i$$

可以等价转化为

$$\min_{\alpha_{-i} \in \Sigma_{-i}} F_i(\alpha_i^*, \alpha_{-i}) \geqslant \max_{\alpha_i \in \Sigma_i} \min_{\alpha_{-i} \in \Sigma_{-i}} F_i(\alpha_i, \alpha_{-i})$$

再等价转化为

$$F_i(\alpha_i^*, \Sigma_{-i}) \geqslant \max_{\alpha_i \in \Sigma_i} \min_{\alpha_{-i} \in \Sigma_{-i}} F_i(\alpha_i, \alpha_{-i})$$

即

$$F_i(\alpha_i^*, \Sigma_{-i}) \geqslant \underline{v}_i(G_m) = \max_{\alpha_i \in \Sigma_i} \min_{\alpha_{-i} \in \Sigma_{-i}} F_i(\alpha_i, \alpha_{-i})$$

证明完毕。

习题 6.13 假设 $G = (N, (A_i)_{i \in N}, (f_i)_{i \in N})$ 是一个有限的完全信息静态博弈模型，$G_m = (N, (\Sigma_i)_{i \in N}, (F_i)_{i \in N})$ 是 G 的混合扩张，试证明：$\alpha_i^* \in \Sigma_i$ 为参与人 i 的最大最小策略当且仅当

$$F_i(\alpha_i^*, A_{-i}) \geqslant \underline{v}_i(G_m) = \max_{\alpha_i \in \Sigma_i} \min_{\alpha_{-i} \in \Sigma_{-i}} F_i(\alpha_i, \alpha_{-i})$$

注释 6.13 本题主要考查混合最大最小策略的刻画。

解答 根据定义和习题 6.12 的结论，可知 α_i^* 是参与人 i 的最大最小策略当且仅当

$$F_i(\alpha_i^*, \Sigma_{-i}) \geqslant \underline{v}_i(G_m) = \max_{\alpha_i \in \Sigma_i} \min_{\alpha_{-i} \in \Sigma_{-i}} F_i(\alpha_i, \alpha_{-i})$$

可以等价转化为

$$F_i(\alpha_i^*, A_{-i}) \geqslant \underline{v}_i(G_m) = \max_{\alpha_i \in \Sigma_i} \min_{\alpha_{-i} \in \Sigma_{-i}} F_i(\alpha_i, \alpha_{-i})$$

证明完毕。

习题 6.14 假设 $G = (N, (A_i)_{i \in N}, (f_i)_{i \in N})$ 是一个有限的完全信息静态博弈模型，$G_m = (N, (\Sigma_i)_{i \in N}, (F_i)_{i \in N})$ 是 G 的混合扩张，试证明：

$$F_{i,\mathrm{up}}(\alpha_{-i}) = \max_{a_i \in A_i} F_i(a_i, \alpha_{-i})$$

注释 6.14 本题主要考查先发盈利函数的刻画。

解答 根据定义可知

$$
\begin{aligned}
F_{i,\mathrm{up}}(\alpha_{-i}) &= \max_{\alpha_i \in \Sigma_i} F_i(\alpha_i, \alpha_{-i}) \\
&= \max_{\alpha_i \in \Sigma_i} \sum_{a_i \in A_i} \alpha_i(a_i) F_i(a_i, \alpha_{-i}) \\
&= \max_{a_i \in A_i} F_i(a_i, \alpha_{-i})
\end{aligned}
$$

证明完毕。

习题 6.15 假设 $G = (N, (A_i)_{i \in N}, (f_i)_{i \in N})$ 是一个有限的完全信息静态博弈模型，$G_m = (N, (\Sigma_i)_{i \in N}, (F_i)_{i \in N})$ 是 G 的混合扩张，试证明：$\alpha_{-i}^* \in \Sigma_{-i}$ 是参与人 i 的对手 $-i$ 的最小最大策略当且仅当

$$\max_{a_i \in A_i} F_i(a_i, \alpha_{-i}^*) \leqslant \max_{a_i \in A_i} F_i(a_i, \alpha_{-i}), \forall \alpha_{-i} \in \Sigma_{-i}$$

注释 6.15 本题主要考查混合最小最大策略的刻画。

解答 根据定义，α_{-i}^* 是参与人 i 的对手 $-i$ 的最小最大策略当且仅当

$$\max_{\alpha_i \in \Sigma_i} F_i(\alpha_i, \alpha_{-i}^*) \leqslant \max_{\alpha_i \in \Sigma_i} F_i(\alpha_i, \alpha_{-i}), \forall \alpha_{-i} \in \Sigma_{-i}$$

等价转换为

$$\max_{\alpha_i \in \Sigma_i} \sum_{a_i \in A_i} \alpha_i(a_i) F_i(a_i, \alpha^*_{-i}) \leqslant \max_{\alpha_i \in \Sigma_i} \sum_{a_i \in A_i} \alpha_i(a_i) F_i(a_i, \alpha_{-i}), \forall \alpha_{-i} \in \Sigma_{-i}$$

再等价转换为

$$\max_{a_i \in A_i} \alpha_i(a_i) F_i(a_i, \alpha^*_{-i}) \leqslant \max_{a_i \in A_i} \alpha_i(a_i) F_i(a_i, \alpha_{-i}), \forall \alpha_{-i} \in \Sigma_{-i}$$

证明完毕。

习题 6.16　假设 $G = (N, (A_i)_{i \in N}, (f_i)_{i \in N})$ 是一个有限的完全信息静态博弈模型，$G_m = (N, (\Sigma_i)_{i \in N}, (F_i)_{i \in N})$ 是 G 的混合扩张，试证明：$\alpha^*_{-i} \in \Sigma_{-i}$ 是参与人 i 的对手 $-i$ 的最小最大策略当且仅当

$$F_i(\Sigma_i, \alpha^*_{-i}) \leqslant \overline{v}_i(G_m) = \min_{\alpha_{-i} \in \Sigma_{-i}} \max_{\alpha_i \in \Sigma_i} F_i(\alpha_i, \alpha_{-i})$$

注释 6.16　本题主要考查混合最小最大策略的刻画。

解答　根据定义，α^*_{-i} 是参与人 i 的对手 $-i$ 的最小最大策略当且仅当

$$\max_{\alpha_i \in \Sigma_i} F_i(\alpha_i, \alpha^*_{-i}) \leqslant \max_{\alpha_i \in \Sigma_i} F_i(\alpha_i, \alpha_{-i}), \forall \alpha_{-i} \in \Sigma_{-i}$$

可以等价转换为

$$\max_{\alpha_i \in \Sigma_i} F_i(\alpha_i, \alpha^*_{-i}) \leqslant \min_{\alpha_{-i} \in \Sigma_{-i}} \max_{\alpha_i \in \Sigma_i} F_i(\alpha_i, \alpha_{-i})$$

再等价转换为

$$F_i(\Sigma_i, \alpha^*_{-i}) \leqslant \min_{\alpha_{-i} \in \Sigma_{-i}} \max_{\alpha_i \in \Sigma_i} F_i(\alpha_i, \alpha_{-i})$$

根据定义可知

$$F_i(\Sigma_i, \alpha^*_{-i}) \leqslant \overline{v}_i(G_m) = \min_{\alpha_{-i} \in \Sigma_{-i}} \max_{\alpha_i \in \Sigma_i} F_i(\alpha_i, \alpha_{-i})$$

证明完毕。

习题 6.17　假设 $G = (N, (A_i)_{i \in N}, (f_i)_{i \in N})$ 是一个有限的完全信息静态博弈模型，$G_m = (N, (\Sigma_i)_{i \in N}, (F_i)_{i \in N})$ 是 G 的混合扩张，试证明：$\alpha^*_{-i} \in \Sigma_{-i}$ 是参与人 i 的对手 $-i$ 的最小最大策略当且仅当

$$F_i(A_i, \alpha^*_{-i}) \leqslant \overline{v}_i(G_m) = \min_{\alpha_{-i} \in \Sigma_{-i}} \max_{\alpha_i \in \Sigma_i} F_i(\alpha_i, \alpha_{-i})$$

注释 6.17　本题主要考查混合最小最大策略的刻画。

解答 根据习题 6.16 的结论，α^*_{-i} 是参与人 i 的对手 $-i$ 的最小最大策略当且仅当

$$F_i(\Sigma_i, \alpha^*_{-i}) \leqslant \overline{v}_i(G_m) = \min_{\alpha_{-i} \in \Sigma_{-i}} \max_{\alpha_i \in \Sigma_i} F_i(\alpha_i, \alpha_{-i})$$

可以等价转化为

$$F_i(A_i, \alpha^*_{-i}) \leqslant \overline{v}_i(G_m) = \min_{\alpha_{-i} \in \Sigma_{-i}} \max_{\alpha_i \in \Sigma_i} F_i(\alpha_i, \alpha_{-i})$$

证明完毕。

习题 6.18 假设 $G = (N, (A_i)_{i \in N}, (f_i)_{i \in N})$ 是一个有限的完全信息静态博弈模型，$G_m = (N, (\Sigma_i)_{i \in N}, (F_i)_{i \in N})$ 是 G 的混合扩张，对于参与人 i 而言，试证明：

$$\underline{v}_i(G_m) \leqslant \overline{v}^i(G_m)$$

注释 6.18 本题主要考查最大最小值和最小最大值之间的关系。

解答 首先，显然有

$$F_i(\alpha_i, \alpha_{-i}) = F_i(\alpha_i, \alpha_{-i})$$

然后，通过运算可得

$$\min_{\alpha_{-i} \in \Sigma_{-i}} F_i(\alpha_i, \alpha_{-i}) \leqslant F_i(\alpha_i, \alpha_{-i})$$

$$\max_{\alpha_i \in \Sigma_i} \min_{\alpha_{-i} \in \Sigma_{-i}} F_i(\alpha_i, \alpha_{-i}) \leqslant \max_{\alpha_i \in \Sigma_i} F_i(\alpha_i, \alpha_{-i})$$

$$\max_{\alpha_i \in \Sigma_i} \min_{\alpha_{-i} \in \Sigma_{-i}} F_i(\alpha_i, \alpha_{-i}) \leqslant \min_{\alpha_{-i} \in \Sigma_{-i}} \max_{\alpha_i \in \Sigma_i} F_i(\alpha_i, \alpha_{-i})$$

即

$$\underline{v}_i(G_m) \leqslant \overline{v}^i(G_m)$$

证明完毕。

习题 6.19 假设 $G = (N, (A_i)_{i \in N}, (f_i)_{i \in N})$ 是一个有限的完全信息静态博弈模型，$G_m = (N, (\Sigma_i)_{i \in N}, (F_i)_{i \in N})$ 是 G 的混合扩张，$\alpha_{-i} \in \Sigma_{-i}$ 是一个策略向量，试证明：参与人 i 对 α_{-i} 的最优反应策略集合刻画为

$$\mathrm{BR}_i(\alpha_{-i}) = \{\beta_i | \ \beta_i \in \Sigma_i, \mathrm{s.t.} F_i(\beta_i, \alpha_{-i}) \geqslant F_i(A_i, \alpha_{-i})\}$$

注释 6.19 本题主要考查参与人的最优反应策略的刻画。

解答 根据定义，参与人 i 对策略 α_{-i} 的最优反应策略集合为

$$\mathrm{BR}_i(\alpha_{-i}) = \{\beta_i | \ \beta_i \in \Sigma_i, \mathrm{s.t.} F_i(\beta_i, \alpha_{-i}) \geqslant F_i(\Sigma_i, \alpha_{-i})\}$$

假设 $\beta_i \in \mathrm{BR}_i(\alpha_{-i})$，显然有

$$F_i(\beta_i, \alpha_{-i}) \geqslant F_i(A_i, \alpha_{-i})$$

反过来，如果策略 β_i 满足

$$F_i(\beta_i, \alpha_{-i}) \geqslant F_i(A_i, \alpha_{-i})$$

那么根据有限数据集合凸组合的性质可得

$$F_i(\beta_i, \alpha_{-i}) \geqslant F_i(\Sigma_i, \alpha_{-i})$$

即 $\beta_i \in \mathrm{BR}_i(\alpha_{-i})$，因此

$$\mathrm{BR}_i(\alpha_{-i}) = \{\beta_i |\ \beta_i \in \Sigma_i, \mathrm{s.t.} F_i(\beta_i, \alpha_{-i}) \geqslant F_i(A_i, \alpha_{-i})\}$$

证明完毕。

习题 6.20　假设 $G = (N, (A_i)_{i \in N}, (f_i)_{i \in N})$ 是一个有限的完全信息静态博弈模型，$G_m = (N, (\Sigma_i)_{i \in N}, (F_i)_{i \in N})$ 是 G 的混合扩张，试证明：$\boldsymbol{\alpha}^* \in \Sigma$ 是纳什均衡当且仅当

$$F_i(\alpha_i^*, \alpha_{-i}^*) \geqslant F_i(A_i, \alpha_{-i}^*), \forall i \in N$$

注释 6.20　本题主要考查混合纳什均衡的刻画。

解答　根据定义，$\boldsymbol{\alpha}^*$ 是纳什均衡当且仅当

$$F_i(\alpha_i^*, \alpha_{-i}^*) \geqslant F_i(\Sigma_i, \alpha_{-i}^*), \forall i \in N$$

根据有限数据集合凸组合的性质可等价转换为

$$F_i(\alpha_i^*, \alpha_{-i}^*) \geqslant F_i(A_i, \alpha_{-i}^*), \forall i \in N$$

证明完毕。

习题 6.21　假设 $G = (N, (A_i)_{i \in N}, (f_i)_{i \in N})$ 是一个有限的完全信息静态博弈模型，$G_m = (N, (\Sigma_i)_{i \in N}, (F_i)_{i \in N})$ 是 G 的混合扩张，试证明：$\boldsymbol{\alpha}^* \in \Sigma$ 是纳什均衡当且仅当

$$\mathrm{Prof}_i(\boldsymbol{\alpha}^*) = \varnothing, \forall i \in N$$

注释 6.21　本题主要考查混合纳什均衡的刻画。

解答　根据定义，$\boldsymbol{\alpha}^*$ 是纳什均衡，那么

$$F_i(\alpha_i^*, \alpha_{-i}^*) \geqslant F_i(\Sigma_i, \alpha_{-i}^*), \forall i \in N$$

根据偏离集合的定义可知

$$\mathrm{Prof}_i(\boldsymbol{\alpha}^*) = \varnothing, \forall i \in N$$

反过来，如果一个策略 $\boldsymbol{\alpha}^*$ 满足

$$\mathrm{Prof}_i(\boldsymbol{\alpha}^*) = \varnothing, \forall i \in N$$

那么根据定义可得

$$\{\beta_i | \beta_i \in \Sigma_i, F_i(\beta_i, \alpha^*_{-i}) > F_i(\alpha^*_i, \alpha^*_{-i})\} = \varnothing, \forall i \in N$$

因此有

$$F_i(\alpha^*_i, \alpha^*_{-i}) \geqslant F_i(\Sigma_i, \alpha^*_{-i}), \forall i \in N$$

此即纳什均衡的定义，因此一个策略是纳什均衡当且仅当该对策略任何参与人无偏离集合，证明完毕。

习题 6.22 假设 $G = (N, (A_i)_{i \in N}, (f_i)_{i \in N})$ 是一个有限的完全信息静态博弈模型，$G_m = (N, (\Sigma_i)_{i \in N}, (F_i)_{i \in N})$ 是 G 的混合扩张，试证明：$\boldsymbol{\alpha}^* \in \Sigma$ 是纳什均衡当且仅当

$$\alpha^*_i \in \mathrm{BR}_i(\alpha^*_{-i}), \forall i \in N$$

注释 6.22 本题主要考查混合纳什均衡的刻画。

解答 根据定义，$\boldsymbol{\alpha}^*$ 是纳什均衡当且仅当

$$F_i(\alpha^*_i, \alpha^*_{-i}) \geqslant F_i(\Sigma_i, \alpha^*_{-i}), \forall i \in N$$

即

$$\alpha^*_i \in \underset{\beta_i \in \Sigma_i}{\mathrm{Argmax}} \, F_i(\beta_i, \alpha^*_{-i}), \forall i \in N$$

这与最优反应集合的定义是完全吻合的，即

$$\alpha^*_i \in \mathrm{BR}_i(\alpha^*_{-i}), \forall i \in N$$

证明完毕。

习题 6.23 假设 $A = (x_i)_{i \in I} \subseteq R, \#I < +\infty$ 是一个有限集合，满足

$$\exists \boldsymbol{\alpha} \in \Delta_+(A), \mathrm{s.t.} \max A = \sum_{i \in I} \alpha_i x_i$$

试证明：

$$x_i = \max A, \forall i \in I$$

注释 6.23 本题主要考查有限数据集合凸组合的性质。

Note

解答 根据正的凸组合的性质容易得到该结论，读者可自行证明。

习题 6.24 假设 $G = (N, (A_i)_{i \in N}, (f_i)_{i \in N})$ 是一个有限的完全信息静态博弈模型，$G_m = (N, (\Sigma_i)_{i \in N}, (F_i)_{i \in N})$ 是 G 的混合扩张，$\boldsymbol{\alpha}^* \in \Sigma$ 是纳什均衡，试证明：

$$F_i(\boldsymbol{\alpha}^*) = F_i(a_i, \alpha_{-i}^*), \forall a_i \in \text{Supp}(\alpha_i^*), \forall i \in N$$

注释 6.24 本题主要考查纳什均衡处纳什均衡值的刻画。

解答 因为 $\boldsymbol{\alpha}^*$ 是纳什均衡，一定有

$$F_i(\boldsymbol{\alpha}^*) \geqslant F_i(a_i, \alpha_{-i}^*), \forall a_i \in \text{Supp}(\alpha_i^*), \forall i \in N$$

同时根据盈利函数的线性性质可得

$$F_i(\boldsymbol{\alpha}^*) = \sum_{a_i \in \text{Supp}(\alpha_i^*)} \alpha_i^*(a_i) F_i(a_i, \alpha_{-i}^*), \forall i \in N$$

根据有限数据集合凸组合的性质可得

$$F_i(\boldsymbol{\alpha}^*) = F_i(a_i, \alpha_{-i}^*), \forall a_i \in \text{Supp}(\alpha_i^*), \forall i \in N$$

证明完毕。

习题 6.25 假设 $G = (N, (A_i)_{i \in N}, (f_i)_{i \in N})$ 是一个有限的完全信息静态博弈模型，$G_m = (N, (\Sigma_i)_{i \in N}, (F_i)_{i \in N})$ 是 G 的混合扩张，试证明：必定存在混合纳什均衡。

注释 6.25 本题主要考查利用不动点定理证明纳什均衡的存在性，同时需要对盈利函数和策略空间验证凸性条件。

解答 在前面解答了习题 5.8，在混合扩张意义下验证以下条件：

（1）$\Sigma_i \subseteq \mathbb{R}^n$，$\forall i \in N$ 且是非空紧致凸集；

（2）F_i，$\forall i \in N$ 是连续函数；

（3）F_i，$\forall i \in N$ 在 Σ_i 上是拟凹的。

所以混合纳什均衡一定存在。证明完毕。

习题 6.26 假设 $G = (N, (A_i)_{i \in N}, (f_i)_{i \in N})$ 是一个有限的完全信息静态博弈模型，$G_m(\boldsymbol{\epsilon}) = (N, (\Sigma_{i, \epsilon_i})_{i \in N}, (F_i)_{i \in N})$ 是其 $\boldsymbol{\epsilon}$ 混合博弈，试证明：

$$\text{NashEqum}(G_{m, \boldsymbol{\epsilon}}) \neq \varnothing$$

注释 6.26 本题主要考查摄动混合博弈纳什均衡的存在性，这是讨论颤抖手均衡的基础。

解答 在前面解答了习题 5.8，在摄动混合扩张意义下验证以下条件：

（1）$\Sigma_{i,\epsilon_i} \subseteq \mathbb{R}^n$，$\forall i \in N$ 且是非空紧致凸集；

（2）F_i，$\forall i \in N$ 是连续函数；

（3）F_i，$\forall i \in N$ 在 Σ_{i,ϵ_i} 上是拟凹的。

所以可以断言摄动 ϵ 混合纳什均衡一定存在。证明完毕。

习题 6.27 假设 $G = (N,(A_i)_{i \in N},(f_i)_{i \in N})$ 是一个有限的完全信息静态博弈模型，$G_m = (N,(\Sigma_i)_{i \in N},(F_i)_{i \in N})$ 是其混合扩张。任取 $\alpha_i \in \Sigma_i$，试证明：必定存在 $(\alpha_i^k)_{k \in \mathbb{N}} \subseteq \Sigma_i$，使得

$$\alpha_i^k > 0, \forall k \in \mathbb{N}; \quad \alpha_i^k \to \alpha_i$$

注释 6.27 本题主要考查混合策略通过摄动混合策略来逼近的问题。

解答 如果 $\alpha_i > 0$，那么取定 $\alpha_i^k \equiv \alpha_i, \forall k \in \mathbb{N}$ 即可；

如果 $\alpha_i \leqslant 0$，那么记

$$\delta_i = \min_{a_i \in \text{Supp}(\alpha_i)} \alpha_i(a_i)$$

取一列充分小的数列：

$$(\epsilon_k)_{k \in \mathbb{N}}, \epsilon_k > 0, \epsilon_k < \frac{1}{|A_i|}\delta_i, \epsilon_k \to 0$$

定义完备混合策略序列 α_i^k 为

$$\alpha_i^k(a_{i_0}) = \alpha_i(a_{i_0}) - |\text{Zero}(\alpha_i)|\epsilon_k, a_{i_0} \in \text{Supp}(\alpha_i)$$
$$\alpha_i^k(a_i) = \alpha_i(a_i), \forall a_i \in \text{Supp}(\alpha_i) \setminus \{a_{i_0}\}$$
$$\alpha_i^k(a_i) = \epsilon_k, \forall a_i \in \text{Zero}(\alpha_i)$$

显然有

$$\alpha_i^k > 0, \alpha_i^k \to \alpha_i$$

证明完毕。

习题 6.28 假设 $G = (N,(A_i)_{i \in N},(f_i)_{i \in N})$ 是一个有限的完全信息静态博弈模型，$G_m = (N,(\Sigma_i)_{i \in N},(F_i)_{i \in N})$ 是其混合扩张。任取 $\boldsymbol{\alpha} \in \Sigma$，试证明：必定存在 $(\boldsymbol{\alpha}^k)_{k \in \mathbb{N}} \subseteq \Sigma$，使得

$$\boldsymbol{\alpha}^k > 0, \forall k \in \mathbb{N}; \quad \boldsymbol{\alpha}^k \to \boldsymbol{\alpha}$$

注释 6.28 本题主要考查混合策略向量通过摄动混合策略向量来逼近的问题。

解答　根据习题 6.27 可知

$$\exists (\alpha_i^{(k)})_{k\in\mathbb{N}} \subseteq \Sigma_i, \mathrm{s.t.} \alpha_i^{(k)} > 0, \lim_{k\to+\infty} \alpha_i^{(k)} = \alpha_i, \forall i \in N$$

记

$$(\alpha^{(k)}) = (\alpha_i^{(k)})_{i\in N}$$

那么

$$\alpha^{(k)} > 0, \lim_{k\to+\infty} \alpha^{(k)} = \boldsymbol{\alpha}$$

证明完毕。

习题 6.29　假设 $G = (N, (A_i)_{i\in N}, (f_i)_{i\in N})$ 是一个有限的完全信息静态博弈模型，取定 $(\epsilon_i^k)_{k\in\mathbb{N}} \subseteq \mathrm{Pert}_i$，并且满足 $M_i(\epsilon_i^k) \to 0$。试证明：任意取定 $\alpha_i \in \Sigma_i, \alpha_i > 0$，存在一列混合策略 $(\alpha_i^k)_{k\in\mathbb{N}}$ 满足如下条件：

$$\alpha_i^k \in \Sigma_{i,\epsilon_i^k}, \alpha_i^k \to \alpha_i$$

注释 6.29　本题主要考查完备的混合策略通过一系列摄动混合策略逼近的问题。

解答　不妨设 $c = \min_{a_i\in A_i} \alpha_i(a_i)$，因为 $M(\epsilon^k) \to 0$，那么存在 $k_0 \in \mathbb{N}$，使得 $\forall k > k_0, M_i(\epsilon_i^k) < c$，此时 $\alpha^i \in \Sigma_{i,\epsilon_i^k}, \forall k > k_0$，令 $\alpha_i^k =: \alpha_i$，必定满足

$$\alpha_i^k \in \Sigma_{i,\epsilon_i^k}, \alpha_i^k \to \alpha_i$$

证明完毕。

习题 6.30　假设 $G = (N, (A_i)_{i\in N}, (f_i)_{i\in N})$ 是一个有限的完全信息静态博弈模型，取定 $(\epsilon^k)_{k\in\mathbb{N}} \subseteq \mathrm{Pert}$，并且满足 $M(\epsilon^k) \to 0$。试证明：任意取定 $\boldsymbol{\alpha} \in \Sigma, \boldsymbol{\alpha} > 0$，存在一列混合策略 $(\boldsymbol{\alpha}^k)_{k\in\mathbb{N}}$ 满足如下条件：

$$\boldsymbol{\alpha}^k \in \Sigma_{\epsilon^k}, \boldsymbol{\alpha}^k \to \boldsymbol{\alpha}$$

注释 6.30　本题主要考查完备的混合策略通过一系列摄动混合策略逼近的问题。

解答　在习题 6.29 中已经得到如下结论：

$$\forall i \in N, \exists \alpha_i^k \in \Sigma_{i,\epsilon_i^k}, \alpha_i^k \to \alpha_i$$

取定

$$\epsilon^{(k)} = (\epsilon_i^{(k)})_{i\in N}, \alpha^{(k)} = (\alpha_i^{(k)})_{i\in N}$$

显然有

$$M(\epsilon^{(k)}) \to 0, \alpha^{(k)} \in \Sigma_{\epsilon^{(k)}}, \alpha^k \to \boldsymbol{\alpha}$$

证明完毕。

习题 6.31　假设 $G = (N, (A_i)_{i \in N}, (f_i)_{i \in N})$ 是一个有限的完全信息静态博弈模型，取定 $(\epsilon_i^k)_{k \in \mathbb{N}} \subseteq \mathrm{Pert}_i$，并且满足 $M_i(\epsilon_i^k) \to 0$。试证明：任意取定 $\alpha_i \in \Sigma_i$，存在一列混合策略 $(\alpha_i^k)_{k \in \mathbb{N}}$ 满足如下条件：

$$\alpha_i^k \in \Sigma_{i,\epsilon_i^k}, \alpha_i^k \to \alpha_i$$

注释 6.31　本题主要考查任意的（不一定完备）混合策略通过一系列摄动混合策略逼近的问题。

解答　对于 α_i，用完备的 $\alpha_i^j > 0$ 逼近，即

$$\alpha_i^j > 0, \alpha_i^j \to \alpha_i$$

对于 α_i^j，存在序列 $\alpha_i^{j,k}$ 满足

$$\alpha_i^{j,k} \in \Sigma_{i,\epsilon_i^k}, \alpha_i^{j,k} \to \alpha_i^j$$

取定 $\alpha_i^{k,k}$ 即可。证明完毕。

习题 6.32　假设 $G = (N, (A_i)_{i \in N}, (f_i)_{i \in N})$ 是一个有限的完全信息静态博弈模型，取定 $(\boldsymbol{\epsilon}^k)_{k \in \mathbb{N}} \subseteq \mathrm{Pert}$，并且满足 $M(\boldsymbol{\epsilon}^k) \to 0$。试证明：任意取定 $\boldsymbol{\alpha} \in \Sigma$，存在一列混合策略 $(\boldsymbol{\alpha}^k)_{k \in \mathbb{N}}$ 满足如下条件：

$$\boldsymbol{\alpha}^k \in \Sigma_{\boldsymbol{\epsilon}^k}, \boldsymbol{\alpha}^k \to \boldsymbol{\alpha}$$

注释 6.32　本题主要考查任意的（不一定完备）混合策略通过一系列摄动混合策略逼近的问题。

解答　在习题 6.29 中已经得到如下结论

$$\forall i \in N, \exists \alpha_i^k \in \Sigma_{i,\epsilon_i^k}, \alpha_i^k \to \alpha_i$$

取定

$$\epsilon^{(k)} = (\epsilon_i^{(k)})_{i \in N}, \alpha^{(k)} = (\alpha_i^{(k)})_{i \in N}$$

显然有

$$M(\epsilon^{(k)}) \to 0, \alpha^{(k)} \in \Sigma_{\epsilon^{(k)}}, \boldsymbol{\alpha}^k \to \boldsymbol{\alpha}$$

证明完毕。

习题 6.33　假设 $G = (N, (A_i)_{i \in N}, (f_i)_{i \in N})$ 是一个有限的完全信息静态博弈模型，取定 $(\epsilon^k)_{k \in \mathbb{N}} \subseteq \text{Pert}$，并且满足 $M(\epsilon^k) \to 0$，假设 $\alpha^k \in \text{NashEqum}(G_{m,\epsilon^k})$，并且满足 $\lim_{k \to \infty} \alpha^k = \alpha$。试证明：必定有 $\alpha \in \text{NashEqum}(G_m)$。

注释 6.33　本题主要考查摄动的混合纳什均衡的收敛点的性质问题。

解答　要证 $\alpha \in \text{NashEqum}(G_{m,0})$，只需证明

$$F_i(\alpha_i, \alpha_{-i}) \geqslant F_i(\beta_i, \alpha_{-i}), \forall \beta_i \in \Sigma_i, \forall i \in N$$

根据习题 6.31 中的逼近性质可知

$$\exists \beta_i^k \in \Sigma_{i,\epsilon_i^k}, \text{s.t.} \beta_i^k \to \beta_i$$

因为 $\alpha^k \in \text{NashEqum}(G_{m,\epsilon^k})$，根据定义必定有

$$F_i(\alpha_i^k, \alpha_{-i}^k) \geqslant F_i(\beta_i^k, \alpha_{-i}^k), \forall i \in N$$

函数 F_i 连续，两边取极限，可得

$$F_i(\alpha_i, \alpha_{-i}) \geqslant F_i(\beta_i, \alpha_{-i}), \forall \beta_i \in \Sigma_i, \forall i \in N$$

证明完毕。

习题 6.34　假设 $G = (N, (A_i)_{i \in N}, (f_i)_{i \in N})$ 是一个有限的完全信息静态博弈模型，$a_i \in A_i$ 是参与人 i 在博弈 G 中的一个弱被支配策略，试证明：

$$\forall \epsilon = (\epsilon_i)_{i \in N} \in \text{Pert}, \forall \alpha^* \in \text{NashEqum}(G_{m,\epsilon}) \Rightarrow \alpha_i^*(a_i) = \epsilon_i(a_i)$$

注释 6.34　本题主要考查弱被支配策略在摄动混合纳什均衡中的地位，该弱被支配策略如果在某个摄动混合纳什均衡中，那么会被赋予最低的概率，这符合直观认知。

解答　因为 a_i 是弱被支配策略，因此满足

$$\exists b_i \in A_i, \text{s.t.} f_i(a_i, A_{-i}) \leqslant f_i(b_i, A_{-i}); \exists d_{-i} \in A_{-i}, \text{s.t.} f_i(a_i, d_{-i}) < f_i(b_i, d_{-i})$$

因为 $\alpha_{-i}^* \geqslant \epsilon_{-i} > 0$，所以

$$\sum_{a_{-i} \in A_{-i}} \alpha_{-i}^*(a_{-i}) f_i(a_i, a_{-i}) = F_i(a_i, \alpha_{-i}^*) < F_i(b_i, \alpha_{-i}^*)$$

$$= \sum_{a_{-i} \in A_{-i}} \alpha_{-i}^*(a_{-i}) f_i(b_i, a_{-i})$$

因为 $\alpha^* \in \text{NashEqum}(G_{m,\epsilon})$，所以

$$F_i(\alpha_i^*, \alpha_{-i}^*) \geqslant F_i(\beta_i, \alpha_{-i}^*), \forall \beta_i \in \Sigma_{i,\epsilon_i}$$

如果 $\alpha_i^*(a_i) > \epsilon_i(a_i)$，那么可以定义策略

$$\beta_i^*(a_i) = \epsilon_i(a_i), \beta_i^*(b_i) = \alpha_i^*(b_i) + \alpha_i^*(a_i) - \epsilon_i(a_i), \beta_i^*(c_i) = \alpha_i^*(c_i), \forall c_i \neq a_i, b_i$$

此时 $\beta_i^* \in \Sigma_{i,\epsilon_i}$，代入均衡条件可得

$$\alpha_i^*(a_i)F_i(a_i, \alpha_{-i}^*) + \alpha_i^*(b_i)F_i(b_i, \alpha_{-i}^*) + \alpha_i^*(c_i)F_i(c_i, \alpha_{-i}^*) \geqslant$$
$$\beta_i^*(a_i)F_i(a_i, \alpha_{-i}^*) + \beta_i^*(b_i)F_i(b_i, \alpha_{-i}^*) + \beta_i^*(c_i)F_i(c_i, \alpha_{-i}^*) =$$
$$\epsilon_i^*(a_i)F_i(a_i, \alpha_{-i}^*) + [\alpha_i^*(b_i) + \alpha_i^*(a_i) - \epsilon_i(a_i)]F_i(b_i, \alpha_{-i}^*) + \alpha_i^*(c_i)F_i(c_i, \alpha_{-i}^*)$$

可得

$$F_i(a_i, \alpha_{-i}^*) \geqslant F_i(b_i, \alpha_{-i}^*)$$

与 a_i 的弱被支配性矛盾。证明完毕。

习题 6.35 假设 $G = (N, (A_i)_{i \in N}, (f_i)_{i \in N})$ 是一个有限的完全信息静态博弈模型，试证明：

$$\mathrm{TremHandEqum}(G) \subseteq \mathrm{NashEqum}(G_m)$$

注释 6.35 本题主要考查颤抖手均衡和纳什均衡的关系，本题表明颤抖手均衡是对纳什均衡的精炼。

解答 根据颤抖手均衡的定义，知道任意一个颤抖手均衡是一系列摄动混合纳什均衡的收敛点，又知摄动混合纳什均衡的收敛点是纳什均衡，因此本题的结论成立。证明完毕。

习题 6.36 假设 $G = (N, (A_i)_{i \in N}, (f_i)_{i \in N})$ 是一个有限的完全信息静态博弈模型，试证明：

$$\mathrm{TremHandEqum}(G) \neq \varnothing$$

注释 6.36 本题主要考查有限的完全信息静态博弈颤抖手均衡是否存在，本题表明颤抖手均衡一定存在。

解答 取定一组 $(\epsilon^k)_{k \in \mathbb{N}} \subseteq \mathrm{Pert}$，并且 $M(\epsilon^k) \to 0$，根据 G_{m,ϵ^k} 纳什均衡存在定理，可知

$$\exists \boldsymbol{\alpha}^k \in \mathrm{NashEqum}(G_{m,\epsilon^k})$$

因为 Σ 是紧致集合，所以 $\boldsymbol{\alpha}^k$ 必定有收敛的子列，不妨设为 α^{k_j}，并且有

$$\lim_{j \to \infty} \alpha^{k_j} = \alpha^*$$

根据定义，$\alpha^* \in \mathrm{TremHandEqum}(G)$。证明完毕。

习题 6.37　假设 $G = (N, (A_i)_{i \in N}, (f_i)_{i \in N})$ 是一个有限的完全信息静态博弈模型，$a_i \in A_i$ 是参与人 i 在博弈 G 中的弱被支配策略，试证明：

$$\forall \alpha^* \in \mathrm{TremHandEqum}(G) \Rightarrow \alpha_i^*(a_i) = 0$$

注释 6.37　本题主要考查弱被支配策略与颤抖手均衡的关系。严格被支配策略一定不是纳什均衡，弱被支配策略有可能是纳什均衡，本题表明弱被支配策略一定不是颤抖手均衡。

解答　根据定义，可知存在一组 $(\epsilon^k)_{k \in \mathbb{N}} \subseteq \mathrm{Pert}$, 并且 $M(\epsilon^k) \to 0$,

$$\exists \alpha^k \in \mathrm{NashEqum}(G_{m,\epsilon^k}) \mathrm{s.t.} \alpha^k \to \alpha^*$$

根据习题 6.34 的结论可知

$$\alpha_i^k(a_i) = \epsilon_i^k(a_i)$$

两边取极限，可得

$$\alpha_i^*(a_i) = 0$$

证明完毕。

习题 6.38　假设 $G = (N, (A_i)_{i \in N}, (f_i)_{i \in N})$ 是一个有限的完全信息静态博弈模型，$\boldsymbol{\alpha}^* \in \mathrm{NashEqum}(G_m)$，并且满足 $\boldsymbol{\alpha}^* > \boldsymbol{0}$，试证明：

$$\boldsymbol{\alpha}^* \in \mathrm{TremHandEqum}(G)$$

注释 6.38　本题主要考查完备的纳什均衡和颤抖手均衡的关系。本题表明，所有的完备纳什均衡一定是颤抖手均衡，说明颤抖手均衡既实现了纳什均衡真正的精炼，又保留了性质很好的纳什均衡。

解答　设定 $c = \min\limits_{i \in N} \min\limits_{a_i \in A_i} \alpha_i^*(a_i)$, 因为 $\boldsymbol{\alpha}^* > \boldsymbol{0}$，所以 $c > 0$。假设 $\epsilon^k \in \mathrm{Pert}$ 满足 $\lim\limits_{k \to \infty} M(\epsilon^k) = 0$, 所以对于充分大的 k, 有 $M(\epsilon^k) < c$, 所以 $\boldsymbol{\alpha}^* \in \Sigma_{\epsilon^k}$, 又因为 $\boldsymbol{\alpha}^* \in \mathrm{NashEqum}(G_m)$，所以依据子博弈的纳什均衡与原博弈的纳什均衡的关系，可得

$$\boldsymbol{\alpha}^* \in \mathrm{NashEqum}(G_{m,\epsilon^k}), \forall k \gg 1$$

根据颤抖手均衡的定义可得

$$\boldsymbol{\alpha}^* \in \mathrm{TremHandEqum}(G)$$

证明完毕。

习题 6.39　　假设 $G = (N, (A_i)_{i \in N}, (f_i)_{i \in N})$ 是一个有限的完全信息静态博弈模型，$G_m = (N, (\Sigma_i)_{i \in N}, (F_i)_{i \in N})$ 是其混合扩张，试证明：

$$\text{NashEqum}(G_m) \subseteq \text{CorEqum}(G)$$

注释 6.39　　本题主要考查纳什均衡和相关均衡之间的关系，本题表明相关均衡是对纳什均衡的扩充。

解答　　假设 $\boldsymbol{\alpha}^* \in \text{NashEqum}(G_m)$，根据定义可得

$$F_i(\alpha_i^*, \alpha_{-i}^*) \geqslant F_i(\beta_i, \alpha_{-i}^*), \forall \beta_i \in \Sigma_i$$

转化为

$$F_i(\alpha_i^*, \alpha_{-i}^*) = F_i(a_i, \alpha_{-i}^*) \geqslant F_i(b_i, \alpha_{-i}^*), \forall a_i \in \text{Supp}(\alpha_i^*), \forall b_i \in A_i$$

即

$$\boldsymbol{\alpha}^*(a_i, a_{-i}) F_i(a_i, a_{-i}) \geqslant \boldsymbol{\alpha}^*(a_i, a_{-i}) F_i(b_i, a_{-i}), \forall a_i \in A_i, \forall b_i \in A_i, \forall a_{-i} \in A_{-i}$$

因此

$$\sum_{a_{-i} \in A_{-i}} \boldsymbol{\alpha}^*(a_i, a_{-i}) F_i(a_i, a_{-i}) \geqslant \sum_{a_{-i} \in A_{-i}} \boldsymbol{\alpha}^*(a_i, a_{-i}) F_i(b_i, a_{-i}), \forall a_i, b_i \in A_i, \forall i \in N$$

由此得到 $\boldsymbol{\alpha}^* \in \text{CorEqum}(G)$。证明完毕。

习题 6.40　　假设 $G = (N, (A_i)_{i \in N}, (f_i)_{i \in N})$ 是一个有限的完全信息静态博弈模型，试证明：

$$\text{CorEqum}(G) \neq \varnothing$$

注释 6.40　　本题主要考查相关均衡的非空性。

解答　　因为有限的完全信息静态博弈有混合纳什均衡，因此相关均衡集合非空。证明完毕。

习题 6.41　　假设 $G = (N, (A_i)_{i \in N}, (f_i)_{i \in N})$ 是一个有限的完全信息静态博弈模型，试证明：$\text{CorEqum}(G)$ 是紧致凸集。

注释 6.41　　本题主要考查相关均衡的性质。

解答　　相关均衡集合是凸集，可利用定义直接验证。相关均衡集合是 $\Delta(A)$ 的一个子集，所以是有界的。根据定义可知，相关均衡是一系列的闭半空间的交集，因此是闭集、紧致集。证明完毕。

第7章

非合作博弈的案例

本章给出了两人和多人非合作博弈（完全信息静态博弈）的案例，针对案例构建模型和推导性质，并提供了求解过程。

7.1 囚徒困境

完全信息静态博弈的典型模型是"囚徒困境"，它有多种变形，参与者与故事中犯罪嫌疑人有同样的动机。

例 7.1 案件中的两个犯罪嫌疑人被分别关在两个单身牢房中，有足够的证据证明两个人都犯有较小的罪，但是没有足够的证据证明两人中的任何一个人是主犯，除非他们中间有一个人告发另一个人。如果他们都保持沉默，那么每个人都将因犯有轻度罪而被判刑 1 年；如果他们中间的一个且只有一个人告密，那么告密者将被释放并作为指控另一个人的证人，而另一个人将被判刑 4 年；如果他们两个都告密，那么每个人均被判刑 3 年。

此问题可以构建为一个完全信息静态博弈模型：

$$(N, (A_i)_{i \in N}, (f_i)_{i \in N})$$

此问题中参与人的集合为 $N = \{1, 2\}$，分别表示嫌疑人 1 和嫌疑人 2；若将沉默记为 S，将告密记为 C，那么参与人 1 的策略集为 $A_1 = \{S, C\}$，参与人 2 的策略集为 $A_2 = \{S, C\}$，因此策略向量集合为

$$A = A_1 \times A_2 = \{(S,S), (S,C), (C,S), (C,C)\}$$

参与人 1 的盈利函数 f_1 为

$$f_1(S,S) = -1; f_1(S,C) = -4; f_1(C,S) = 0; f_1(C,C) = -3$$

参与人 2 的盈利函数 f_2 为

$$f_2(S,S) = -1; f_2(S,C) = 0; f_2(C,S) = -4; f_2(C,C) = -3$$

可以很简洁地将上面的模型表示为一个矩阵，第一列表示参与人 1 的策略，第一行表示参与人 2 的策略，括号中的第一个数字表示参与人 1 的盈利，第二个数字表示参与人 2 的盈利：

$$
\begin{pmatrix}
\text{策略} & S & C \\
S & (-1,-1) & (-4,0) \\
C & (0,-4) & (-3,-3)
\end{pmatrix}
$$

通过最优反应函数法派生出来的画线算法可以很容易得到囚徒困境的纳什均衡解。求解过程如下：

$$
\begin{pmatrix}
\text{策略} & S & C \\
S & (-1,-1) & (-4,\underline{0}) \\
C & (\underline{0},-4) & (\underline{-3},\underline{-3})
\end{pmatrix}
$$

所以 (C,C) 是囚徒困境的纳什均衡，此时每个嫌疑人都选择告密作为自己的最优策略。纳什均衡代表了理性参与人的自私自利、互不信任、稳中求优的策略选择理念。

博弈过程的第一条路径：假设参与人 1 先做决策，选择策略 S，此时参与人 2 的最好选择是 C；参与人 1 再做决策，选择 C，参与人 2 选择 C，到此陷入了均衡点 (C,C)。第二条路径：假设参与人 1 先做决策，选择策略 C，此时参与人 2 的最好选择是 C；参与人 1 再做决策，选择 C，参与人 2 选择 C，到此陷入了均衡点 (C,C)。第三条路径：假设参与人 2 先做决策，选择策略 S，此时参与人 1 的最好选择是 C；参与人 2 再做决策，选择 C，参与人 1 选择 C，到此陷入了均衡点 (C,C)。第四条路径：假设参与人 2 先做决策，选择策略 C，此时参与人 1 的最好选择是 C；参与人 2 再做决策，选择 C，参与人 1 选择 C，到此陷入了均衡点 (C,C)。由此，无论通过哪一条路径，此博弈都会陷入均衡点 (C,C)，这就是纳什均衡的核心思想——稳定的最优。

下面考查博弈结果。从个人利益来看，(S,S) 比 (C,C) 要好，但是因为参与人的理性和猜疑，因此无法在 (S,S) 处稳定；从集体利益来看，$(S,S),(S,C),(C,S)$ 任何一个都比 (C,C) 好，但是因为决策者考虑的是个人利益而不是集体利益，所以所得的均衡虽然对于个人来说是一种稳定最优，但是在集体利益层面是最差的。因此，纳什均衡可能达不到个体最优，也达不到集体最优，只能达到个体的稳定最优。而稳定最优虽然稳定，但未必是绝对意义上的最优。

可以进一步计算囚徒困境的混合纳什均衡：首先将有限的完全信息静态博弈混合扩张得到

$$
(N,(\Sigma_i)_{i\in N},(F_i)_{i\in N})
$$

其中

$$\Sigma_1 = \{\alpha_1 | \; \alpha_1 = (x, 1-x), x \in [0,1]\}$$

$$\Sigma_2 = \{\alpha_2 | \; \alpha_2 = (y, 1-y), y \in [0,1]\}$$

$$F_1(\alpha_1, \alpha_2) = -xy - 4x(1-y) - 3(1-x)(1-y)$$

$$F_2(\alpha_1, \alpha_2) = -xy - 4y(1-x) - 3(1-x)(1-y)$$

根据混合纳什均衡计算的无差别原则，可得

$$F_1(S, \alpha_2) = 3y - 4$$

$$F_1(C, \alpha_2) = 3y - 3$$

$$F_2(\alpha_1, S) = 3x - 4$$

$$F_2(\alpha_1, C) = 3x - 3$$

此方程无解，说明囚徒困境无真正意义上的混合纳什均衡。

囚徒困境的重要性不在于了解囚徒告密的动机，而在于其他许多情况都有类似的结构。囚徒困境的模型虽然简单，但是有很多变形。

例 7.2 两家厂商生产同一种产品，每家厂商都想得到可能的最高利润。如果两家厂商选择高价，那么每家厂商得到的利润是 1000 元；如果一家厂商选择高价而另一家厂商选择低价，那么选择高价的厂商会因为失去一些顾客而损失 200元，而选择低价的厂商将获取 1200 元的利润；如果两家厂商都选择低价，那么每家厂商获取 600 元的利润。每家厂商都只关心自己的利润。

此问题可以构建为一个完全信息静态博弈模型 $(N, (A_i)_{i \in N}, (f_i)_{i \in N})$，此问题中的参与人集合为 $N = \{1, 2\}$，分别表示厂商 1 和厂商 2；若将高价记为 H，将低价记为 L，那么参与人 1 的策略集为 $A_1 = \{H, L\}$，参与人 2 的策略集为 $A_2 = \{H, L\}$，因此策略向量集合为

$$A = A_1 \times A_2 = \{(H, H), (H, L), (L, H), (L, L)\}$$

参与人 1 的盈利函数 f_1 为

$$f_1(H, H) = 1000; f_1(H, L) = -200; f_1(L, H) = 1\,200; f_1(L, L) = 600$$

同理，参与人 2 的盈利函数 f_2 为

$$f_2(H, H) = 1000; f_2(H, L) = 1200; f_2(L, H) = -200; f_2(L, L) = 600$$

可以很简洁地将上面的模型表示为一个矩阵，第一列表示参与人 1 的策略，第一行表示参与人 2 的策略，括号中的第一个数字表示参与人 1 的盈利，第二个数字

表示参与人 2 的盈利:

$$\begin{pmatrix} 策略 & H & L \\ H & (1000, 1000) & (-200, 1200) \\ L & (1200, -200) & (600, 600) \end{pmatrix}$$

通过最优反应函数法派生出来的画线算法可以很容易得到如上模型的纳什均衡解。求解过程如下:

$$\begin{pmatrix} 策略 & H & L \\ H & (1000, 1000) & (-200, \underline{1200}) \\ L & (\underline{1200}, -200) & (\underline{600}, \underline{600}) \end{pmatrix}$$

所以 (L, L) 是纳什均衡,此时每个厂商都选择低价为自己的最优策略。参与人的纳什均衡既不是个人的绝对最优,也不是集体最优,而只是一种稳定最优,此问题具有囚徒困境的博弈结构。

例 7.3 假定两个国家进行军备竞赛,可以选择的策略是拥有核武器或不拥有核武器。每个国家最喜欢的结局是自己拥有核武器而对手国家没有;次之,两个国家是都没有核武器;再次之是两个国家都拥有核武器;最糟糕的情况是自己不拥有核武器而对手国家拥有核武器。

此问题可以构建为一个完全信息静态博弈模型:

$$(N, (A_i)_{i \in N}, (f_i)_{i \in N})$$

此问题中参与人集合为 $N = \{1, 2\}$,分别表示国家 1 和国家 2;如果将拥有核武器记为 Y,将不拥有核武器记为 N,那么参与人 1 的策略集为 $A_1 = \{Y, N\}$,参与人 2 的策略集为 $A_2 = \{Y, N\}$,因此策略集合为

$$A = A_1 \times A_2 = \{(Y, Y), (Y, N), (N, Y), (N, N)\}$$

参与人 1 的盈利函数 f_1 为

$$f_1(Y, Y) = 0; f_1(Y, N) = 1; f_1(N, Y) = -1; f_1(N, N) = 1/2$$

同理,参与人 2 的盈利函数 f_2 为

$$f_2(Y, Y) = 0; f_2(Y, N) = -1; f_2(N, Y) = 1; f_2(N, N) = 1/2$$

可以很简洁地将上面的模型表示为一个矩阵,第一列表示参与人 1 的策略,第一行表示参与人 2 的策略,括号中的第一个数字表示参与人 1 的盈利,第二个数字

表示参与人 2 的盈利：

$$\begin{pmatrix} 策略 & Y & N \\ Y & (0,0) & (1,-1) \\ N & (-1,1) & (1/2,1/2) \end{pmatrix}$$

通过最优反应函数法派生出来的画线算法可以很容易得到如上模型的纳什均衡解。求解过程如下：

$$\begin{pmatrix} 策略 & Y & N \\ Y & (\underline{0},\underline{0}) & (1,-1) \\ N & (-1,\underline{1}) & (1/2,1/2) \end{pmatrix}$$

所以 (Y,Y) 是纳什均衡，此时每个国家都选择拥有核武器为自己的最优策略。参与人的纳什均衡既不是个人的绝对最优，也不是集体最优，而只是一种稳定最优。此问题具有囚徒困境的博弈结构。囚徒困境可以用于说明许多现象，我国目前的应试教育就是一个囚徒困境。囚徒博弈是完全信息下的静态博弈，各种策略组合下的支付是他们之间的"公共知识"。上面已经分析了囚徒对局下各个策略下的结果或支付及它的均衡，它的均衡是双方均选择"招认"的策略。

7.2 性别之战

囚徒困境的主要问题是参与人是否合作——都选择沉默。下一类的博弈称为性别之战博弈，参与人同意合作优于不合作，但是他们在最好的结局上存在分歧。

例 7.4 男孩和女孩希望一起外出听音乐会：巴赫音乐会和斯特拉文斯基音乐会。男孩喜欢巴赫，女孩喜欢斯特拉文斯基，但他们都不乐意分开。

此问题可以构建为一个完全信息静态博弈模型：

$$(N,(A_i)_{i\in N},(f_i)_{i\in N})$$

此问题中的参与人集合为 $N=\{1,2\}$，分别表示男孩和女孩；如果将巴赫音乐会记为 B，将斯特拉文斯基音乐会记为 S，那么参与人 1 的策略集为 $A_1=\{B,S\}$，参与人 2 的策略集为 $A_2=\{B,S\}$，因此策略向量集合为

$$A=A_1\times A_2=\{(B,B),(B,S),(S,B),(S,S)\}$$

参与人 1 的盈利函数 f_1 为

$$f_1(B,B) = 2; f_1(B,S) = 0; f_1(S,B) = 0; f_1(S,S) = 1$$

同理参与人 2 的盈利函数 f_2 为

$$f_2(B,B) = 1; f_2(B,S) = 0; f_2(S,B) = 0; f_2(S,S) = 2$$

可以很简洁地将上面的模型表示为一个矩阵，第一列表示参与人 1 的策略，第一行表示参与人 2 的策略，括号中的第一个数字表示参与人 1 的盈利，第二个数字表示参与人 2 的盈利：

$$\begin{pmatrix} 策略 & B & S \\ B & (2,1) & (0,0) \\ S & (0,0) & (1,2) \end{pmatrix}$$

通过最优反应函数法派生出来的画线算法可以很容易得到性别之战的纳什均衡解。求解过程如下：

$$\begin{pmatrix} 策略 & B & S \\ B & (\underline{2},\underline{1}) & (0,0) \\ S & (0,0) & (\underline{1},\underline{2}) \end{pmatrix}$$

所以 $(B,B),(S,S)$ 是性别之战的纳什均衡，此时不管是选择巴赫音乐会还是斯特拉文斯基音乐会，男孩、女孩都将一起听音乐会作为自己的最优策略，纳什均衡代表了理性的参与人的一种稳中求优的策略选择理念。

博弈过程的第一条路径：假设参与人 1 先做决策，选择策略 B，此时参与人 2 的最好选择是 B；参与人 1 再做决策，选择 B，参与人 2 选择 B，到此陷入了均衡点 (B,B)。第二条路径：假设参与人 1 先做决策，选择策略 S，此时参与人 2 的最好选择是 S；参与人 1 再做决策，选择 S，参与人 2 选择 S，到此陷入了均衡点 (S,S)。第三条路径：假设参与人 2 先做决策，选择策略 B，此时参与人 1 的最好选择是 B；参与人 2 再做决策，选择 B，参与人 1 选择 B，到此陷入了均衡点 (B,B)。第四条路径：假设参与人 2 先做决策，选择 S，此时参与人 1 的最好选择是 S；参与人 2 再做决策，选择 S，参与人 1 选择 S，到此陷入了均衡点 (S,S)。由此，无论哪一条路径，此博弈都会陷入 (B,B) 或者 (S,S) 均衡点，这就是纳什均衡的核心思想——稳定的最优。

下面考查博弈结果。从个人利益来看，(B,B) 和 (S,S) 要比 (B,S) 和 (S,B) 好；从集体利益来看，(B,B) 和 (S,S) 要比 (B,S) 和 (S,B) 好。此时的纳什均衡实现了个人利益、集体利益的统一，但是因为有多个纳什均衡，并且无法比较其好坏，所以还需要男孩、女孩的进一步博弈。

可以进一步计算性别之战的混合纳什均衡。首先将有限的完全信息静态博弈混合扩张得到

$$(N, (\Sigma_i)_{i \in N}, (F_i)_{i \in N})$$

其中

$$\Sigma_1 = \{\alpha_1 |\ \alpha_1 = (x, 1-x), x \in [0,1]\}$$
$$\Sigma_2 = \{\alpha_2 |\ \alpha_2 = (y, 1-y), y \in [0,1]\}$$
$$F_1(\alpha_1, \alpha_2) = 2xy + (1-x)(1-y)$$
$$F_2(\alpha_1, \alpha_2) = xy + 2(1-x)(1-y)$$

根据混合纳什均衡计算的无差别原则，可得

$$F_1(B, \alpha_2) = 2y$$
$$F_1(S, \alpha_2) = 1 - y$$
$$F_2(\alpha_1, B) = x$$
$$F_2(\alpha_1, S) = 2 - 2x$$

计算得到的混合纳什均衡为

$$\alpha_1^* = (2/3, 1/3); \alpha_2^* = (1/3, 2/3)$$

即男孩采用 $(2/3B, 1/3S)$ 策略，女孩采用 $(1/3B, 2/3S)$ 策略，这也是纳什均衡。

性别之战的重要性不在于选择听哪一场音乐会，而是描述了一类广泛的合作胜于不合作的情形。

例 7.5 同一个政党的两位议员决定对某事件发表立场，有温和与强硬立场两种选项。议员 1 倾向于强硬立场，议员 2 倾向于温和立场，但是因为是同一个政党，任何立场不一致都将造成很严重的后果。

此问题可以构建为一个完全信息静态博弈模型：

$$(N, (A_i)_{i \in N}, (f_i)_{i \in N})$$

此问题中参与人集合为 $N = \{1, 2\}$，分别表示议员 1 和议员 2；如果将强硬立场记为 H，将温和立场记为 S，那么参与人 1 的策略集为 $A_1 = \{H, S\}$，参与人 2 的策略集为 $A_2 = \{H, S\}$，因此策略向量集合为

$$A = A_1 \times A_2 = \{(H,H), (H,S), (S,H), (S,S)\}$$

参与人 1 的盈利函数 f_1 为

$$f_1(H,H) = 2; f_1(H,S) = 0; f_1(S,H) = 0; f_1(S,S) = 1$$

同理参与人 2 的盈利函数 f_2 为

$$f_2(H,H) = 1; f_2(H,S) = 0; f_2(S,H) = 0; f_2(S,S) = 2$$

可以很简洁地将上面的模型表示为一个矩阵，第一列表示参与人 1 的策略，第一行表示参与人 2 的策略，括号中的第一个数字表示参与人 1 的盈利，第二个数字表示参与人 2 的盈利：

$$\begin{pmatrix} 策略 & H & S \\ H & (2,1) & (0,0) \\ S & (0,0) & (1,2) \end{pmatrix}$$

通过最优反应函数法派生出来的画线算法，可以很容易得到性别之战的纳什均衡解。求解过程如下：

$$\begin{pmatrix} 策略 & H & S \\ H & (\underline{2},\underline{1}) & (0,0) \\ S & (0,0) & (\underline{1},\underline{2}) \end{pmatrix}$$

所以 $(H,H),(S,S)$ 是此问题的纳什均衡，不管是选择强硬立场还是温和立场，此时两个议员都将一致的立场作为自己的最优策略。此问题具有性别之战的博弈结构。

例 7.6 同一个公司下面的两个子公司要建设信息系统，有两种选择标准：一种为子公司 1 偏好的标准，另一种为子公司 2 偏好的标准。但是为了方便整个公司系统的兼容性，需要尽可能选择同一种标准，选择不同的标准会造成不同的不良后果。

此问题可以构建为一个完全信息静态博弈模型：

$$(N, (A_i)_{i \in N}, (f_i)_{i \in N})$$

此问题中参与人集合为 $N = \{1,2\}$，分别表示子公司 1 和子公司 2；如果将子公司 1 偏好的标准记为 B，将子公司 2 偏好的标准记为 C，那么参与人 1 的策略集为 $A_1 = \{B,C\}$，同样参与人 2 的策略集为 $A_2 = \{B,C\}$，因此策略向量集合为

$$A = A_1 \times A_2 = \{(B,B),(B,C),(C,B),(C,C)\}$$

参与人 1 的盈利函数 f_1 为

$$f_1(B,B) = 2; f_1(B,C) = 0; f_1(C,B) = 0; f_1(C,C) = 1$$

参与人 2 的盈利函数 f_2 为

$$f_2(B,B) = 1; f_2(B,C) = 0; f_2(C,B) = 0; f_2(C,C) = 2$$

可以很简洁地将上面的模型表示为一个矩阵，第一列表示参与人 1 的策略，第一行表示参与人 2 的策略，括号中的第一个数字表示参与人 1 的盈利，第二个数字表示参与人 2 的盈利：

$$
\begin{pmatrix}
策略 & B & C \\
B & (2,1) & (0,0) \\
C & (0,0) & (1,2)
\end{pmatrix}
$$

通过最优反应函数法派生出来的画线算法，可以很容易得到性别之战的纳什均衡解。求解过程如下：

$$
\begin{pmatrix}
策略 & B & C \\
B & (\underline{2},\underline{1}) & (0,0) \\
C & (0,0) & (\underline{1},\underline{2})
\end{pmatrix}
$$

所以 $(B,B),(C,C)$ 是此问题的纳什均衡，此时两个子公司都将统一的标准作为自己的最优策略。此问题具有性别之战的博弈结构。

7.3 硬币匹配

在囚徒困境和性别之战中出现了冲突与合作，而硬币匹配问题是纯粹冲突的。

例 7.7 两个人同时出示硬币的正面或者反面，如果他们出示的是相同的一面，那么参与人 2 向参与人 1 支付 1 美元；如果他们出示不同的面，那么参与人 1 向参与人 2 支付 1 美元。每个人只关心自己的收益，并且越多越好。

此问题可以构建为一个完全信息静态博弈模型：

$$(N,(A_i)_{i \in N},(f_i)_{i \in N})$$

此问题中参与人集合为 $N = \{1,2\}$，分别表示参与人 1 和参与人 2；如果将硬币的正面记为 H，将硬币的反面记为 T，那么参与人 1 的策略集为 $A_1 = \{H,T\}$，同样参与人 2 的策略集为 $A_2 = \{H,T\}$，因此策略向量集合为

$$A = A_1 \times A_2 = \{(H,H),(H,T),(T,H),(T,T)\}$$

参与人 1 的盈利函数 f_1 为

$$f_1(H,H) = 1; f_1(H,T) = -1; f_1(T,H) = -1; f_1(T,T) = 1$$

参与人 2 的盈利函数 f_2 为

$$f_2(H,H) = -1; f_2(H,T) = 1; f_2(T,H) = 1; f_2(T,T) = -1$$

可以很简洁地将上面的模型表示为一个矩阵，第一列表示参与人 1 的策略，第一行表示参与人 2 的策略，括号中的第一个数字表示参与人 1 的盈利，第二个数字表示参与人 2 的盈利：

$$\begin{pmatrix} 策略 & H & T \\ H & (1,-1) & (-1,1) \\ T & (-1,1) & (1,-1) \end{pmatrix}$$

通过最优反应函数法派生出来的画线算法，求解过程如下：

$$\begin{pmatrix} 策略 & H & T \\ H & (\underline{1},-1) & (-1,\underline{1}) \\ T & (-1,\underline{1}) & (\underline{1},-1) \end{pmatrix}$$

可知硬币匹配问题没有纯粹策略纳什均衡。

博弈过程的第一条路径：假设参与人 1 先做决策，选择策略 H，此时参与人 2 的最好选择是 T；参与人 1 再做决策，选择 T，参与人 2 选择 H，到此陷入了循环。第二条路径：假设参与人 1 先做决策，选择策略 T，此时参与人 2 的最好选择是 H；参与人 1 再做决策，选择 H，参与人 2 选择 T，到此陷入了循环。第三条路径：假设参与人 2 先做决策，选择策略 H，此时参与人 1 的最好选择是 H；参与人 2 再做决策，选择 T，参与人 1 选择 T，到此陷入了循环。第四条路径：假设参与人 2 先做决策，选择策略 T，此时参与人 1 的最好选择是 T；参与人 2 再做决策，选择 H，参与人 1 选择 H，到此陷入了循环。由此，无论哪一条路径，此博弈都会陷入循环，而达不到稳定，所以没有纯粹策略的纳什均衡。

可以进一步计算硬币匹配的混合纳什均衡。首先将有限的完全信息静态博弈混合扩张得到

$$(N, (\Sigma_i)_{i \in N}, (F_i)_{i \in N})$$

其中

$$\Sigma_1 = \{\alpha_1 | \ \alpha_1 = (x, 1-x), x \in [0,1]\}$$
$$\Sigma_2 = \{\alpha_2 | \ \alpha_2 = (y, 1-y), y \in [0,1]\}$$
$$F_1(\alpha_1, \alpha_2) = xy - x(1-y) - (1-x)y + (1-x)(1-y)$$
$$F_2(\alpha_1, \alpha_2) = -xy + x(1-y) + (1-x)y - (1-x)(1-y)$$

根据混合纳什均衡计算的无差别原则，可得

$$F_1(H, \alpha_2) = 2y - 1$$

Note

$$F_1(T, \alpha_2) = 1 - 2y$$
$$F_2(\alpha_1, H) = 1 - 2x$$
$$F_2(\alpha_1, T) = 2x - 1$$

计算得到的混合纳什均衡为

$$\alpha_1^* = (1/2, 1/2); \alpha_2^* = (1/2, 1/2)$$

即是参与人 1 采用 $(1/2H, 1/2T)$ 策略，参与人 2 采用 $(1/2H, 1/2T)$ 策略，这是纳什均衡。

硬币匹配的重要性不在于选择正面或者反面，而是描述了一类广泛的纯粹不合作情形且有多种变形。

例 7.8 在一定规模的市场中，老厂商与新厂商开发新产品后选择产品外观。假定每家厂商可以在两种不同的外观中选择一种。老厂商希望新厂商的产品外观与自己的相似（这样顾客不会被诱导去买新厂商的产品），新厂商则希望产品外观与老厂商的不同（这样可以诱导顾客购买新厂商的产品）。

此问题可以构建为一个完全信息静态博弈模型：

$$(N, (A_i)_{i \in N}, (f_i)_{i \in N})$$

此问题中参与人集合为 $N = \{1, 2\}$，分别表示参与人 1 和参与人 2；如果将产品的第一种外观记为 H，将产品的第二种外观记为 T，那么参与人 1 的策略集为 $A_1 = \{H, T\}$，同样参与人 2 的策略集为 $A_2 = \{H, T\}$，因此策略向量集合为

$$A = A_1 \times A_2 = \{(H, H), (H, T), (T, H), (T, T)\}$$

参与人 1 的盈利函数 f_1 为

$$f_1(H, H) = 1; f_1(H, T) = -1; f_1(T, H) = -1; f_1(T, T) = 1$$

参与人 2 的盈利函数 f_2 为

$$f_2(H, H) = -1; f_2(H, T) = 1; f_2(T, H) = 1; f_2(T, T) = -1$$

可以很简洁地将上面的模型表示为一个矩阵，第一列表示参与人 1 的策略，第一行表示参与人 2 的策略，括号中的第一个数字表示参与人 1 的盈利，第二个数字表示参与人 2 的盈利：

$$\begin{pmatrix} 策略 & H & T \\ H & (1, -1) & (-1, 1) \\ T & (-1, 1) & (1, -1) \end{pmatrix}$$

通过最优反应函数法派生出来的画线算法，求解过程如下：

$$\begin{pmatrix} 策略 & H & T \\ H & (\underline{1}, -1) & (-1, \underline{1}) \\ T & (-1, \underline{1}) & (\underline{1}, -1) \end{pmatrix}$$

根据画线算法可知这个问题没有纯粹策略纳什均衡。计算得到的混合纳什均衡为

$$\alpha_1^* = (1/2, 1/2); \alpha_2^* = (1/2, 1/2)$$

此问题具有和硬币匹配问题一样的博弈结构。

7.4 猎鹿问题

例 7.9 现有两个猎人，每个猎人有两种选择：他们都聚精会神地追捕梅花鹿，这样逮住梅花鹿且平均分配；任何一个猎人把自己的精力放在追捕野兔上面，梅花鹿就会逃掉，而野兔只属于那个开小差的猎人。每个猎人都倾向于分享梅花鹿胜于只得到野兔。

此问题可以构建为一个完全信息静态博弈模型：

$$(N, (A_i)_{i \in N}, (f_i)_{i \in N})$$

此问题中参与人集合为 $N = \{1, 2\}$，分别表示猎人 1 和猎人 2；若将聚精会神记为 B，将开小差记为 S，那么参与人 1 的策略集为 $A_1 = \{B, S\}$，同样参与人 2 的策略集为 $A_2 = \{B, S\}$，因此策略向量集合为

$$A = A_1 \times A_2 = \{(B, B), (B, S), (S, B), (S, S)\}$$

参与人 1 的盈利函数 f_1 为

$$f_1(B, B) = 2; f_1(B, S) = 0; f_1(S, B) = 1; f_1(S, S) = 1$$

参与人 2 的盈利函数 f_2 为

$$f_2(B, B) = 2; f_2(B, S) = 1; f_2(S, B) = 0; f_2(S, S) = 1$$

可以很简洁地将上面的模型表示为一个矩阵，第一列表示参与人 1 的策略，第一行表示参与人 2 的策略，括号中的第一个数字表示参与人 1 的盈利，第二个数字

表示参与人 2 的盈利：

$$\begin{pmatrix} 策略 & B & S \\ B & (2,2) & (0,1) \\ S & (1,0) & (1,1) \end{pmatrix}$$

通过最优反应函数法派生出来的画线算法，求解过程如下：

$$\begin{pmatrix} 策略 & B & S \\ B & (\underline{2},\underline{2}) & (0,1) \\ S & (1,0) & (\underline{1},\underline{1}) \end{pmatrix}$$

所以 $(B,B),(S,S)$ 是猎鹿问题的纳什均衡，此时两个猎人都将同时聚精会神或者同时开小差作为自己的最优策略。纳什均衡代表了理性参与人的稳中求优的策略选择理念。

博弈过程的第一条路径：假设参与人 1 先做决策，选择策略 B，此时参与人 2 的最好选择是 B；参与人 1 再做决策，选择 B，参与人 2 选择 B，到此陷入了均衡点 (B,B)。第二条路径：假设参与人 1 先做决策，选择策略 S，此时参与人 2 的最好选择是 S；参与人 1 再做决策，选择 S，参与人 2 选择 S，到此陷入了均衡点 (S,S)。第三条路径：假设参与人 2 先做决策，选择策略 B，此时参与人 1 的最好选择是 B；参与人 2 再做决策，选择 B，参与人 1 选择 B，到此陷入了均衡点 (B,B)。第四条路径：假设参与人 2 先做决策，选择策略 S，此时参与人 1 的最好选择是 S；参与人 2 再做决策，选择 S，参与人 1 选择 S，到此陷入了均衡点 (S,S)。由此，无论哪一条路径，此博弈都会陷入 (B,B) 或者 (S,S) 均衡点，这就是纳什均衡的核心思想——稳定的最优。

下面考查博弈结果。从个人利益来看，(B,B) 和 (S,S) 要比 (B,S) 和 (S,B) 好；从集体利益来看，(B,B) 和 (S,S) 要比 (B,S) 和 (S,B) 好。此时的纳什均衡实现了个人利益、集体利益的统一。可以比较多个纳什均衡，如 (B,B) 优于 (S,S)。

进一步计算猎鹿问题的混合纳什均衡，首先将有限的完全信息静态博弈混合扩张得到

$$(N,(\Sigma_i)_{i\in N},(F_i)_{i\in N})$$

其中

$$\Sigma_1 = \{\alpha_1 |\ \alpha_1 = (x, 1-x), x \in [0,1]\}$$
$$\Sigma_2 = \{\alpha_2 |\ \alpha_2 = (y, 1-y), y \in [0,1]\}$$
$$F_1(\alpha_1, \alpha_2) = 2xy + (1-x)y + (1-x)(1-y)$$

$$F_2(\alpha_1, \alpha_2) = 2xy + x(1 - y) + (1 - x)(1 - y)$$

然后根据混合纳什均衡计算的无差别原则，可得

$$F_1(B, \alpha_2) = 2y$$
$$F_1(S, \alpha_2) = 1$$
$$F_2(\alpha_1, B) = 2x$$
$$F_2(\alpha_1, S) = 1$$

计算得到的混合纳什均衡为

$$\alpha_1^* = (1/2, 1/2); \alpha_2^* = (1/2, 1/2)$$

即猎人 1 采用 $(1/2B, 1/2S)$ 策略，猎人 2 采用 $(1/2B, 1/2S)$ 策略，这也是纳什均衡。

猎鹿问题的重要性不在于决定选择猎取哪一种猎物，而是描述了一类广泛的要么合作、要么不合作的情形，也有多种变形。

例 7.10　现有两个国家进行适度军备竞赛。每个国家都希望两个国家进行军备控制胜于单独武装，单独武装胜于两个国家都武装。

此问题可以构建为一个完全信息静态博弈模型：

$$(N, (A_i)_{i \in N}, (f_i)_{i \in N})$$

此问题中参与人集合为 $N = \{1, 2\}$，分别表示国家 1 和国家 2；如果将军备控制记为 B，将武装记为 S，那么参与人 1 的策略集为 $A_1 = \{B, S\}$，同样参与人 2 的策略集为 $A_2 = \{B, S\}$，因此策略向量集合为

$$A = A_1 \times A_2 = \{(B, B), (B, S), (S, B), (S, S)\}$$

参与人 1 的盈利函数 f_1 为

$$f_1(B, B) = 2; f_1(B, S) = 0; f_1(S, B) = 1; f_1(S, S) = 1$$

参与人 2 的盈利函数 f_2 为

$$f_2(B, B) = 2; f_2(B, S) = 1; f_2(S, B) = 0; f_2(S, S) = 1$$

可以很简洁地将上面的模型表示为一个矩阵，第一列表示参与人 1 的策略，第一行表示参与人 2 的策略，括号中的第一个数字表示参与人 1 的盈利，第二个数字

表示参与人 2 的盈利：

$$\begin{pmatrix} 策略 & B & S \\ B & (2,2) & (0,1) \\ S & (1,0) & (1,1) \end{pmatrix}$$

通过最优反应函数法派生出来的画线算法，求解过程如下：

$$\begin{pmatrix} 策略 & B & S \\ B & (\underline{2},\underline{2}) & (0,1) \\ S & (1,0) & (\underline{1},1) \end{pmatrix}$$

所以 (B, B)，(S, S) 是此问题的纳什均衡，此时两个国家都将同时武装或者同时军备控制作为自己的最优策略。纳什均衡代表了理性参与人的稳中求优的策略选择理念。进一步计算得到的混合纳什均衡为

$$\alpha_1^* = (1/2, 1/2);\ \alpha_2^* = (1/2, 1/2)$$

即国家 1 采用 $(1/2B, 1/2S)$ 策略，国家 2 采用 $(1/2B, 1/2S)$ 策略，这也是一种纳什均衡。此问题体现了猎鹿问题的博弈结构。

7.5 斗鸡博弈

试想两只公鸡相遇，每只公鸡有两种行动选择：一是后退，二是前进。如果一方后退，而对方没有后退，那么对方获得胜利，这只后退的公鸡很丢面子；如果双方都后退，那么双方打个平手；如果自己没后退，而对方后退，那么自己胜利；如果两只公鸡都前进，那么两败俱伤。因此，对每只公鸡来说，最好的结果是对方后退，而自己不后退。支付矩阵如下：

$$\begin{pmatrix} 策略 & 前进 & 后退 \\ 前进 & (-2,-2) & (1,-1) \\ 后退 & (-1,1) & (-1,-1) \end{pmatrix}$$

数字的含义：如果双方均前进，那么结果是两败俱伤，双方均获得 -2 的支付；如果一方前进，另一方后退，那么前进的公鸡获得 1 的支付，赢得了面子，而后退的公鸡获得 -1 的支付，输掉了面子，但没有双方均前进的损失大；如果双方均后退，那么双方均输掉了面子，双方获得 -1 的支付。当然，矩阵中的数字只是相对的值。

通过画线算法，可以计算得到

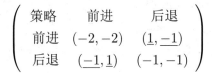

$$\begin{pmatrix} 策略 & 前进 & 后退 \\ 前进 & (-2,-2) & (\underline{1},\underline{-1}) \\ 后退 & (\underline{-1},\underline{1}) & (-1,-1) \end{pmatrix}$$

这个博弈有两个纳什均衡：一方前进，另一方后退，但关键是谁进谁退？如果这个博弈有唯一的纳什均衡点，那么这个博弈是可预测的，即这个纳什均衡点是事先知道的、唯一的博弈结果，但是如果这个博弈有两个或两个以上的纳什均衡点，那么任何人都无法预测出结果，即无法预测斗鸡博弈的结果，不能知道谁进谁退，谁赢谁输。

7.6　导弹危机

1962 年，加勒比海地区的岛国古巴发生了一场震惊世界的导弹危机。这场危机是冷战的巅峰之一，是苏美两大国之间最激烈的一次对抗。

事情的缘由是 1959 年美国在南欧部署了中程弹道导弹系统，苏联为了应对美国的挑衅，决定在古巴部署战略导弹和核导弹。美国发现后随即对古巴进行了大规模封锁以准备入侵，苏联初期也摆出了战争姿态，世界大战一触即发。事件最后以苏联与美国的相互妥协而告终。

虽然这场危机仅持续了 13 天，但是苏美双方都处在核战争的边缘，使人类空前地接近毁灭，世界处于万分紧急之中。事件虽然过去了 60 年，但是仍值得反思和总结。

下面建立关于古巴导弹危机的经典博弈模型，参与人为美国和苏联，美国的策略包括放弃、入侵；苏联的策略包括撤退、坚持。美国的盈利函数为矩阵 $\boldsymbol{A}$，苏联的盈利函数为矩阵 $\boldsymbol{B}$。

先不对古巴导弹危机的经典博弈模型中的盈利函数进行赋值，而是先做抽象分析，分析哪些策略可能成为纳什均衡，以及成为纳什均衡的条件。

7.6.1　（放弃，撤退）成为唯一的纳什均衡

古巴导弹危机模型：

$$\begin{pmatrix} 策略 & 撤退 & 坚持 \\ 放弃 & (a_{11},b_{11}) & (a_{12},b_{12}) \\ 入侵 & (a_{21},b_{21}) & (a_{22},b_{22}) \end{pmatrix}$$

（放弃，撤退）如何成为唯一的纳什均衡？此时一方面要保证（放弃，撤退）为纳什均衡，还需要保证（放弃，坚持）、（入侵，撤退）、（入侵，坚持）不能成为纳什均衡的候选。下面根据纳什均衡的定义逐一讨论。

先令（放弃，撤退）成为纳什均衡，根据定义，一定要满足

$$C_1 : a_{11} \geqslant a_{21} \text{ 且 } b_{11} \geqslant b_{12} \text{ 成立}$$

再令（放弃，坚持）不能成为纳什均衡，实际上（放弃，坚持）成为纳什均衡条件的补充就是不能成为纳什均衡的条件，那么（放弃，坚持）怎么成为纳什均衡呢？根据纳什均衡的定义，一定要满足

$$a_{12} \geqslant a_{22}, b_{12} \geqslant b_{11}$$

因此（放弃，坚持）不成为纳什均衡当且仅当

$$C_2 : a_{12} \geqslant a_{22} \text{ 且 } b_{12} \geqslant b_{11} \text{ 不成立}$$

可得（入侵，撤退）不成为纳什均衡当且仅当

$$C_3 : a_{21} \geqslant a_{11} \text{ 且 } b_{21} \geqslant b_{22} \text{ 不成立}$$

同理可得（入侵，坚持）不成为纳什均衡当且仅当

$$C_4 : a_{22} \geqslant a_{12} \text{ 且 } b_{22} \geqslant b_{21} \text{ 不成立}$$

由此得到（放弃，撤退）成为唯一的纳什均衡必须满足以下四个条件：

$$C_1 : a_{11} \geqslant a_{21} \text{ 且 } b_{11} \geqslant b_{12} \text{ 成立；}$$
$$C_2 : a_{12} \geqslant a_{22} \text{ 且 } b_{12} \geqslant b_{11} \text{ 不成立；}$$
$$C_3 : a_{21} \geqslant a_{11} \text{ 且 } b_{21} \geqslant b_{22} \text{ 不成立；}$$
$$C_4 : a_{22} \geqslant a_{12} \text{ 且 } b_{22} \geqslant b_{21} \text{ 不成立。}$$

7.6.2 (放弃，坚持) 成为唯一的纳什均衡

古巴导弹危机模型：

$$
\begin{pmatrix}
\text{策略} & \text{撤退} & \text{坚持} \\
\text{放弃} & (a_{11}, b_{11}) & (a_{12}, b_{12}) \\
\text{入侵} & (a_{21}, b_{21}) & (a_{22}, b_{22})
\end{pmatrix}
$$

（放弃，坚持）如何成为唯一的纳什均衡？此时一方面要保证（放弃，坚持）为纳什均衡，还需要保证（放弃，撤退）、（入侵，撤退）、（入侵，坚持）不能成为纳什均衡的候选。下面根据纳什均衡的定义逐个讨论。

（放弃，撤退）不成为纳什均衡，根据定义一定要满足

$$C_1 : a_{11} \geqslant a_{21} \text{ 且} b_{11} \geqslant b_{12} \text{ 不成立}$$

（放弃，坚持）成为纳什均衡当且仅当

$$C_2 : a_{12} \geqslant a_{22} \text{ 且} b_{12} \geqslant b_{11} \text{ 成立}$$

可得（入侵，撤退）不成为纳什均衡当且仅当

$$C_3 : a_{21} \geqslant a_{11} \text{ 且} b_{21} \geqslant b_{22} \text{ 不成立}$$

同理可得（入侵，坚持）不成为纳什均衡当且仅当

$$C_4 : a_{22} \geqslant a_{12} \text{ 且} b_{22} \geqslant b_{21} \text{ 不成立}$$

由此得到（放弃，坚持）成为唯一的纳什均衡必须满足以下四个条件：

$$C_1 : a_{11} \geqslant a_{21} \text{ 且} b_{11} \geqslant b_{12} \text{ 不成立；}$$
$$C_2 : a_{12} \geqslant a_{22} \text{ 且} b_{12} \geqslant b_{11} \text{ 成立；}$$
$$C_3 : a_{21} \geqslant a_{11} \text{ 且} b_{21} \geqslant b_{22} \text{ 不成立；}$$
$$C_4 : a_{22} \geqslant a_{12} \text{ 且} b_{22} \geqslant b_{21} \text{ 不成立。}$$

7.6.3 （入侵，撤退）成为唯一的纳什均衡

古巴导弹危机模型：

$$\begin{pmatrix} \text{策略} & \text{撤退} & \text{坚持} \\ \text{放弃} & (a_{11}, b_{11}) & (a_{12}, b_{12}) \\ \text{入侵} & (a_{21}, b_{21}) & (a_{22}, b_{22}) \end{pmatrix}$$

（入侵，撤退）如何成为唯一的纳什均衡？此时一方面要保证（入侵，撤退）为纳什均衡，还需要保证（放弃，撤退）、（放弃，坚持）、（入侵，坚持）不能成为纳什均衡的候选。下面根据纳什均衡的定义逐一讨论。

（放弃，撤退）不成为纳什均衡，根据定义，一定要满足

$$C_1 : a_{11} \geqslant a_{21} \text{ 且} b_{11} \geqslant b_{12} \text{ 不成立}$$

（放弃，坚持）不成为纳什均衡当且仅当

$$C_2: a_{12} \geqslant a_{22} \text{ 且} b_{12} \geqslant b_{11} \text{ 不成立}$$

可得（入侵，撤退）不成为纳什均衡当且仅当

$$C_3: a_{21} \geqslant a_{11} \text{ 且} b_{21} \geqslant b_{22} \text{ 成立}$$

同理可得（入侵，坚持）成为纳什均衡当且仅当

$$C_4: a_{22} \geqslant a_{12} \text{ 且} b_{22} \geqslant b_{21} \text{ 不成立}$$

由此得到（入侵，撤退）成为唯一的纳什均衡必须满足以下四个条件：

$$C_1: a_{11} \geqslant a_{21} \text{ 且} b_{11} \geqslant b_{12} \text{ 不成立；}$$
$$C_2: a_{12} \geqslant a_{22} \text{ 且} b_{12} \geqslant b_{11} \text{ 不成立；}$$
$$C_3: a_{21} \geqslant a_{11} \text{ 且} b_{21} \geqslant b_{22} \text{ 成立；}$$
$$C_4: a_{22} \geqslant a_{12} \text{ 且} b_{22} \geqslant b_{21} \text{ 不成立。}$$

7.6.4 （入侵，坚持）成为唯一的纳什均衡

古巴导弹危机模型：

$$\begin{pmatrix} \text{策略} & \text{撤退} & \text{坚持} \\ \text{放弃} & (a_{11}, b_{11}) & (a_{12}, b_{12}) \\ \text{入侵} & (a_{21}, b_{21}) & (a_{22}, b_{22}) \end{pmatrix}$$

（入侵，坚持）如何成为唯一的纳什均衡？此时一方面要保证（入侵，坚持）成为纳什均衡，还需要保证（放弃，撤退）、（放弃，坚持）、（入侵，撤退）不能成为纳什均衡的候选。此时根据纳什均衡的定义逐一讨论。

（放弃，撤退）不成为纳什均衡，根据定义一定满足

$$C_1: a_{11} \geqslant a_{21} \text{ 且} b_{11} \geqslant b_{12} \text{ 不成立}$$

（放弃，坚持）不成为纳什均衡当且仅当

$$C_2: a_{12} \geqslant a_{22} \text{ 且} b_{12} \geqslant b_{11} \text{ 不成立}$$

可得（入侵，撤退）不成为纳什均衡当且仅当

$$C_3: a_{21} \geqslant a_{11} \text{ 且} b_{21} \geqslant b_{22} \text{ 不成立}$$

同理可得（入侵，坚持）成为纳什均衡当且仅当

$$C_4 : a_{22} \geqslant a_{12} \text{ 且 } b_{22} \geqslant b_{21} \text{ 成立}$$

由此得到（入侵，坚持）成为唯一的纳什均衡必须满足以下四个条件：

$$C_1 : a_{11} \geqslant a_{21} \text{ 且 } b_{11} \geqslant b_{12} \text{ 不成立;}$$
$$C_2 : a_{12} \geqslant a_{22} \text{ 且 } b_{12} \geqslant b_{11} \text{ 不成立;}$$
$$C_3 : a_{21} \geqslant a_{11} \text{ 且 } b_{21} \geqslant b_{22} \text{ 不成立;}$$
$$C_4 : a_{22} \geqslant a_{12} \text{ 且 } b_{22} \geqslant b_{21} \text{ 成立}。$$

7.6.5　其他多种类型纳什均衡的存在条件

除了上面的单一纳什均衡，还可以考虑两个、三个、四个纳什均衡存在的条件。

古巴导弹危机模型：

$$\begin{pmatrix} \text{策略} & \text{撤退} & \text{坚持} \\ \text{放弃} & (a_{11}, b_{11}) & (a_{12}, b_{12}) \\ \text{入侵} & (a_{21}, b_{21}) & (a_{22}, b_{22}) \end{pmatrix}$$

下面四个条件的成立与否是纳什均衡的充分必要条件：

$$C_1 : a_{11} \geqslant a_{21} \text{ 且 } b_{11} \geqslant b_{12};$$
$$C_2 : a_{12} \geqslant a_{22} \text{ 且 } b_{12} \geqslant b_{11};$$
$$C_3 : a_{21} \geqslant a_{11} \text{ 且 } b_{21} \geqslant b_{22};$$
$$C_4 : a_{22} \geqslant a_{12} \text{ 且 } b_{22} \geqslant b_{21}。$$

简言之，要控制一个或多个策略对成为纳什均衡，只需要控制对应的条件成立，不对应的条件不成立即可。

例如，要想（放弃，撤退）和（入侵，坚持）成为唯二的纳什均衡，只需要满足下列条件：

$$C_1 : a_{11} \geqslant a_{21} \text{ 且 } b_{11} \geqslant b_{12} \text{ 成立;}$$
$$C_2 : a_{12} \geqslant a_{22} \text{ 且 } b_{12} \geqslant b_{11} \text{ 不成立;}$$
$$C_3 : a_{21} \geqslant a_{11} \text{ 且 } b_{21} \geqslant b_{22} \text{ 不成立;}$$
$$C_4 : a_{22} \geqslant a_{12} \text{ 且 } b_{22} \geqslant b_{21} \text{ 成立}。$$

要想（放弃，撤退）、（放弃，坚持）和（入侵，撤退）成为唯三的纳什均衡，只需要满足下列条件：

$$C_1 : a_{11} \geqslant a_{21} \text{ 且} b_{11} \geqslant b_{12} \text{ 成立；}$$

$$C_2 : a_{12} \geqslant a_{22} \text{ 且} b_{12} \geqslant b_{11} \text{ 成立；}$$

$$C_3 : a_{21} \geqslant a_{11} \text{ 且} b_{21} \geqslant b_{22} \text{ 成立；}$$

$$C_4 : a_{22} \geqslant a_{12} \text{ 且} b_{22} \geqslant b_{21} \text{ 不成立。}$$

要想（放弃，撤退）、（放弃，坚持）、（入侵，撤退）和（入侵，坚持）成为唯四的纳什均衡，只需要满足下列条件：

$$C_1 : a_{11} \geqslant a_{21} \text{ 且} b_{11} \geqslant b_{12} \text{ 成立；}$$

$$C_2 : a_{12} \geqslant a_{22} \text{ 且} b_{12} \geqslant b_{11} \text{ 成立；}$$

$$C_3 : a_{21} \geqslant a_{11} \text{ 且} b_{21} \geqslant b_{22} \text{ 成立；}$$

$$C_4 : a_{22} \geqslant a_{12} \text{ 且} b_{22} \geqslant b_{21} \text{ 成立。}$$

其他的讨论与此类似。

7.6.6　政治学家的评估数据

地缘政治学家从战略层面估计了古巴导弹危机博弈模型中的盈利函数数据，他们认可如下的博弈数据：

$$\begin{pmatrix} \text{策略} & \text{撤退} & \text{坚持} \\ \text{放弃} & (3,3) & (2,\underline{4}) \\ \text{入侵} & (\underline{4},\underline{2}) & (1,1) \end{pmatrix}$$

通过上面的讨论和画线算法，可得（入侵，撤退）、（放弃，坚持）都是古巴导弹危机的纳什均衡，但是实际的结果却是（入侵，撤退）。这到底是怎么回事呢？留给读者思考。

7.6.7　英阿马岛之战

英阿马岛之战是人类历史上的重要战略事件，是老牌全球帝国主义强国与新兴资本主义国家之间的较量。20 世纪 80 年代，虽然大不列颠国已经从日不落帝国的宝座上跌落，但是其工业、经济与军事实力仍然位居世界强国前列。阿根廷是南美新兴区域的强国。历史上南美洲是被西班牙、葡萄牙联合压迫的殖民地，后以玻利瓦尔革命为开端开始了独立之路。

英阿马岛战争是第一场真正意义上的高科技战争，战争双方大量使用高科技武器，如导弹、核潜艇。这场战争揭开了新的序幕：高科技海战时代来临。

英阿马岛战争给世界海军带来了变革，包括舰艇损害控制系统的改进、反舰导弹的利用、防火海军服装的设计等。英阿马岛战争对未来现代化战争有着重要的启示作用。

下面建立关于英阿马岛之战的经典博弈模型，参与者为英国和阿根廷，英国的策略包括放弃、入侵，阿根廷的策略包括撤退、坚持。英国的盈利函数为矩阵 A，阿根廷的盈利函数为矩阵 B，可以建立如下模型：

$$\begin{pmatrix} 策略 & 撤退 & 坚持 \\ 放弃 & (a_{11}, b_{11}) & (a_{12}, b_{12}) \\ 入侵 & (a_{21}, b_{21}) & (a_{22}, b_{22}) \end{pmatrix}$$

这个模型与古巴导弹危机的模型有着一样的结构，因此不再赘述。

7.7 智猪博弈

猪圈里养了两头猪，一头大猪、一头小猪。猪圈的一端有一个盛食槽，猪圈的另一端有一个按压式开关。开关每被按压一次，就有固定数量的食物出现在盛食槽中。大猪和小猪都在思考是否去按压开关。

如果大猪和小猪都去按压开关，那么两头猪会从开关处奔向猪圈另一端的盛食槽。大猪跑得快，小猪跑得慢，因此大猪会比小猪早到达盛食槽并把盛食槽内的食物吃光，小猪付出了按压开关的劳动却没有吃到食物。在此种情况下，大猪的收益为 5，小猪的收益为 −1。

如果大猪去按压开关，小猪在盛食槽旁等待，那么大猪按下开关后，盛食槽内出现食物，小猪开始吃，大猪则需要花一定时间从猪圈一端跑到另一端。当大猪到达盛食槽时，身强力壮的大猪会把小猪挤到一旁，吃光剩余的食物。在这种情况下，大猪的收益是 4，小猪的收益是 2。

如果小猪去按压开关，大猪在盛食槽旁等待，那么小猪按下开关后，大猪开始吃，即使小猪从开关处跑到盛食槽旁，大猪仍然会霸占着食物，将食物全部吃光，小猪只能无可奈何地被挤在一旁。在这种情况下，大猪可以不劳而获，收益为 10。小猪徒劳无功，看到大猪不劳而获，小猪更加郁闷，收益为 −2。

如果大猪和小猪都不去按压开关，那么大猪和小猪都无法吃到食物，大猪和小猪的收益均为 0。

整个博弈过程可以构建为如下的模型，第一列为大猪的策略，第一行为小猪的策略：

$$
\begin{pmatrix}
\text{策略} & \text{按开关} & \text{等待} \\
\text{按开关} & (5,-1) & (4,2) \\
\text{等待} & (10,-2) & (0,0)
\end{pmatrix}
$$

通过画线算法可得

$$
\begin{pmatrix}
\text{策略} & \text{按开关} & \text{等待} \\
\text{按开关} & (5,-1) & (\underline{4},\underline{2}) \\
\text{等待} & (\underline{10},-2) & (0,\underline{0})
\end{pmatrix}
$$

可得智猪博弈的纳什均衡是（按开关，等待），也就是大猪去按开关，小猪等待。

智猪博弈有许多应用，如灯塔的建造。在美国的大湖地区可以看到许多灯塔，大航运公司因为船舶多，航班频密，迫切需要建造灯塔，但是小航运公司在这方面的积极性就比较低，结果大公司花钱建造灯塔，大公司从设置灯塔中获得的效益超过了灯塔的花费，所以这项投资对于大公司是值得的。小公司也因此可以"搭便车"，也得到了好处。

再如，在发达国家，除了日本许多人口稠密的地区和美国纽约这样人口稠密的城市以外，大部分家庭都有自己的汽车。人们出行都要开车，公共交通一般不太发达，没有汽车往往寸步难行。假如你想到一个地方去，因为没有车一直未能实现，碰巧某一天你的一位有车的朋友要去那个地方，并且车子有空位，你就可以搭他的"顺风车"实现愿望。在经济生活中，如果不考虑"朋友"这样的关系，那么通常只有公共品才会产生"搭便车"的现象。

7.8 独木桥博弈

甲、乙两人相对而行，试图通过一座独木桥，独木桥仅能容纳一人通行。

如果两人坚持继续前行，那么互不相让的两人势必都会掉下狭窄的独木桥，两人的收益均为 -10。

如果甲选择退让，让乙前行，那么乙的收益为 20，甲的收益为 -2。

如果乙选择退让，让甲前行，那么甲的收益为 20，乙的收益为 -2。

如果甲和乙均选择退让，那么双方的收益均为 10。

整个博弈过程可以构建为如下的模型，第一列为甲的策略，第一行为乙的策略：

$$\begin{pmatrix} 策略 & 前行 & 退让 \\ 前行 & (-10,-10) & (20,-2) \\ 退让 & (-2,20) & (10,10) \end{pmatrix}$$

通过画线算法可得

$$\begin{pmatrix} 策略 & 前行 & 退让 \\ 前行 & (-10,-10) & (\underline{20},\underline{-2}) \\ 退让 & (\underline{-2},\underline{20}) & (10,10) \end{pmatrix}$$

可得独木桥博弈的纳什均衡是（前行，退让）和（退让，前行），即一人退让、一人前行。

7.9　骑虎难下博弈

我们经常碰到的一类博弈是参与人进退两难，这样的博弈称为骑虎难下博弈。

有一个拍卖的规则是轮流出价，出价最高的人得到该物品，出价少的人不仅得不到该物品，并且要按其出价付给拍卖方。

假定有两人竞价，争夺价值为 100 元的物品。只要双方开始出价，在这个博弈中，双方就进入了骑虎难下的状态。每个人都这样想：如果退出，那么将失去我出的钱；如果不退出，那么可能得到价值为 100 元的物品。但是，随着出价的增加，损失也可能越大，每个人都面临着两难，是继续出价还是退出？

这个拍卖的规则似乎不合理，在实际中这样的拍卖不会出现。当然这只是一个模型，但我们经常会看到此类型的博弈案例。

在冷战期间，美苏为争夺霸权拼命发展武器，无论是原子弹、氢弹等核武器的研制，还是隐形战斗机等常规武器的研制，双方均不甘落后。20 世纪 80 年代，里根在位时准备启动"星球大战"计划，此举意味着两个超级大国军备竞赛进一步升级。美苏之间的军备竞赛相当于在拍卖中轮番出价，双方均不断出价，如果一方退出，即没有继续竞赛，那么它在军备竞赛上的投入没有效果，而对方将赢得整个局面。但如果继续竞赛，那么一旦支撑不住，损失也就越大。

1991 年苏联解体的原因之一是军备竞赛。苏联专注于军备竞赛，而无暇顾及民用建设，国力不济，最终退下阵来。里根"星球大战"计划的目的就是拖垮苏联。

一旦进入骑虎难下博弈，尽早退出是明智之举，然而当局者往往做不到。这种骑虎难下的博弈经常出现在国家之间，也出现在个体、企业或组织之间。20 世纪 60 年代，美国介入越南就是一个骑虎难下博弈。赌红了眼的赌徒输了钱还要继续赌下去以期返本，也是骑虎难下博弈，其实，赌徒开始赌博时，就已经进入了骑虎难下的状态，因为赌场从概率上讲是肯定赢的一方。

博弈论专家将这里的骑虎难下博弈称为协和谬误。20 世纪 60 年代，英国和法国政府联合投资开发大型超音速客机，即协和式飞机。该飞机机身大、设计豪华且速度快，但是英法政府发现，继续投资开发这样的机型，花费会急剧增加，而且还不知道这样的设计能否适应市场，但停止研制将使以前的投资付诸东流。随着研制工作的深入，他们更是无法做出停止研制工作的决定。协和式飞机最终研制成功，但因各种缺陷（如耗油大、噪声大、污染严重等），不适合市场，最终被市场淘汰，英法政府为此蒙受了很大的损失。在这个研制过程中，如果英法政府能尽早放弃该飞机的研发工作，那么损失将会减少，但他们没能做到。

7.10 市场争夺战

假设在市场中有两个竞争对手。一个是市场中的在位者，另一个是企图进入市场的潜在进入者。潜在进入者有两个可选的策略：进入、不进入。在位者也有两个可选的策略：斗争、默许。

整个博弈过程可以构建为如下的模型，第一列为潜在进入者的策略，第一行为在位者的策略：

$$
\begin{pmatrix}
策略 & 斗争 & 默许 \\
进入 & (-10,-10) & (5,5) \\
不进入 & (0,20) & (0,15)
\end{pmatrix}
$$

如果潜在进入者选择进入，在位者选择斗争，那么激烈的市场竞争会使双方均亏损，双方的收益均为 -10。

如果潜在进入者选择进入，在位者选择默许，那么双方在市场中的收益均为 5。

如果潜在进入者选择不进入，在位者选择斗争，那么潜在进入者的收益为 0，在位者的收益为 20。

如果潜在进入者选择不进入，在位者选择默许，那么潜在进入者的收益为 0，在位者的收益为 15。

通过画线算法可以计算得到

$$\begin{pmatrix} 策略 & 斗争 & 默许 \\ 进入 & (-10,-10) & (\underline{5},\underline{5}) \\ 不进入 & (\underline{0},\underline{20}) & (0,15) \end{pmatrix}$$

因此市场争夺战的纳什均衡是（进入，默许）和（不进入，斗争）。

7.11 二寡头古诺模型

市场中有两个寡头通过产量决策进行竞争。厂商一的产量是 q_1，需要的总成本是 $C_1(q_1) = \alpha_1 q_1 + \gamma_1$，其中 α_1 是厂商一的边际成本，γ_1 是厂商一的固定成本；同样假设厂商二的产量是 q_2，需要的总成本是 $C_2(q_2) = \alpha_2 q_2 + \gamma_2$，其中，$\alpha_2$ 是厂商二的边际成本，γ_2 是厂商二的固定成本。

此时市场上的产品总数为 $Q = q_1 + q_2$，单个商品的市场价格遵循这样的规律：
$$P = A - Q = A - (q_1 + q_2)$$
其中，A 是一个外生参数。在这样的设定下，厂商一的利润是
$$\pi_1(q_1) = Pq_1 - C_1(q_1) = (A - q_1 - q_2)q_1 - \alpha_1 q_1 - \gamma_1 = -q_1^2 + (A - q_2 - \alpha_1)q_1 - \gamma_1$$
同理，厂商二的利润是
$$\pi_2(q_2) = Pq_2 - C_2(q_2) = (A - q_1 - q_2)q_2 - \alpha_2 q_2 - \gamma_2 = -q_2^2 + (A - q_1 - \alpha_2)q_2 - \gamma_2$$
假设两个厂商的均衡为 (q_1^*, q_2^*)，那么必定满足
$$\left. \frac{\partial \pi_1(q_1)}{\partial q_1} \right|_{q_1^*} = -2q_1^* + (A - q_2^* - \alpha_1) = 0$$
$$\left. \frac{\partial \pi_2(q_2)}{\partial q_2} \right|_{q_2^*} = -2q_2^* + (A - q_1^* - \alpha_2) = 0$$
解得
$$q_1^* = \frac{A - 2\alpha_1 + \alpha_2}{3}; q_2^* = \frac{A - 2\alpha_2 + \alpha_1}{3}$$
均衡盈利为
$$\pi_1(q_1^*) = \left(\frac{A - 2\alpha_1 + \alpha_2}{3} \right)^2 - \gamma_1; \pi_2(q_2^*) = \left(\frac{A - 2\alpha_2 + \alpha_1}{3} \right)^2 - \gamma_2$$
此时均衡价格为
$$p^* = \frac{A + \alpha_1 + \alpha_2}{3}$$

7.12　多寡头古诺模型

市场中有 n 个寡头通过产量决策进行竞争。厂商 i 的产量是 q_i，需要的总成本是 $C_i(q_i) = \alpha_i q_i + \gamma_i$，其中，$\alpha_i$ 是厂商 i 的边际成本，γ_i 是厂商 i 的固定成本。

此时市场上的产品总数为 $Q = \sum_i q_i$，单个商品的市场价格遵循这样的规律：

$$P = A - Q = A - \sum_i q_i$$

其中，A 是一个外生参数。在这样的设定下，厂商 i 的利润是

$$\pi_i(q_i) = Pq_i - C_i(q_i) = \left(A - \sum_j q_j - \alpha_i\right) q_i - \gamma_i$$

假设厂商的均衡为 $(q_i^*)_{i\in N}$，那么必定满足

$$\left.\frac{\partial \pi_i(q_i)}{\partial q_i}\right|_{q_i^*} = -q_i^* + \left(A - \sum_j q_j^* - \alpha_i\right) = 0, \forall i \in N$$

解得

$$q_i^* = \frac{A - (n+1)\alpha_i + \sum_j \alpha_j}{n+1}, \forall i \in N$$

均衡盈利为

$$\pi_i(q_i^*) = \left(\frac{A - (n+1)\alpha_i + \sum_j \alpha_j}{n+1}\right)^2 - \gamma_i, \forall i \in N$$

此时均衡价格为

$$p^* = \frac{A + \sum_j \alpha_j}{n+1}$$

7.13　二寡头伯特兰德模型

市场中有两个寡头通过价格决策进行竞争。厂商一的产量是 q_1，需要的总成本是 $C_1(q_1) = \alpha q_1$，其中，α 是厂商一的边际成本，厂商一的固定成本为 0；同样假设厂商二的产量是 q_2，需要的总成本是 $C_2(q_2) = \alpha q_2$，其中，α 是厂商二的边际成本，厂商二的固定成本为 0。假设厂商一和二的边际成本是一样的。

厂商一的策略是价格：$p_1 \geqslant \alpha$；厂商二的策略也是价格：$p_2 \geqslant \alpha$。

厂商一和厂商二通过选择各自的最优价格达到各自利润的最大化。

当厂商一产品的价格高于厂商二产品的价格时，消费者会购买厂商二的产品，对厂商一产品的消费为 0。

当厂商一产品的价格低于厂商二产品的价格时，消费者会购买厂商一的产品，对厂商二产品的消费为 0。

当厂商一产品的价格等于厂商二产品的价格时，消费者会同时消费厂商一和厂商二的产品。

因此伯特兰德寡头博弈的均衡为

$$p_1^* = p_2^* = \alpha$$

如果厂商一的定价高于 α，那么厂商一会失去整个市场；如果厂商一的定价低于 α，那么厂商一会亏损。因此，当厂商二的定价等于 α 时，厂商一的最优策略是价格等于 α。类似地，当厂商一的价格等于 α 时，厂商二的最优策略也是价格等于 α。

7.14　多寡头伯特兰德模型

市场中有 n 个寡头通过价格决策进行竞争。厂商 i 的产量是 q_i，需要的总成本是 $C_i(q_i) = \alpha q_i$，其中，α 是厂商 i 的边际成本，厂商 i 的固定成本为 0。假设厂商的边际成本是一样的。

厂商 i 的策略是价格：$p_i \geqslant \alpha$。厂商通过选择各自的最优价格达到各自利润的最大化。

当厂商 i 产品的价格高于其他厂商产品的价格时，消费者会购买其他厂商的产品，对厂商 i 产品的消费为 0。

当厂商 i 产品的价格低于其他厂商产品的价格时，消费者会购买厂商 i 的产品，对其他厂商产品的消费为 0。

当厂商 i 产品的价格等于其他厂商产品的价格时，消费者会同时消费厂商 i 和其他厂商的产品。

因此伯特兰德寡头博弈的均衡为

$$p_i^* = \alpha, \forall i$$

如果厂商 i 的定价高于 α，那么厂商 i 会失去整个市场；如果厂商 i 的定价低于 α，那么厂商 i 会亏损。因此，当其他厂商的定价等于 α 时，厂商 i 的最优策略是价格等于 α。

Note

7.15　兵力分配问题

兵力是作战过程中最重要的作战资源之一，兵力分配指根据指挥员的作战意图、作战任务、敌情和地形及武器性能等统一对兵力进行区分、编组和配置。随着信息化建设的不断深入和高科技武器装备的不断发展，兵力分配在样式上呈现多元化、复杂化。指挥员在实际作战过程中应充分运用系统理论的思想和方法，科学统筹，灵活部署，才能确保部队整体效能的最大化。同时，作为战争行动的重要环节，兵力分配是有效提高作战效率、提升作战能力的重要手段之一。《孙子兵法》中曾提到："兵法，一曰度，二曰量，三曰数，四曰称，五曰胜"，意思是根据战场情况合理地分析敌方的兵力配置、属性和情况，进而判断胜负。孙子认为"用兵之法，十则围之，五则攻之，倍则分之，敌则能战之，少则能逃之，不若则能避之"，充分地说明根据实际情况合理地分配兵力是十分重要的。

假设白、蓝两军各有相当数量的军队，为争夺某地区的几个阵地需要部署兵力。此处设共有两个阵地 A 和 B，白军有 4 个营的兵力，蓝军有 3 个营的兵力，双方的军队战斗素质相当，因此只有兵力比对方强大时才能把对方打败，假设指挥官只能按军队建制，成营地调动或分配兵力。

若 x 表示用于争夺阵地 A 的兵力数（单位：营），y 表示用于争夺阵地 B 的兵力数，则 (x, y) 表示白军的一种兵力分配策略，因而白军有 5 种策略：

$$(0, 4), (1, 3), (2, 2), (3, 1), (4, 0)$$

类似地，蓝军有 4 个策略：

$$(3, 0), (0, 3), (2, 1), (1, 2)$$

括号内第一个数字是用于争夺阵地 A 的兵力数，第二个数字是用于争夺阵地 B 的兵力数。下面矩阵中的元素代表作战效果评分，这里设消灭对方一个营记 1 分，占领一个阵地记 1 分，双方得失相当记 0 分，一方得分则另一方失分，因此可构建一个符合零和博弈的模型。

$$
\begin{pmatrix}
\text{策略} & (3,0) & (0,3) & (2,1) & (1,2) \\
(4,0) & 4 & 0 & 2 & 1 \\
(0,4) & 0 & 4 & 1 & 2 \\
(3,1) & 1 & -1 & 3 & 0 \\
(1,3) & -1 & 1 & 0 & 3 \\
(2,2) & -2 & -2 & 2 & 2
\end{pmatrix}
$$

该矩阵即为白军胜的赢得博弈矩阵。

7.16　攻击点顺序选择

在合理的作战方案下,选择攻击点是毁伤和压制敌人的重要因素,是有效打击敌人的重要环节和主要准备工作。不同的指挥员由于在认识上有一定的差异,在攻击点的选择上差异较大,如何选择合适的攻击点以获取最大的效益在指挥决策中非常重要。由于战场的复杂性,不同角度会有不同的选择方法。因此,利用军事运筹学理论,在攻击点选择上构建相应的数学模型,并采用定性和定量相结合的方法进行实例评估,可以有效地提高决策的科学性、精确性,可为指挥员提供高效、优化的辅助决策,进而提升作战效能,提升部队作战能力。

由于作战时间、环境、武器装备和人员配置对作战情况的综合影响,合理地选择、优化攻击点可以极大地提升作战效能,节省不必要的人力、物力,并减少时间上的损耗,力求以最小代价获取战争胜利。

假设白、蓝两军争夺 n 块阵地,这些阵地均由蓝军把守,各个阵地的重要性评分依次为

$$a_1 \geqslant a_2 \geqslant \cdots \geqslant a_n > 0$$

白军准备攻打其中一块阵地,根据集中优势兵力的原则,选择其中一块或几块阵地作为攻击目标,而蓝军也可集中兵力防守某些重点地区,于是需要慎重选择攻击(防守)顺序并分配兵力。

若白军攻击第 i 块阵地而蓝军并未防守(或蓝军基本上未加防守),则该阵地较完整地落入白军手中,该阵地的重要性评分仍为 a_i;若白军攻打第 j 块阵地却遭到蓝军的抵抗,目标设施被毁坏而使其重要性评分受到影响,设评分为 $p_j a_j (0 \leqslant p_j \leqslant 1)$, 于是双方的战斗矩阵(以白军为标准):

$$\begin{pmatrix} 策略 & t_1 & t_2 & \cdots & t_n \\ s_1 & p_1 a_1 & a_1 & \cdots & a_1 \\ s_2 & a_2 & p_2 a_2 & \cdots & a_2 \\ \vdots & \vdots & \vdots & \ddots & \vdots \\ s_{n-1} & a_{n-1} & a_{n-1} & \cdots & a_{n-1} \\ s_n & a_n & a_n & \cdots & p_n a_n \end{pmatrix}$$

白军的策略是 $x = (x_i)_{i \in N}(x_i \geqslant 0), \sum_i x_i = 1$。这里 $x_i \geqslant 0$ 表示白军攻击第 i 块阵地的概率。相应地,蓝军的策略是 $y = (y_j)_{j \in N}$。

7.17　真伪识别问题

在当今战争中，信息发挥着重要作用，谁能时刻准确掌握战场态势，谁就能掌握主动权。随着科技的进步，侦察探测手段不断进步，战场的透明性越来越高。双方在获取大量战场信息的同时也面临着一个严峻的问题：信息的准确性。在战场上，敌我双方为了混淆对方，提高自己的生存能力，经常会伪装自己的作战单元，将真目标伪装为假目标，或者在真目标中掺杂假目标，甚至伪装为敌方目标，从而达到欺骗敌方的目的。因此，真伪识别问题对于提高战场态势识别的准确性、加强作战的控制和协调、减少意外伤害具有重要意义。

真伪识别技术广泛应用于侦察飞机、舰艇船舶及防空雷达等具备探测功能的武器单元。假设在某次军事行动中，红方派遣无人机在战场高空侦察蓝方阵地目标情况。在此过程中，侦察机发现目标后对目标进行识别并将相关信息传送至红方指挥所，指挥所在分析情报后做出判断和处理。这个过程包含蓝方和红方的策略及无人机在不同情况下的效用评价。

无人机在侦察过程中对目标进行识别，目标实际情况及识别结果对应的效用评价如下：

a：识别为真，实际为真；

b：识别为真，实际却为假；

c：识别为假，实际为假；

d：识别为假，实际却为真。

a, b, c, d 的取值满足

$$a > b, a > d, c > b, c > d$$

再假设蓝方在设置真假目标或进行伪装时，真目标的概率为 p。

红方在无人机侦察结束和分析情报时，可以有四种策略，用 I 表示：

$$I_1\{真, 假\} = \{真, 假\}$$

$$I_2\{真, 假\} = \{假, 假\}$$

$$I_3\{真, 假\} = \{假, 真\}$$

$$I_4\{真, 假\} = \{真, 真\}$$

以 I_2 为例，I_2 表示红方看到真目标时识别为假目标，看到假目标时识别为假目标。

对于蓝方而言，显然存在两种策略，一种是不进行伪装以真目标出现，记作"真"；另一种是布置了假目标，但外形和真的一样，记作"假"。

对于每一个重要目标，可得到如下盈利矩阵：

$$\begin{pmatrix} 策略 & 真 & 假 \\ I_1 & pa+(1-p)c & pa+(1-p)b \\ I_2 & pb+(1-p)c & pb+(1-p)c \\ I_3 & pb+(1-p)d & pb+(1-p)c \\ I_4 & pa+(1-p)d & pa+(1-p)d \end{pmatrix}$$

a, b, c, d 的取值满足

$$a>b, a>d, c>b, c>d$$

所以一定有 $I_1 \gg I_4, I_2 \gg I_3$，化简博弈模型为

$$\begin{pmatrix} 策略 & 真 & 假 \\ I_1 & pa+(1-p)c & pa+(1-p)b \\ I_2 & pb+(1-p)c & pb+(1-p)c \end{pmatrix}$$

进一步分析并估计蓝方阵地上真目标的概率。在实际战场上，蓝方真假目标的分布一般不是"均匀"的。由于作战环境和作战任务不同，有些阵地的目标可能都是真的，而有些阵地为欺骗和引诱红方，可能布置许多外形为真的假目标，真假目标在阵地上或成片分布，或混杂分布。例如，在某阵地上，蓝方故意把真目标加以伪装，同时将假目标伪装为真目标混杂在其中，而在另一块阵地上，所有目标都以真的外表出现，这样上述盈利矩阵便不适用，需要进行重写。同时，在实际战场上，侦察方可以先在获取和处理有关信息后进行某种检验性质的攻击，再根据检验结果进行侦察与识别，这就需要使用多阶段策略或重复策略加以分析。

7.18　城市公交博弈

为了建立城市公交博弈模型，引入如下假设：一是完全理性人假设，二是人均收入达到一定水平后不再是大多数家庭汽车消费的主要障碍，三是政府不进行管制。

设有 N 个人享有同一公共道路资源。在出行方式上，这 N 个人都可以选择公交车或私家车。现将这 N 个人分为 2 个群体 P 和 Q，因此 2 个群体间存在 4 个策略组合，若双方均选择私家车出行，则双方收益均为 A；若一方选择私家车出行，另一方选择公交车出行，则选择私家车出行的一方将获得超额收益 B，而乘坐公交车出行的一方则遭受损失（如拥堵时间成本、公交车换乘时间成本和公

交车内拥挤的不舒适成本），获得极低收益 C；若双方均选择公交车出行，则双方收益均为 D。令 $A > C$，$B > C$，$B > D$，这时 P、Q 两方博弈构成完全信息静态博弈，形成如下的矩阵：

$$
\begin{pmatrix}
策略 & 私家车出行 & 公交车出行 \\
私家车出行 & (A, A) & (B, C) \\
公交车出行 & (C, B) & (D, D)
\end{pmatrix}
$$

其中，第一列为参与人 Q 的策略，第一行为参与人 P 的策略。通过画线算法，求解可得

$$
\begin{pmatrix}
策略 & 私家车出行 & 公交车出行 \\
私家车出行 & (\underline{A}, \underline{A}) & (\underline{B}, C) \\
公交车出行 & (C, \underline{B}) & (D, D)
\end{pmatrix}
$$

该博弈的最佳策略组合（私家车出行，私家车出行）为博弈唯一的纳什均衡解，其收益组合为 (A, A)。

然而，私家车的过度使用会导致道路交通拥挤，从个体利益出发的行为最终不一定能够实现个体的最大利益，即个体最终利益不是理想中的 A。

如果允许博弈中存在一种"有约束力的协议"，参与人为了群体利益而让出自己的利益，那么就可以解决个体利益和集体利益之间的矛盾，令参与人按照集体理性决策成为可能。在交通体系里，政府能够提供这种广泛"约束力协议"。在政府参与下，城市公交博弈可转化为如下的矩阵：

$$
\begin{pmatrix}
策略 & 私家车出行 & 公交车出行 \\
私家车出行 & (A-a, A-a) & (B-a, C+d) \\
公交车出行 & (C+d, B-a) & (D+d, D+d)
\end{pmatrix}
$$

其中，a 和 d 分别为政府对私家车和公交车的约束和激励效应。群体 P, Q 中的理性人均选择公交车出行，即公交车出行成为理性个体在政府约束下的新策略，因此它的唯一纳什均衡解为（公交车出行，公交车出行），其均衡收益组合为 $(D+d, D+d)$。

7.19 银行监管博弈

商业银行（监管对象）作为理性经济人，其行为动机是部门、个人利益的最大化。但由于商业银行在管理体制、经营方式、技术手段、人员素质、资产质量

Note

与外资银行之间存在差距，经营难度和盈利能力都有所不同。在遵循一定条件下的预期效用最大化原则下，商业银行可能出现违规操作，如私自变动利率或进行不符合政策的违规金融创新，借以获得竞争优势，实现效用最大化。国家金融监督管理总局作为监管者通过行使行政管理、现场检查、非现场检查及违规处罚等监管权力，对商业银行的市场准入和退出、日常业务运营等进行指导、监督、管理。而无论是现场检查还是非现场检查，都存在监管工作量大、连续性强的特点，因此实行严格监管策略的成本较高，监管成本的增加可能会超过市场交易成本。

博弈假设的前提：

（1）国家金融监督管理总局的策略空间为严格监管和宽松监管。

（2）国家金融监督管理总局在进行严格监管时，有成本支出。当商业银行违规经营时，国家金融监督管理总局可采取罚款、取消高级人员任职资格等措施；当商业银行合规经营时，国家金融监督管理总局对其宽松监管。

（3）商业银行的策略空间是合规经营和违规经营。

（4）当商业银行合规经营时，无论监管者监管与否，商业银行都将得到正常收益。

（5）商业银行违规经营的期望收益是违规所得，其在违规经营中将获得超额收益，但在国家金融监督管理总局的严格监管下会付出代价。

下面构建矩阵博弈模型，第一列为国家金融监督管理总局的策略，第一行为商业银行的策略：

$$\begin{pmatrix} \text{策略} & \text{合规经营}(q) & \text{违规经营}(1-q) \\ \text{严格监管}(p) & (R_1 - A, R_2) & (R_1 - A, R_2 + M - C) \\ \text{宽松监管}(1-p) & (R_1, R_2) & (R_1 - B, R_2 + M) \end{pmatrix}$$

其中，R_1, R_2 分别是国家金融监督管理总局宽松监管和商业银行合规经营的正常收益；A 为国家金融监督管理总局采取监管策略的成本；B 为国家金融监督管理总局在商业银行违规经营情况下采取宽松监管策略的损失；C 为商业银行违规经营的条件下在严格监管下的损失；M 为国家金融监督管理总局采取宽松监管策略时商业银行违规经营获得的超额收益。A, B, C 都与 M 成正相关。p 为国家金融监督管理总局严格监管的概率，$(1-p)$ 是国家金融监督管理总局宽松监管的概率；q 是商业银行合规经营的概率，$(1-q)$ 是商业银行违规经营的概率。

当商业银行合规经营时，国家金融监督管理总局宽松监管的收益大于严格监管的收益，所以其最优选择是采取宽松监管策略；当商业银行违规经营时，国家金融监督管理总局是采取严格监管还是宽松监管策略主要取决于 A 与 B 的值：当 $A > B$ 时，国家金融监督管理总局采取宽松监管策略，商业银行的最优选择是违规经营；当 $A < B$ 时，国家金融监督管理总局采取严格监管策略，商业银行的最优选择取决于 M 与 C 的值。该博弈模型在不同条件下存在着不同的均衡。

情形一：当 $A > B$ 时，无论 M 与 C 的取值为何，国家金融监督管理总局与商业银行之间都存在纯粹策略纳什均衡（宽松监管，违规经营），其含义为当国家金融监督管理总局采取严格监管策略的成本大于商业银行违规经营对其造成的损失时，无论商业银行如何经营，国家金融监督管理总局都采取宽松监管策略，最终商业银行选择违规经营，因此该均衡的占优策略是（宽松监管，违规经营）。

情形二：当 $A < B$，$M > C$ 时，国家金融监督管理总局与商业银行的纯粹策略纳什均衡是（严格监管，违规经营），其含义为当国家金融监督管理总局采取严格监管策略的成本小于商业银行违规经营对其造成的损失时，国家金融监督管理总局选择严格监管；当商业银行违规经营所获得的超额收益大于违规经营所造成的损失时，商业银行还是会选择违规经营。因此，该博弈的占优策略是（严格监管，违规经营）。

情形三：当 $A < B$，$M < C$ 时，存在混合策略纳什均衡。国家金融监督管理总局严格监管的期望收益为

$$pq(R_1 - A) + p(1-q)(R_1 - A) = p(R_1 - A)$$

国家金融监督管理总局宽松监管的期望收益为

$$(1-p)qR_1 + (1-p)(1-q)(R_1 - B) = (1-p)(R_1 - B + qB)$$

计算可得

$$q^* = \frac{B - A}{B}$$

商业银行合规经营的期望收益为

$$qpR_2 + q(1-p)R_2 = qR_2$$

商业银行违规经营的期望收益为

$$(1-q)p(R_2 + M - C) + (1-q)(1-p)(R_2 + M) = (1-q)(R_2 + M - pC)$$

计算可得

$$p^* = \frac{R_2 + M - R_1}{C}$$

因此，在这种条件下的混合策略纳什均衡为

$$\left(\frac{R_2 + M - R_1}{C}, \frac{B - A}{B} \right)$$

即当国家金融监督管理总局严格监管的概率 $p < p^*$ 时，商业银行的最优选择是违规经营；当国家金融监督管理总局严格监管的概率 $p > p^*$ 时，商业银行的最优

选择是合规经营。当商业银行合规经营的概率 $q < q^*$，国家金融监督管理总局采取的最优策略是严格监管；当商业银行合规经营的概率 $q > q^*$ 时，国家金融监督管理总局采取的最优策略是宽松监管；当商业银行合规经营的概率 $q = q^*$ 时，国家金融监督管理总局可以随机选择严格监管或宽松监管策略。

Note

7.20 公共资源悲剧

哈定举了这样一个例子：一群牧民面对开放的草地时都想多养一头牛，因为多养一头牛增加的收益大于其购养成本，但会导致平均草量下降，整个牧区的牛的单位收益可能下降。若每一个牧民都多养一头牛，则草地可能面临过度放牧的困境，从而不能满足牛的食量，致使所有牧民的牛饿死，这就是公共资源悲剧（又名哈定悲剧）。

公共资源悲剧有许多解决办法，哈定认为，可以将公共资源卖掉，成为私有资源；也可以作为公共资源保留，但可以以多种方式准许进入。哈定认为这些意见均合理，也均有可反驳的地方，所以必须做出选择，否则就等于认同了公共资源的毁灭。

哈定认为，像公共草地、人口过度增长这样的困境没有技术的解决途径，技术解决途径是指仅在自然科学中的技术变化，而很少要求或不要求人类价值或道德观念的转变。

防止公共资源悲剧有两种办法：第一种是制度约束，即建立中心化的权力机构，无论这种权力机构是公共的还是私人的，私人对公共地的拥有及处置即为使用权力；第二种是道德约束，道德约束与非中心化的奖惩联系在一起。

在实际中也许可以避免这种悲剧，当悲剧未发生时，如果建立起一套价值观或者一个中心化的权力机构，那么该权力机构可以提高牧牛成本或采取其他办法控制养牛的数量。

现在世界各国都在发展经济，国内生产总值（GDP）或人均 GDP 是衡量国家富裕程度或者国力强弱的指标，各个国家都在制定促使 GDP 增长的政策，然而，GDP 的增长会导致对自然的破坏。我们这里要说的不是历史的发展规律问题，而是当前世界各国竞相发展经济、对自然进行破坏，这是一个集体行动的悲剧。有读者可能无法理解，发展经济是好事，为什么会和公共资源悲剧联系在一起？市场经济是竞争经济，在这样一个优胜劣汰的格局下，拼命地向自然索取或者掠夺的现象屡见不鲜。每一个竞争者，小至个人、大至国家，都认为不发展就有可能被淘汰出局。而经济的发展就是对自然的利用，无论这种利用是对自然中原始物的加工还是对中间产品的再加工，其结果都是对自然的加速破坏，这就是自然生态状况恶化的原因之一，其结果是人类的生存环境也愈发恶劣，这也是囚徒困境。

许多人清楚人类目前的这种状况，但谁也没有良药，因为"破坏环境、发展经济"是占优策略，每个参与者采取"破坏环境、发展经济"策略成为集体行动的纳什均衡，这就是悲剧，大家都意识到问题所在，但都无能为力。

7.21　俾斯麦海战

1943 年 2 月，在争夺新几内亚岛的关键阶段，盟军谍报员获悉一支日本舰队集结在南太平洋的拉包尔港，打算通过俾斯麦海开往巴布亚新几内亚的莱城。盟军西南太平洋空军奉命拦截并炸沉这支日本舰队。从拉包尔港到莱城有南北两条航线，航程都是三天。气象预报表明，未来三天，北路航线上阴雨连绵、气候恶劣，南路航线上天气晴好。盟军指挥部必须对日本舰队的航线做出判断，以便派轰炸机进行搜索，一旦发现日本舰队，即可出动轰炸机。

盟军指挥部提供了以下几种结局。

结局 1：将搜索重点放在北路，日本舰队也走北路。由于气候恶劣，能见度低，日本舰队将在第二天被发现，于是有两天轰炸时间。

结局 2：将搜索重点放在北路而日本舰队走南路。由于南路只有很少的侦察机，虽然天气晴好，但也需要一天时间才能发现日本舰队，同样有两天轰炸时间。

结局 3：将搜索重点放在南路而日本舰队走北路。这时北路只有极少的侦察机，加之天气恶劣，故需用两天时间才能发现日本舰队，只有一天的轰炸时间。

结局 4：将搜索重点放在南路，日本舰队也走南路，则日本舰队将很快被发现，有三天轰炸时间。

可以建立如下的博弈模型：

$$\begin{pmatrix} \text{策略} & \text{北路} & \text{南路} \\ \text{北路} & (2,-2) & (2,-2) \\ \text{南路} & (1,-1) & (3,-3) \end{pmatrix}$$

在上面的博弈模型中，博弈双方的收益用日本舰队遭受轰炸的时间来表示。例如，日本舰队走北路，盟军搜索北路，则日本舰队遭受两天的轰炸，盟军的收益为 2，日本舰队的收益为 -2。

通过画线算法求解可以得到

$$\begin{pmatrix} 策略 & 北路 & 南路 \\ 北路 & (\underline{2}, \underline{-2}) & (2, \underline{-2}) \\ 南路 & (1, \underline{-1}) & (\underline{3}, -3) \end{pmatrix}$$

盟军走北路的收益向量为 $(2, 2)$，盟军走南路的收益向量为 $(1, 3)$，二者无明显的优劣之分，无法剔除，所以可得

$$\begin{pmatrix} 策略 & 北路 & 南路 \\ 北路 & (2, -2) & (2, -2) \\ 南路 & (1, -1) & (3, -3) \end{pmatrix}$$

日本舰队走北路的收益向量为 $(-2, -1)$，日本舰队走南路的收益向量为 $(-2, -3)$，北路优于南路，可以剔除日本舰队的南路战略，因此可得

$$\begin{pmatrix} 策略 & 北路 \\ 北路 & (2, -2) \\ 南路 & (1, -1) \end{pmatrix}$$

盟军走北路的收益为 2，盟军走南路的收益为 1，北路优于南路，可以剔除盟军的南路战略，因此可得

$$\begin{pmatrix} 策略 & 北路 \\ 北路 & (2, -2) \end{pmatrix}$$

使用画线算法和剔除法求解俾斯麦海战的结果相同：盟军重点搜索北路，日本舰队选择北路远航。战争的实际结果也是如此。

7.22 登岛作战博弈

假设攻方有两个师的兵力，守方有三个师的兵力，攻方的任务是在守方守备薄弱的地点登陆，双方只能整师调动兵力，适合登陆的地点有两个。若攻方发起攻击时的兵力超过守方，则攻方获胜；若攻方的兵力比守方的守备兵力少或者相等，则攻方失败；若守方的防守有疏漏，让攻方兵力渗透过去，则攻方胜。那么攻方应如何制定进攻方案呢？胜率又是多少？

从表面上看，守方有三个师而攻方只有两个师，攻方兵力已经吃亏，还要规定兵力相等则攻方败，因此守方的胜算似乎大于攻方。其实，在这次模拟"作战"中，攻方取胜的概率是 50%。

我们来分析一下：守方有三个师，部署在甲、乙两个登陆地点上。由于必须整师部署，守方有四种部署策略：策略 A 为三个师都驻守甲方向；策略 B 为两个师驻守甲方向，一个师驻守乙方向；策略 C 为一个师驻守甲方向，两个师驻守乙方向；策略 D 为三个师都驻守乙方向。

同样，攻方有两个师，可以有三种部署策略：策略 a 为集中两个师的兵力从甲方向攻击；策略 b 为兵分两路，一个师从甲方向，另一个师从乙方向，同时发起攻击；策略 c 为集中两个师的兵力从乙方向攻击。可以构建如下的博弈模型：

$$
\begin{pmatrix}
策略 & A & B & C & D \\
a & (-1,1) & (-1,1) & (1,-1) & (1,-1) \\
b & (1,-1) & (-1,1) & (-1,1) & (1,-1) \\
c & (1,-1) & (1,-1) & (-1,1) & (-1,1)
\end{pmatrix}
$$

如果攻方采取策略 a，守方采取策略 A，那么攻方的两个师将遇到守方三个师的抵抗，攻方会败下阵来，所以结果是 $(-1,1)$；如果守方采取策略 B，那么攻方的两个师遇到守方两个师以逸待劳的抵抗也要败下阵来，同样结果是 $(-1,1)$；如果守方采取策略 C，那么攻方以两个师攻打守方一个师，攻方会以优势兵力获得胜利，结果是 $(1,-1)$；如果守方采取策略 D，那么攻方将攻打在守方的薄弱点上，就能长驱直入，登陆成功，结果也是 $(1,-1)$。

与以前的博弈表示略微不同，括号内除了正、负号，还有相同的数字。如果后面的数字不同，那么攻方失败时的收益由 -1 改为 -2，成功时的收益由 1 改为 2，守方失利时的收益改为 -2，成功时的收益改为 2。这也不影响分析，重要的是表示输赢。绘制交战双方的胜负分析表后，从 $(1,-1)$ 的分布来看，似乎双方取胜的机会都一样，可以运用劣势策略消去法进行化简。

实际上求解这个问题的时候，先从攻方入手很难快速分辨策略的优劣。下面从守方入手，尝试站在守方的立场，判断策略的优劣。

比较策略 A 和 B，攻方采取策略 a 或 c 时，守方采取策略 A 或 B 的结果一样：如果攻方采取策略 a，那么守方采取策略 A 或 B 都会赢；如果攻方采取策略 c，那么守方采取策略 A 或 B 都会输。但如果攻方采取策略 b，那么守方采取策略 A 会输而采取策略 B 会赢。可见，在守方看来，策略 B 优于策略 A，因此可以判断 A 是劣势策略。同样，比较策略 C 和 D，D 是劣势策略。守方是不会集全部兵力于一个方向而使另一个方向没有防守的，因此可以剔除策略 A,D 两列。理性参与人是不会采用劣势策略的，所以可以剔除博弈矩阵中的劣势策略，这就是劣势策略消去法。剔除后的矩阵如下：

$$\begin{pmatrix} 策略 & B & C \\ a & (-1,1) & (1,-1) \\ b & (-1,1) & (-1,1) \\ c & (1,-1) & (-1,1) \end{pmatrix}$$

剔除后为三行两列的矩阵，似乎守方的赢面较大，其实不然。因为守方只剩下 B 和 C 两个较优策略的时候，在攻方的三个策略之中，原来不是劣势策略的 b 现在变为劣势策略。攻方也应是理性的，所以也应该剔除策略 b，即攻方是不会平分兵力，在两个方向各部署一个师去进攻的。剔除后的矩阵如下：

$$\begin{pmatrix} 策略 & B & C \\ a & (-1,1) & (1,-1) \\ c & (1,-1) & (-1,1) \end{pmatrix}$$

最终的情况是守方必采取类似策略 B 或 C 的 "2-1" 或 "1-2" 布防，一个方向两个师，另一个方向一个师，而攻方应集中兵力于某一个方向进攻，即类似 a 或 c 的策略。这样，若攻方攻打在守方的薄弱处，则攻方获胜；若攻方攻打在守方兵力较多的地方，则攻方失败。总之，攻守双方获胜的概率一样。这虽然是一个模拟的例子，却具有相当的现实意义，诺曼底登陆战役前的情况大体也是这样。在跨海作战中，攻方由于渡海工具有限，能够调动首攻的兵力通常比守方可以用于防守的兵力少。另外，在渡海登陆作战中，通常在开始的时候，攻方要承受很大的牺牲。模拟作战中规定，若攻守双方兵力相等则攻方失败，但是由于守方不会弃守一个阵地，而集中全部兵力于另一个阵地，这样攻方还是有机会在首攻时获取兵力优势的。

第二次世界大战进行到 1944 年的时候，以艾森豪威尔为总司令的盟国远征军，经过近一年的准备，在英国集结了强大的军事力量，准备横渡英吉利海峡，在欧洲开辟第二战场跨海作战。当时可供盟军渡海登陆的地点主要有两个：一个是塞纳河东岸的布洛涅-加来-敦刻尔克一带，这里海峡最狭窄的地方只有数万米，是一个理想的登陆地点；另一个是塞纳河西岸的诺曼底半岛，这里海面比较宽阔，渡海时间比较长，但德军防守比较薄弱。

彼时德军在欧洲西海岸沿线的总兵力是 58 个师，布防的海岸线近 5000 km。因此，德军只能把主要兵力放在他们认为盟军最有可能渡海登陆的地方。同时，盟军在英国集结渡海作战的兵力，受登陆舰船容量的限制，兵力也有限，只能考虑集中有限的兵力重点进攻一个地方。所以，对于德军而言，选择和判断盟军的登陆地点是这次跨海作战成败的关键。

德军守备欧洲大陆西海岸沿线的两位元帅是伦德施泰特和隆美尔。伦德施泰特认为盟军多半会从海峡较窄的布洛涅-加来-敦刻尔克一带急速渡海登陆，这一带正是伦德施泰特驻防的地方。隆美尔凭直觉判断盟军将在诺曼底半岛一带登陆，主张在这一带集中兵力。希特勒决定把西海岸沿线的兵力大体平分给两位元帅。这么一来，在后来盟军选择登陆的诺曼底半岛一带，面对盟军的集中兵力，德军的守备力量就显得相对薄弱，隆美尔手下可供调遣的装甲师只有一个。为此，隆美尔请求给诺曼底半岛一带增派装甲师，这一请求没有被希特勒接受。其时，盟军频频发出迷惑性的电报，制造即将在广阔海岸线上发动全面进攻的假象，使希特勒认为即使是在诺曼底半岛一带登陆也不过是从加来到诺曼底半岛的广阔海岸线上全面进攻的前奏，这也是希特勒没有听取隆美尔的意见全力加强诺曼底半岛防御力量的一个原因。

诺曼底登陆战役的战前博弈分析最后可以得到两行两列的双矩阵博弈表，守方会在攻方可能登陆的地点设防，尽管会由此分散兵力，但是守方重点和攻方重点是没有纯战略纳什均衡的。混合战略纳什均衡为 $(1/2, 1/2)$，双方都不愿让对方掌握攻防重点。战前盟军实施了成功的欺骗，使诺曼底登陆战役开始后，德军以为是诱敌之计，下面重点阐述水文气象因素对登陆作战的影响。

登陆作战对气象、潮汐有着较苛刻的要求。海峡不能有狂风恶浪，第一波登陆船要赶上涨潮，满潮前要有月光以利于识别目标。6 月初，正当盟军完成"霸王行动"时，英吉利海峡狂风怒吼，出现了少有的坏天气，原计划 6 月 5 日发起的登陆作战因恶劣的天气推迟。这时，盟军气象专家斯塔格提出的气象预报指出冷锋正在向海峡移动，在冷锋过去和低压槽到来前，即 6 月 6 日，英吉利海峡将有大半天的好天气。

艾森豪威尔当机立断，在 6 月 4 日深夜下令，改在 6 月 6 日执行"D 日战役"。与此同时，德军的天气预报却是"从目前的月相和潮汐来看，恶劣的天气将在英吉利海峡持续下去。"由于这一预报，6 月 5 日晨，隆美尔离开前线回柏林晋见希特勒，并交代部下"目前气候恶劣，可以考虑休整一下"。德军在空中和海上的例行侦察行动也暂时取消，甚至在盟军扫雷舰已经驶到德军的可视距离内时，德军还无人报告。

艾森豪威尔决心在 6 月 6 日发动"D 日战役"，因为若错过 6 月 5 日前后这一段时间，他又要等很长时间。况且，数十万部队、数千艘舰艇、数万架作战飞机的长时间集结待命是不利的，保密工作也会十分困难。为什么错过了 6 月 5 日前后这一段时间就要再等很长时间呢？这与战役要求及天文、水文条件有关。按照计划，在发起攻击的当天，盟军的三个空降师将在凌晨两点左右降落在欧洲大陆，所以需要夜色来掩护空降及空降后最初的集结行动。同时，数千艘舰艇借夜色隐蔽横渡英吉利海峡后，在黎明前接近海岸时，要求有比较好的月光，以便观察德军在海上设置的障碍物。月亮每天比前一天晚升起大约 48 min，即 0.8 h。原来计算的 6 月 5 日前后这三天正是月亮在黎明前光线较好的日子。错过这段日子，就要再等一个月了，因为 0.8×30=24 h。同时，黎明前攻击也有利于空军提供支援。

德军在欧洲大陆西海岸沿线的浅滩上设置了许多障碍物。船舶误入障碍就会被撞伤或者被卡住。这样一来，盟军登陆的时间还必须选择海水低潮的时间。因为潮水低，障碍物暴露在水面上，就可以在一定程度上防止船舶的损伤。诺曼底半岛一带的潮水是半日潮，每天涨潮两次、退潮两次，即"涨、退、涨、退"地循环，每天的涨潮和退潮时间比前一天推迟 48 min，即 0.8 h。已计算出 6 月 5 日前后的黎明前正是低潮期，若错过了这段时间，则单单是等待下一个黎明前低潮的时间就要半个月。

6 月 6 日凌晨两点，盟军三个伞兵师空降到德军防线后面。接着，盟军的飞机和军舰猛烈轰击德军的防御阵地。清晨六点半，盟军的第一批地面部队终于在法国西北部的诺曼底半岛地区登陆。经过激烈的战斗，盟军 15.6 万人占领了诺曼底滩头。由于战前盟军采用多种方案迷惑德军，在诺曼底登陆战役的前几天内，希特勒一直怀疑这是佯攻而未调动预备队。即使是这样，三个星期以后，盟军才最后巩固了自己的阵地。

这就是第二次世界大战中著名的诺曼底登陆战役。战役之胜利，盟军参谋部的参谋工作功不可没。1944 年的德国还掌握着欧洲大陆的大量资源，由于德军参谋部气象预测等错误，在盟军发起攻击的时候，德军的司令不在前线，整个防备比较松懈，所以让盟军占了先机。但是即使这样，动用数十万部队、数千艘舰艇和数万架作战飞机的盟军也需要苦战三个星期才能巩固战役的胜利，那么可以设想，如果德军的参谋工作使盟军难以"攻其不备"，那么战事可能会发生改变，至少反法西斯同盟可能要承受更大的牺牲。

这个例子印证了前面登岛作战博弈模型体现的谋略思维，德军应在各种可能的登岛方向做出防御部署，确保不会出现漏空。而盟军在选择登陆地点时，一是判断地形对作战是否有利，二是思考能否诱使对方做出错误判断。选定方案之后，一是要严格保密，二是要继续诱使对方做出错误判断，盟军情报部门确实在诱敌错判上做了大量的工作。

7.23　攻守博弈模型

7.22 节登陆作战博弈的例子中，攻方有 2 个师，守方有 3 个师，攻守兵力比是 2:3，双方取胜的概率却各为 50%。下面介绍一个较复杂的例题：攻守兵力比为 2:4 且是三点攻防，并谈谈对"守则不足，攻则有余"的理解。

同样是攻防博弈，要求条件与前面例子类似，假定攻方第一梯队还是 2 个师，守方由原来 3 个师增加为 4 个师，但需要防守 3 个地点，因为是登陆作战博弈，守方反登陆"半渡而击"有地理优势。因此假定守方在进攻地点的兵力少于攻方的兵力时记为守方失败，等于或多于攻方的兵力时记为守方胜利。假定双方在战前同时决策兵力部署，那么各方的胜算是多少呢？

为计算简便，假设双方只能整师调动，但矩阵仍较大，其中攻方可以选择 2 个方向，每个方向各 1 个师，也可集中 2 个师进攻 1 个方向，共有 6 种策略：

(200) 进攻：甲方向 2 个师，乙方向 0 个师，丙方向 0 个师；

(020) 进攻：甲方向 0 个师，乙方向 2 个师，丙方向 0 个师；

(002) 进攻：甲方向 0 个师，乙方向 0 个师，丙方向 2 个师；

(110) 进攻：甲方向 1 个师，乙方向 1 个师，丙方向 0 个师；

(011) 进攻：甲方向 0 个师，乙方向 1 个师，丙方向 1 个师；

(101) 进攻：甲方向 1 个师，乙方向 0 个师，丙方向 1 个师。

而守方 4 个师部署于 3 个方向，第一类方案是只守 2 个方向，每个方向各 2 个师；第二类方案是在 1 个方向集中 3 个师，1 个方向部署 1 个师；第三类方案是集中 4 个师于 1 个方向；第四类方案是重点方向部署 2 个师，其他 2 个方向各部署 1 个师。一共有 15 种策略：

(400) 防御：甲方向 4 个师，乙方向 0 个师，丙方向 0 个师；

(040) 防御：甲方向 0 个师，乙方向 4 个师，丙方向 0 个师；

(004) 防御：甲方向 0 个师，乙方向 0 个师，丙方向 4 个师；

(310) 防御：甲方向 3 个师，乙方向 1 个师，丙方向 0 个师；

(031) 防御：甲方向 0 个师，乙方向 3 个师，丙方向 1 个师；

(301) 防御：甲方向 3 个师，乙方向 0 个师，丙方向 1 个师；

(130) 防御：甲方向 1 个师，乙方向 3 个师，丙方向 0 个师；

(013) 防御：甲方向 0 个师，乙方向 1 个师，丙方向 3 个师；

(103) 防御：甲方向 1 个师，乙方向 0 个师，丙方向 3 个师；

(220) 防御：甲方向 2 个师，乙方向 2 个师，丙方向 0 个师；

(202) 防御：甲方向 2 个师，乙方向 0 个师，丙方向 2 个师；

（022）防御：甲方向 0 个师，乙方向 2 个师，丙方向 2 个师；

（112）防御：甲方向 1 个师，乙方向 1 个师，丙方向 2 个师；

（121）防御：甲方向 1 个师，乙方向 2 个师，丙方向 1 个师；

（211）防御：甲方向 2 个师，乙方向 1 个师，丙方向 1 个师。

因此需要画一个 15×6 的矩阵，若某地守方的兵力少于攻方的兵力，则攻方胜，用"+"标示；否则守方胜，用"−"标示。

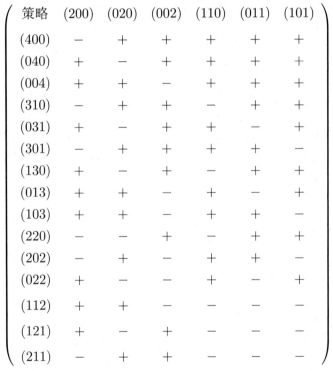

策略	(200)	(020)	(002)	(110)	(011)	(101)
(400)	−	+	+	+	+	+
(040)	+	−	+	+	+	+
(004)	+	+	−	+	+	+
(310)	−	+	+	−	+	+
(031)	+	−	+	+	−	+
(301)	−	+	+	+	+	−
(130)	+	−	+	−	+	+
(013)	+	+	−	+	−	+
(103)	+	+	−	+	+	−
(220)	−	−	+	−	+	+
(202)	−	+	−	+	+	−
(022)	+	−	−	+	−	+
(112)	+	+	−	−	−	−
(121)	+	−	+	−	−	−
(211)	−	+	+	−	−	−

首先分析守方策略的优劣。如果守方只防守一地，那么攻方有较大可能从另一地渗透进来。例如，策略（400）劣于策略（211），守方要剔除策略（400）、（004）、（040）。此外，守方采取策略（013）取胜的概率比策略（112）小，类似地，依次剔除策略（013）、（301）、（103）、（310）、（031）。

没有一个战略是严格劣势的，但守方不能判断攻方的进攻方向，采取策略（220）、（202）、（022）时，守方取胜的概率比策略（112）、（121）、（211）小，所以守方是处于相对劣势的。守方一般采取多点布防与重点布防相结合，即采取类似于策略（211）、（121）、（112）这样的防守布局，这时攻方采取分兵进攻的策略是劣势的。攻方剔除分兵进攻的策略（101）、（110）、（011），剔除后为一个 3×3 的矩阵：

$$\begin{pmatrix} \text{策略} & (200) & (020) & (002) \\ (112) & + & + & - \\ (121) & + & - & + \\ (211) & - & + & + \end{pmatrix}$$

剩下的 3×3 的混合策略解是 $(1/3, 1/3, 1/3)$，即攻方集中 2 个师采取 1/3 的概率攻取三地中的某一地，而守方采取 1/3 的概率部署 2 个师重点防守其中的一地，以另 2 个师分别防守另外两地。攻方的胜率为 2/3，守方的胜率是 1/3。

这个例子与我们的直觉是近似的，往往是守方按地形部署防守兵力或构筑防御阵地，攻方视情况选择进攻方向。这时，守方应注意不留"空门"，但攻方仍选择守方的弱点进攻。在广阔地域内，积极进攻一方比消极防守一方的胜率高。

在这个例子中，攻方仍为 2 个师，而守方由 3 个师增加为 4 个师，由于防守地点从 2 个变为 3 个，守方的胜率由 1/2 降为 1/3。《孙子兵法》中的"守则不足，攻则有余"有两种解释，第一种解释是"不可胜者，守也；可胜者，攻也"，如曹操将其解释为"吾所以守者，力不足也；所以攻者，力有余也"，即强攻弱守，这是讲战略，但在作战角度这却是俗套的解释。第二种解释是"同样的兵力用来防守则不足，用来进攻则有余"，这是讲战术。如果防守的目标是不让对方突破防线，那么需要防守的地点越多，兵力就越分散。尽管兵力比原来增多，但需要防守的地点越多，劣势就更明显，这是消极防御不可回避的弱点。

单纯防御或消极防御必然面临被对方各个击破的困境。过去北方少数民族如蒙古族以较少的总兵力能灭亡有较多总兵力的宋朝，原因之一是宋朝不是实行决战防御，而是分兵防守城市要地，结果被各个击破。案例分析与现实登陆作战博弈相比，抽象了许多东西，如信息问题、行动的先后问题、攻方第二梯队登岛速度及守方预备队的增援距离与速度等问题。在攻防中，为了克服"守则不足"的困境，通常在前沿只配置一部分守备部队或在要塞配置守备部队，并在后方留有预备队，这样既节约兵力又可随时增援前沿。因此，登陆作战博弈还要考虑：攻方的第一梯队必须既能够打败前沿或要塞的守备部队，并打败随后可能赶到的近距离增援部队，扩展并巩固登陆战场；攻方要能用空中力量或远程攻击力量击败守方的远距离增援部队；攻方的第二梯队持续登岛速度和实力要大于对方预备队的增援速度和实力；攻方登岛部队总实力要大于对方可能投入战斗的部队总实力。

7.24 积极防御博弈

上面的攻守博弈模型主要从攻的角度分析，本节主要从守的角度，证明分兵把口、消极防御、以"御敌于国门之外"为作战目标的"李德战法"必然失败。在敌强我弱时，只有积极防御的战法才可能胜利。

下面设计这样一个模型：攻方有四个师，守方有三个师（总兵力少于攻方），防守三地。守方的目的是"御敌于国门之外"，于是实行分兵把守。若某地守方的兵力少于攻方的兵力则守方失败，若某地守方的兵力等于或多于攻方的兵力则守方胜利。守方的胜算有多大呢？

这个矩阵很大，但可以推理证明守方的胜率为 0。因为守方的总兵力少于攻方，所以总会有一个或多个方向的防守兵力少于攻方。而在攻方火力强于守方、守方兵力少于攻方的情况下，守方一般是无法获胜的。当无法利用要塞防御战法改变双方的作战效能指数时，"御敌于国门之外"的目标是注定要失败的。

作为对照，我们再分析这样一个模型：假设白军有四个团，蓝军有两个团，进行三点攻防。白军的作战目的是包围并消灭蓝军。蓝军的作战目的不是"御敌于国门之外"，而是保护自己、消灭白军，实行"打得赢就打、打不赢就走"的方针。蓝军有"打"和"走"两种选择，白军则有围和打的双重任务。白军在某地不设防，蓝军可能会"走"，在各个可能方向白军都会设防以围堵蓝军。如果红军只选择一个方向攻打且兵力多于白军，那么蓝军胜利；如果蓝军选择的突围方向多于或等于白军，那么蓝军失败。白军要包围住蓝军，至少从三个方向向中间攻击，实际围剿作战有时大于三个方向，为简单起见，假定只有三个方向，并规定各方只能整团调动。白军和蓝军应各取什么战略？蓝军的胜算有多大？

结论是白军凭借 4:2 的优势兵力，也没有完全把握实现围剿蓝军的目的。在理论上，蓝军的胜率（顺利突围打到外线也算蓝军胜）是 1/3，白军的胜率是 2/3。实际上因为蓝军是内线作战，有信息优势，总可以选择白军空白一路突围而出，白军只能跟在蓝军后面行进，不能实现围剿蓝军的目的。

在理论上，如果是三点攻防，那么白军要包围住蓝军，双方的兵力比至少为3:1；如果是四点攻防，那么兵力比应为 4:1。可见，蓝军的战区面积越大，白军要包围住蓝军必须在更多的要点设防或进攻。

孙子说："故用兵之法，十则围之，五则攻之，倍则分之，敌则能战之，少则能逃之，不若则能避之。故小敌之坚，大敌之擒也。""十则围之"的含义是兵力优势取决于战区面积的大小。如果战区较大，那么以四至八倍及以上的一线力量围住守方，才能保证每个方向的兵力都多于守方。在反围剿作战中，由于攻方还要防备守方跳出包围后对其城市及其他要点进行攻击，因此总是要留出许多守备部队或警戒部队，这样进一步分散了兵力，因此守方八至十倍及以上的兵力也不一定能达到作战目的。但如果战区较小，那么理论上需要三倍以上的兵力才能围住。但如果守方防守的是一个孤城，而且有了反包围的迹象，那么这时仅需要较少的力量。

"五则攻之"含义是要看双方的作战效能指数的具体情况。作战效能指数取决于多种因素，包括双方火力强度、地形、指挥与战术、士气等。以抗美援朝作战为例，我军要消灭美军一个建制团，有时具有四或五倍的兵力优势还不够，而邯郸战役和晋中战役的兵力优势不大但获得了全歼敌人的胜利。

"倍则分之"原意为"拥有两倍于敌人的兵力要分割敌人"。集中优势兵力各个歼灭敌人不但要体现在战役中，要靠大步进退创造我军战役优势，而且在作战中也要坚持这个原则，尽可能分割敌军作战体系，以优势兵力先歼敌一部。在要点攻防时，我军包围敌军一个师，可以分割敌军并集中兵力先消灭敌军一个团。在突然袭击作战中，也要注意分割敌军，但这时不一定是攻敌一部，对于混乱的敌军，全面攻击比局部攻击好，可以迅速使敌军陷于失控状态，使其作战效能指数急剧下降，这就是"倍则分之"的灵活运用。集中优势兵力并分割敌军时要考虑地形条件是否允许兵力和火力展开，不可过度密集，以免遭受敌军炮火杀伤。

7.25　国家战略博弈

战略博弈不但包括战略对手的博弈，也包括战略伙伴关系的博弈。下面首先分析战略伙伴关系，从博弈论的角度来看，一是战略伙伴关系必须有利益上的合作，二是战略伙伴关系要形成一个机制，三是战略伙伴关系也有利益差别，但不影响双方作为战略伙伴的性质。

首先，战略伙伴关系必须有利益上的增进，战略伙伴关系的基础是合作利益大于单独行动的利益，与猎鹿博弈相似的利益增进型合作博弈已分析了这一问题。可以构建如下博弈模型：

$$\begin{pmatrix} 策略 & 合作 & 不合作 \\ 合作 & (2,2) & (0,1) \\ 不合作 & (1,0) & (1,1) \end{pmatrix}$$

在该博弈中，只要双方的信任度大于 0.5，合作就可以达成。为了实现合作，双方往往达成协议或形成机制来增强相互的信任度。只要双方合作的利益增进关系存在，通过外交活动往往就会达成这种合作机制。战略伙伴间也有利益差别，但利益差别不影响战略伙伴的性质。反过来，也不能期望战略伙伴间没有利益差别。战略伙伴的利益差别关系如下所示：

$$\begin{pmatrix} 策略 & A & B \\ A & (3,2) & (0,0) \\ B & (0,0) & (2,3) \end{pmatrix}$$

该博弈有两个纳什均衡,实现哪一种纳什均衡取决于谈判的结果。由于战略伙伴之间也有利益差别,所以一方面,当因利益差别产生分歧时,不要怀疑彼此是否为战略伙伴关系,当然不能完全依靠战略伙伴关系来支撑国家安全,应自力更生解决高技术装备问题。

战略关系是分层次的,主要分为国际政治层次的战略关系和军事层次的战略关系。战略对手分为潜在对手与现实对手。潜在对手是与潜在热点相关的,国家间存在领土主权争端,若双方都愿搁置争端,则该区域为潜在热点。若一方采取"鹰"的态度,则会打破平衡,使该区域成为现实热点。因此即使在和平时期,双方也会相互防范,互视为潜在对手。

判断现实的战略对手有两个模型:一个是危机博弈,一个是军备竞争博弈。判断战略对手首先要看双方未来是否可能发生军事危机,然后要看双方现在有无针对对方的军事战争准备。一般来说,可能发生鹰鸽博弈的国家相互视为潜在对手。

7.26　改变博弈结构

"你打你的,我打我的"是毛泽东多次提到的军事指导原则。这一思想的精髓是只选择能打赢的打法,只打能打赢的仗,打敌人的弱点,打有准备和有把握之仗。从博弈论的角度来看,就是要打破思维定式,发挥我方主观能动性,想出克敌制胜的策略。着重分析敌我各方的长短,以我之长击敌之短,不被敌人牵着鼻子走。下面考查两个博弈模型:

$$\begin{pmatrix} 策略 & L & R \\ A & (-1,1) & (-2,2) \\ B & (-2,2) & (-1,1) \end{pmatrix}$$

和

$$\begin{pmatrix} 策略 & L & R \\ A & (-1,1) & (-2,2) \\ B & (-2,2) & (-1,1) \\ C & (2,-2) & (1,-1) \end{pmatrix}$$

在第一个模型中无论选择策略 A 或 B,结局都是不利的。但是如果想出第三种策略 C,如第二个模型,策略集扩大为 A,B,C 三种,那么局势豁然开朗。这是打破教条主义的思维定式、发散思维的结果。在以"经典"为教条的机会主义者看来,也许这是离经叛道的,但这才是克敌制胜之道。

发散思维是指首先考虑双方所有可能的策略，然后劣中选优，这是从发散到收敛的过程。在这个过程中，可能出现敌我双方策略思考不周的情况。比如在第四次中东战争中，埃军一青年军官提出了用高压水泵冲垮巴列夫防线沙堤的方案，以军却想不到埃军有办法跨越这道高高的沙堤。埃军想到了"斋日"袭击，而以军没有想到对手会在此时发起攻击。埃军用步兵反坦克导弹伏击的方式歼击以军的导弹旅，以军没有想到埃军会有这种战法。在战争中期，埃军停止了进攻的步伐，没有想到以军会转兵北上集中优势兵力打败叙利亚军队，随后转兵南下集中优势兵力攻击埃军。以军反攻时未使用正面攻击的方法，而是在接合部插入埃军后方进行包抄。以军坦克渡过苏伊士运河横扫埃军后方导弹基地和机场，并向其首都进攻，也没有想到前线集团军被围后的困难局势……这诸多策略上的思考不周导致了战争局势的戏剧性变化。因此，学习战略式博弈时要重点把握其精髓和对谋略思维的启示。

　　谋略思维的发散极其重要，这里举两个例子。第二次世界大战期间，德国发明的感应水雷具有"闻声爆炸"的特殊性能，在袭击盟军的舰艇中屡建奇功。盟军的科研人员苦苦思考，终于想出了用"响虾"撒播于通道要津之地、以"义务排雷兵"自行引爆德军水雷的策略。在英阿马岛之战中，阿军击沉了英军的"谢菲尔德"号驱逐舰后，想再击沉英军的旗舰——"无敌"号航空母舰。阿军的诱敌机群引开航空母舰上的直升机后，主力机群向英军航空母舰发射了两枚"飞鱼"导弹。但此时英军已吸取教训，派出了"海王"直升机作为诱饵，"海王"直升机不断抖动，终于吸引"飞鱼"导弹偏离航空母舰方向。当两者十分接近时，"海王"直升机猛然拉高，"飞鱼"导弹也随着上升，接着就猛烈爆炸了。原来英军知道"飞鱼"导弹有升高限度，当它进入空中 7.5 m 时，就会自爆，这种直升机钓导弹的战术也是发散思维的结果。

　　战略式博弈定量分析了在军事对抗中如何"两害相权取其轻，两利相权取其重"。在严格的竞争博弈中，只能最大最小化我军的策略，即在敌军力图使你的期望值最小的基础上选择最大化策略，在应用中要注意把握博弈论不同于决策论的这一重要特点。

第8章

合作博弈的模型与解概念

本章首先梳理了有关可转移盈利合作博弈的知识要点，针对可转移盈利合作博弈的解概念提供了习题及详细解答。

8.1 知识梳理

定义 8.1 假设 N 是有限的参与人集合，N 的一个划分是指 N 的一些子集组成的族，即 $\tau = \{A_i\}_{i \in I} \subseteq \mathcal{P}(N)$，满足

$$\#I < \infty; A_i \neq \varnothing, \forall i \in I; A_i \cap A_j = \varnothing, \forall i \neq j \in I; \cup_{i \in I} A_i = N$$

参与人集合 N 上面的所有划分及其中的某个特殊划分记为

$$\mathrm{Part}(N), \tau = \{A_i\}_{i \in I} \in \mathrm{Part}(N)$$

定义 8.2 假设 N 是有限的参与人集合，f 是一个函数，如果满足

$$f : \mathcal{P}(N) \to \mathbb{R}, f(\varnothing) = 0$$

那么二元组 (N, f) 称为一个可转移盈利的模型 (TUCG)，参与人集合 N 的每一个子集 $A \in \mathcal{P}(N)$ 都称为联盟，$\varnothing$ 称为空联盟，N 称为大联盟，$f(A)(\forall A \in \mathcal{P}(N))$ 称为联盟 A 创造的价值。

定义 8.3 假设 N 是有限的参与人集合，N 的一个划分称为 N 的一个联盟结构。一般考虑三类联盟结构：

$$\tau_1 = \{N\}; \tau_2 = \{\{i\}\}_{i \in N}; \tau_3 \in \mathrm{Part}(N)$$

第一类联盟结构是指所有参与人形成的一个大联盟，这是绝对的"集体主义"；第二类联盟结构是指所有参与人单独形成的联盟，这是绝对的"个体主义"；第三类联盟结构是指一般的联盟结构，即介于绝对的"集体主义"和绝对的"个体主义"之间的"中间主义"。

定义 8.4　假设 N 是有限的参与人集合，(N, f) 为一个 TUCG，如果已经形成了联盟结构 $\tau \in \mathrm{Part}(N)$，那么用三元组表示具有联盟结构的 TUCG：

$$(N, f, \tau)$$

定义 8.5　假设 N 是有限的参与人集合，(N, f) 为一个 TUCG，$S \in \mathcal{P}_0(N)$ 是一个非空子集，S 诱导的子博弈记为

$$(S, f|_S), f|_S =: f|_{\mathcal{P}(S)} : \mathcal{P}(S) \to \mathbb{R}$$

为了简单起见，有时也记为 (S, f)。

定义 8.6　假设 N 是有限的参与人集合，(N, f, τ) 为一个带有联盟结构的 TUCG，$S \in \mathcal{P}_0(N)$ 是一个非空子集，S 诱导的带有联盟结构的子博弈记为

$$(S, f, \tau_S), \tau_S = \{A \cap S | \forall A \in \tau\} \setminus \{\varnothing\}$$

定义 8.7　假设 N 是有限的参与人集合，$S \in \mathcal{P}(N)$ 是一个非空子集，它的示性向量记为

$$\boldsymbol{e}_S = \sum_{i \in S} e_i, e_i = (0, 0, \cdots, 0, 1_{(i\text{-th})}, 0, \cdots, 0) \in \mathbb{R}^N$$

定义 8.8　假设 N 是有限的参与人集合，如果满足

$$f(A) \in \{0, 1\}, \forall A \in \mathcal{P}(N)$$

那么 (N, f) 为一个简单的 TUCG。

定义 8.9　假设 N 是有限的参与人集合，如果满足

$$f(A) + f(A^c) = f(N), \forall A \in \mathcal{P}(N), A^c =: N \setminus A$$

那么 (N, f) 为一个恒和的 TUCG。

定义 8.10　假设 N 是有限的参与人集合，如果满足

$$\forall A \subseteq B \in \mathcal{P}(N) \Rightarrow f(A) \leqslant f(B)$$

那么 (N, f) 为一个单调的 TUCG。

定义 8.11　假设 N 是有限的参与人集合，如果满足

$$\forall A, B \in \mathcal{P}(N), A \cap B = \varnothing \Rightarrow f(A) + f(B) \leqslant f(A \cup B)$$

那么 (N, f) 为一个超可加的 TUCG。

定义 8.12　假设 N 是有限的参与人集合，如果存在阈值 $q \in \mathbb{R}_+$ 和权重 $(w_i)_{i \in N} \in \mathbb{R}_+^N$ 满足

$$f(A) = \begin{cases} 1, & w(A) \geqslant q \\ 0, & w(A) < q \end{cases}$$

那么 (N, f) 为一个加权多数的 TUCG。其中，$w(A) = \sum_{i \in A} w_i$。

定义 8.13　假设 N 是有限的参与人集合，如果满足

$$f(i) = 0, \forall i \in N$$

那么 (N, f) 为一个 0 规范的 TUCG。

定义 8.14　假设 N 是有限的参与人集合，如果满足

$$f(i) = 0, \forall i \in N; f(N) = 1$$

那么 (N, f) 为一个 0-1 规范的 TUCG。

定义 8.15　假设 N 是有限的参与人集合，如果满足

$$f(i) = 0, \forall i \in N; f(N) = 0$$

那么 (N, f) 为一个 0-0 规范的 TUCG。

定义 8.16　假设 N 是有限的参与人集合，如果满足

$$f(i) = 0, \forall i \in N; f(N) = -1$$

那么 (N, f) 为一个 0-(−1) 规范的 TUCG。

定义 8.17　假设 N 是有限的参与人集合，如果满足

$$f(A) = \sum_{i \in A} f(i), \forall A \in \mathcal{P}(N)$$

那么 (N, f) 为一个可加的或者线性可加的 TUCG。

定义 8.18　假设 N 是有限的参与人集合，如果满足

$$\forall A, B \in \mathcal{P}(N), f(A) + f(B) \leqslant f(A \cup B) + f(A \cap B)$$

那么 (N, f) 为一个凸的 TUCG。

定义 8.19　假设 N 是有限的参与人集合，(N, f) 和 (N, g) 都是 TUCG，如果满足

$$\exists \alpha > 0, \boldsymbol{b} \in \mathbb{R}^N, \text{s.t. } g(A) = \alpha f(A) + \boldsymbol{b}(A), \forall A \in \mathcal{P}(N)$$

那么称 (N, f) 策略等价于 (N, g)。

8.2　习题清单

习题 8.1　假设 N 是有限的参与人集合，用 Γ_N 表示参与人集合 N 上的所有 TUCG，试赋予 Γ_N 线性结构。

习题 8.2　假设 N 是有限的参与人集合，试证明：Γ_N 上的策略等价关系是一种等价关系。

习题 8.3　假设 N 是有限的参与人集合，(N,f) 是一个 TUCG，试证明：

（1）(N,f) 策略等价于 0-1 规范博弈当且仅当 $f(N) > \sum_{i \in N} f(i)$；

（2）(N,f) 策略等价于 0-0 规范博弈当且仅当 $f(N) = \sum_{i \in N} f(i)$；

（3）(N,f) 策略等价于 0-(−1) 规范博弈当且仅当 $f(N) < \sum_{i \in N} f(i)$；

（4）任意的 (N,f) 策略等价于 0 规范博弈。

8.3　习题解答

习题 8.1　假设 N 是有限的参与人集合，用 Γ_N 表示参与人集合 N 上的所有 TUCG，试赋予 Γ_N 线性结构。

注释 8.1　本题主要考查有限参与人集合 N 上的 TUCG 的结构。

解答　N 是有限的参与人集合，那么它的所有子集数是有限的，即

$$\#\mathcal{P}(N) = 2^n; \#\mathcal{P}_0(N) = 2^n - 1$$

对于一个 TUCG(N,f)，因为 $f(\varnothing) = 0$，因此 (N,f) 在本质上可用一个 $2^n - 1$ 维向量表示，即

$$(f(A))_{A \in \mathcal{P}_0(N)} \in \mathbb{R}^{2^n - 1}$$

用 Γ_N 表示参与人集合 N 上的所有 TUCG，即

$$\Gamma_N = \{(N,f) \mid f : \mathcal{P}(N) \to \mathbb{R}, f(\varnothing) = 0\}$$

那么 Γ_N 同构于 $\mathbb{R}^{2^n - 1}$，因此可以定义加法和数乘：

$$\forall (N,f), (N,g) \in \Gamma_N, (N, f+g) \in \Gamma_N, \text{s.t. } (f+g)(A) = f(A) + g(A)$$

$$\forall \alpha \in \mathbb{R}, \forall (N,f) \in \Gamma_N, (N, \alpha f) \in \Gamma_N, \text{s.t. } (\alpha f)(A) = \alpha(f(A))$$

证明完毕。

习题 8.2　假设 N 是有限的参与人集合，试证明：Γ_N 上的策略等价关系是一种等价关系。

注释 8.2　本题主要考查正仿射变换所定义的关系的等价性。

解答　按照集合等价关系的定义，分三步来证明该习题。

第一步：(N, f) 和 (N, g) 策略等价。

$$\alpha = 1, \boldsymbol{b} = \boldsymbol{0} \Rightarrow f(A) = 1, f(A) + 0(A), \forall A \in \mathcal{P}(N)$$

第二步：如果 (N, f) 和 (N, g) 策略等价，那么 (N, g) 和 (N, f) 策略等价。根据假设，存在 $\alpha > 0$ 和 $\boldsymbol{b} \in \mathbb{R}^N$，使得

$$g(A) = \alpha f(A) + \boldsymbol{b}(A), \forall A \in \mathcal{P}(N)$$

那么

$$f(A) = \frac{1}{\alpha} g(A) + \frac{-\boldsymbol{b}}{\alpha}(A), \forall A \in \mathcal{P}(N)$$

第三步：如果 TUCG(N, f) 和 (N, g) 策略等价，(N, g) 和 (N, h) 策略等价，那么 (N, f) 和 (N, h) 策略等价。根据定义 8.19，存在 $\alpha > 0, \beta > 0$ 和 $\boldsymbol{b}, \boldsymbol{c} \in \mathbb{R}^N$，使得

$$g(A) = \alpha f(A) + \boldsymbol{b}(A), \forall A \in \mathcal{P}(N)$$
$$h(A) = \beta g(A) + \boldsymbol{c}(A), \forall A \in \mathcal{P}(N)$$

由此推出

$$h(A) = \alpha\beta f(A) + (\boldsymbol{c} + \beta\boldsymbol{b})(A), \forall A \in \mathcal{P}(N)$$

证明完毕。

习题 8.3　假设 N 是有限的参与人集合，(N, f) 是一个 TUCG，试证明：

（1）(N, f) 策略等价于 0-1 规范博弈当且仅当 $f(N) > \sum\limits_{i \in N} f(i)$；

（2）(N, f) 策略等价于 0-0 规范博弈当且仅当 $f(N) = \sum\limits_{i \in N} f(i)$；

（3）(N, f) 策略等价于 0-(−1) 规范博弈当且仅当 $f(N) < \sum_{i \in N} f(i)$；

（4）任意的 (N, f) 策略等价于 0 规范博弈。

注释 8.3　本题主要考查策略等价关系的等价类。

解答　下面只证明（1），其余的同理。

第一步：假设 (N, f) 策略等价于一个 0-1 规范博弈 (N, g)，根据定义存在 $\alpha > 0, \boldsymbol{b} \in \mathbb{R}^N$，使得

$$f(A) = \alpha g(A) + \boldsymbol{b}(A), \forall A \in \mathcal{P}(N)$$

直接计算可得

$$f(N) = \alpha g(N) + \boldsymbol{b}(N) = \alpha + \boldsymbol{b}(N); f(i) = b_i$$

因此，可以得到

$$\alpha + \boldsymbol{b}(N) = f(N) > \boldsymbol{b}(N) = \sum_{i \in N} b_i = \sum_{i \in N} f(i)$$

第二步：假设 (N, f) 满足 $f(N) > \sum\limits_{i \in N} f(i)$，构造一个与其等价的 0-1 规范博弈 (N, g)：

$$g(A) = \frac{1}{f(N) - \sum\limits_{i \in N} f(i)} f(A) + \frac{-\boldsymbol{b}(A)}{f(N) - \sum\limits_{i \in N} f(i)}$$

其中，$b_i = f(i)$，证明完毕。

第9章

解概念之核心

本章首先梳理了可转移盈利合作博弈的解概念之核心的定义、存在性、约简博弈一致性等知识要点，然后分别针对每个知识要点提供了诸多的习题及详细解答。

9.1 知识梳理

定义 9.1 假设 N 是一个有限的参与人集合，$\varGamma_N$ 表示 N 上的所有 TUCG，解概念分为集值解概念和数值解概念。

（1）集值解概念，$\phi : \varGamma_N \to \mathcal{P}(\mathbb{R}^N), \phi(N, f, \tau) \subseteq \mathbb{R}^N$。

（2）数值解概念，$\phi : \varGamma_N \to \mathbb{R}^N, \phi(N, f, \tau) \in \mathbb{R}^N$。

定义 9.2 假设 N 是一个有限的参与人集合，(N, f, τ) 表示一个具有联盟结构的 TUCG，对应的个体理性分配集定义为

$$X^0(N, f, \tau) = \{\boldsymbol{x} \mid \boldsymbol{x} \in \mathbb{R}^N; x_i \geqslant f(i), \forall i \in N\}$$

定义 9.3 假设 N 是一个有限的参与人集合，(N, f, τ) 表示一个具有联盟结构的 TUCG，对应的结构理性分配集定义为

$$X^1(N, f, \tau) = \{\boldsymbol{x} \mid \boldsymbol{x} \in \mathbb{R}^N; x(A) = f(A), \forall A \in \tau\}$$

定义 9.4 假设 N 是一个有限的参与人集合，(N, f, τ) 表示一个具有联盟结构的 TUCG，对应的集体理性分配集定义为

$$X^2(N, f, \tau) = \{\boldsymbol{x} \mid \boldsymbol{x} \in \mathbb{R}^N; x(A) \geqslant f(A), \forall A \in \mathcal{P}(N)\}$$

定义 9.5 假设 N 是一个有限的参与人集合，(N, f, τ) 表示一个具有联盟结构的 TUCG，对应的可行理性分配集定义为

$$
\begin{aligned}
X(N, f, \tau) &= \{\boldsymbol{x} \mid \boldsymbol{x} \in \mathbb{R}^N; x_i \geqslant f(i), \forall i \in N; x(A) = f(A), \forall A \in \tau\} \\
&= X^0(N, f, \tau) \cap X^1(N, f, \tau)
\end{aligned}
$$

定义 9.6 假设 N 是一个有限的参与人集合，$(N, f, \{N\})$ 表示一个具有大联盟结构的 TUCG，对应的核心定义为

$$\mathrm{Core}(N, f, \{N\})$$
$$= X^0(N, f, \{N\}) \cap X^1(N, f, \{N\}) \cap X^2(N, f, \{N\})$$
$$= X(N, f, \{N\}) \cap X^2(N, f, \{N\})$$
$$= \{\, \boldsymbol{x} \mid \boldsymbol{x} \in \mathbb{R}^N; x_i \geqslant f(i), \forall i \in N; x(N) = f(N); x(A) \geqslant f(A), \forall A \in \mathcal{P}(N) \}$$

定义 9.7 假设 N 是一个有限的参与人集合，$S \in \mathcal{P}(N)$ 是一个非空子集，它的示性向量记为

$$\boldsymbol{e}_S = \sum_{i \in S} e_i, e_i = (0, 0, \cdots, 0, 1_{(i\text{-th})}, 0, \cdots, 0) \in \mathbb{R}^N$$

定义 9.8 假设 N 是一个有限的参与人集合，$\mathcal{B} = \{S_1, S_2, \cdots, S_k\} \subseteq \mathcal{P}(N)$ 是一个子集族，并且 $\varnothing \notin \mathcal{B}$，$\mathcal{B}$ 的示性矩阵记为

$$M_{\mathcal{B}} = \begin{pmatrix} e_{S_1} \\ e_{S_2} \\ \vdots \\ e_{S_k} \end{pmatrix}$$

其中，$\boldsymbol{e}_S$ 是 S 的示性向量。

定义 9.9 假设 N 是一个有限的参与人集合，$\mathcal{B} \subseteq \mathcal{P}(N)$ 是一个子集族且 $\varnothing \notin \mathcal{B}$，如果满足

$$\boldsymbol{\delta} > \boldsymbol{0}, \boldsymbol{\delta} M_{\mathcal{B}} = \boldsymbol{e}_N$$

那么权重 $\boldsymbol{\delta} = (\delta_A)_{A \in \mathcal{B}}$ 称为 $\mathcal{B}$ 的一个严格平衡权重。如果一个子集族存在一个严格平衡权重，那么称这个子集族为严格平衡。N 的所有严格平衡子集族构成的集合记为 $\mathrm{StrBalFam}(N)$，假设 $\mathcal{B} \in \mathrm{StrBalFam}(N)$，其对应的所有严格平衡权重集合记为 $\mathrm{StrBalCoef}(\mathcal{B})$。

定义 9.10 假设 N 是一个有限的参与人集合，$\mathcal{B} \subseteq \mathcal{P}(N)$ 是一个子集族且 $\varnothing \notin \mathcal{B}$，如果满足

$$\boldsymbol{\delta} \geqslant \boldsymbol{0}, \boldsymbol{\delta} M_{\mathcal{B}} = \boldsymbol{e}_N$$

那么权重 $\boldsymbol{\delta} = (\delta_A)_{A \in \mathcal{B}}$ 称为 $\mathcal{B}$ 的一个弱平衡权重。如果一个子集族存在一个弱平衡权重，那么称这个子集族为弱平衡。N 的所有弱平衡子集族构成的集合记为 $\mathrm{WeakBalFam}(N)$，假设 $\mathcal{B} \in \mathrm{WeakBalFam}(N)$，其对应的所有弱平衡权重集合记为 $\mathrm{WeakBalCoef}(\mathcal{B})$。

定义 9.11 假设 N 是一个有限的参与人集合，$\mathcal{P}_0(N)$ 是所有非空子集构成的子集族，如果满足

$$\boldsymbol{\delta} \geqslant \mathbf{0}, \boldsymbol{\delta} M_{\mathcal{P}_0(N)} = \boldsymbol{e}_N$$

那么权重 $\boldsymbol{\delta} = (\delta_A)_{A \in \mathcal{P}_0(N)}$ 称为 $\mathcal{P}_0(N)$ 的弱平衡权重。$\mathcal{P}_0(N)$ 如果存在一个弱平衡权重，那么称为全集弱平衡，所有全集弱平衡权重集合记为 WeakBalCoef $(\mathcal{P}_0(N))$。

定义 9.12 假设 N 是一个有限的参与人集合，$(N, f, \{N\})$ 是一个 TUCG，如果任取严格平衡的子集族 $\mathcal{B} \in \mathrm{StrBalFam}(N)$ 和对应的严格平衡权重 $\boldsymbol{\delta} \in \mathrm{StrBalCoef}(B)$ 都满足

$$f(N) \geqslant \sum_{A \in \mathcal{B}} \delta_A f(A)$$

那么称 $(N, f, \{N\})$ 为严格平衡的。

定义 9.13 假设 N 是一个有限的参与人集合，$(N, f, \{N\})$ 是一个 TUCG，如果任取弱平衡的子集族 $\mathcal{B} \in \mathrm{WeakBalFam}(N)$ 和对应的弱平衡权重 $\boldsymbol{\delta} \in \mathrm{WeakBalCoef}(B)$ 都满足

$$f(N) \geqslant \sum_{A \in \mathcal{B}} \delta_A f(A)$$

那么称 $(N, f, \{N\})$ 为弱平衡的。

定义 9.14 假设 N 是一个有限的参与人集合，$(N, f, \{N\})$ 是一个 TUCG，如果取定子集族 $\mathcal{P}_0(N)$ 和对应的弱平衡权重 $\boldsymbol{\delta} \in \mathrm{WeakBalCoef}(\mathcal{P}_0(N))$ 都满足

$$f(N) \geqslant \sum_{A \in \mathcal{P}_0(N)} \delta_A f(A)$$

那么称 $(N, f, \{N\})$ 为全集弱平衡的。

定义 9.15 假设 N 是一个有限的参与人集合，$(N, f, \{N\})$ 是一个合作博弈，如果它是严格平衡的或弱平衡的或全集弱平衡的，那么称 $(N, f, \{N\})$ 为平衡博弈。

定义 9.16 假设 N 是一个有限的参与人集合，$(N, f, \{N\})$ 是一个合作博弈，如果每一个子博弈 $(S, f, \{S\}), \forall S \in \mathcal{P}_0(N)$ 都是平衡的，那么称 $(N, f, \{N\})$ 为全平衡的。

定义 9.17 假设 N 是一个有限的参与人集合，$(N, f, \{N\})$ 是一个合作博弈，其平衡覆盖博弈定义为 $(N, \bar{f}, \{N\})$，其中

$$\bar{f}(A) = \begin{cases} f(A), & A \in \mathcal{P}_1(N) \\ \max\limits_{\boldsymbol{\delta} \in \mathrm{WeakBalCoef}(\mathcal{P}_0(N))} \sum\limits_{B \in \mathcal{P}_0(N)} \delta_B f(B), & A = N \end{cases}$$

定义 9.18 假设 N 是一个有限的参与人集合，$(N, f, \{N\})$ 是一个合作博弈，其全平衡覆盖博弈定义为 $(N, \hat{f}, \{N\})$，其中

$$\hat{f}(A) = \max_{\boldsymbol{\delta} \in \text{WeakBalCoef}(\mathcal{P}_0(A))} \sum_{B \in \mathcal{P}_0(A)} \delta_B f(B), \forall A \in \mathcal{P}_0(N)$$

定义 9.19 假设 N 是一个有限的参与人集合，$(N, f, \{N\})$ 是一个合作博弈，而

$$\boldsymbol{x} \in X^1(N, f, \{N\})$$

是结构理性向量，并且 $A \in \mathcal{P}_0(N)$。定义 A 相对于 $\boldsymbol{x}$ 的 Davis-Maschler 约简博弈 $(A, f_{A,x}, \{A\})$ 为

$$f_{A,x}(B) = \begin{cases} \max\limits_{Q \in \mathcal{P}(N \setminus A)} [f(Q \cup B) - x(Q)], & B \in \mathcal{P}_2(A) \\ 0, & B = \varnothing \\ x(A), & B = A \end{cases}$$

定义 9.20 假设 N 是一个有限的参与人集合，Γ_N 表示参与人集合 N 上的所有具有大联盟结构的 TUCG，有集值解概念为 $\phi: \Gamma_N \to \mathcal{P}(\mathbb{R}^N), \phi(N, f, \{N\}) \subseteq \mathbb{R}^N$，称其满足 Davis-Maschler 约简博弈性质，如果

$$\forall (N, f, \{N\}) \in \Gamma_N, \forall A \in \mathcal{P}_0(N), \forall \boldsymbol{x} \in \phi(N, f, \{N\})$$

都有

$$(x_i)_{i \in A} \in \phi(A, f_{A,\boldsymbol{x}}, \{A\})$$

那么 $(A, f_{A,x}, \{A\})$ 称为 A 相对于 $\boldsymbol{x}$ 的 Davis-Maschler 约简博弈。

定义 9.21 假设 N 是一个有限的参与人集合，Γ_N 表示参与人集合 N 上的所有具有大联盟结构的 TUCG，有集值解概念：$\phi: \Gamma_N \to \mathcal{P}(\mathbb{R}^N), \phi(N, f, \{N\}) \subseteq \mathbb{R}^N$，称其满足 Davis-Maschler 反向约简博弈性质，如果

$$\forall (N, f, \{N\}) \in \Gamma_N, \forall \boldsymbol{x} \in X^1(N, f, \{N\})$$

且

$$(x_i, x_j) \in \phi(\, (i, j), f_{(i,j),\boldsymbol{x}}, \{(i, j)\}\,), \forall (i, j) \in N \times N, i \neq j$$

那么有

$$\boldsymbol{x} \in \phi(N, f, \{N\})$$

$((i, j), f_{(i,j),x}, \{(i, j)\})$ 称为 (i, j) 相对于 $\boldsymbol{x}$ 的 Davis-Maschler 约简博弈。

定义 9.22　市场是一个四元组 $(N, L, (a_i)_{i \in N}, (u_i)_{i \in N})$：

（1）$N = \{1, 2, \cdots, i, \cdots, n\}$ 是 n 个生产者集合；

（2）$L = \{1, 2, \cdots, j, \cdots, l\}$ 是 l 类商品集合；

（3）$a_i \in \mathbb{R}_+^L, \forall i \in N$ 是生产者 i 的初始商品数量；

（4）$u_i : \mathbb{R}_+^L \to \mathbb{R}, \forall i \in N$ 是生产者 i 的生产函数。

定义 9.23　假设四元组 $(N, L, (a_i)_{i \in N}, (u_i)_{i \in N})$ 是市场，$S \in \mathcal{P}_0(N)$，定义联盟 S 的分配方案为

$$(x_i)_{i \in S}, \text{s.t. } x_i \in \mathbb{R}_+^L, \forall i \in S; x(S) = \sum_{i \in S} x_i = \sum_{i \in S} a_i = a(S)$$

联盟 S 的所有分配方案记为 $\text{Alloc}(S)$。

定义 9.24　假设四元组 $(N, L, (a_i)_{i \in N}, (u_i)_{i \in N})$ 是市场，对应的合作博弈 $(N, f, \{N\})$ 定义为

$$f(A) = \max_{(x_i)_{i \in A} \in \text{Alloc}(A)} \sum_{i \in A} u_i(x_i), \forall A \in \mathcal{P}(N)$$

定义 9.25　假设 N 是一个有限集合，$(N, f, \{N\})$ 是一个合作博弈，如果存在市场 $(N, L, (a_i)_{i \in N}, (u_i)_{i \in N})$ 且其中的每一个生产函数 $\forall i \in N, u_i : \mathbb{R}_+^L \to \mathbb{R}$ 是连续的凹函数，使得

$$f(A) = \max_{(x_i)_{i \in A} \in \text{Alloc}(A)} \sum_{i \in A} u_i(x_i), \forall A \in \mathcal{P}(N)$$

成立，那么称 $(N, f, \{N\})$ 为市场博弈。

定义 9.26　假设 N 是一个有限集合，$(N, f, \{N\})$ 是一个合作博弈，$\forall A \in \mathcal{P}_0(N)$，子博弈 $(A, \bar{f}, \{A\})$ 定义为

$$\bar{f}(B) = f(B), \forall B \in \mathcal{P}_0(A)$$

为了方便起见，子博弈 $(A, \bar{f}, \{A\})$ 简记为 $(A, f, \{A\})$。

定义 9.27　假设 N 是一个有限集合，$(N, f, \{N\})$ 是一个合作博弈，如果子博弈 $(A, \bar{f}, \{A\})$，$\forall A \in \mathcal{P}_0(N)$ 的核心非空，那么称 $(N, f, \{N\})$ 为全平衡博弈。

定义 9.28　假设 N 是一个有限的参与人集合，$(N, f, \{N\})$ 为一个合作博弈，如果满足

$$f(A) = \sum_{i \in A} f(i), \forall A \in \mathcal{P}(N)$$

那么称 $(N, f, \{N\})$ 为可加的或者线性可加的。

定义 9.29　假设 N 是一个有限的参与人集合，$(N, f, \{N\})$ 是一个合作博弈，如果满足

$$\forall A, B \in \mathcal{P}(N), f(A) + f(B) \leqslant f(A \cap B) + f(A \cup B)$$

那么称 $(N, f, \{N\})$ 为凸博弈。

定义 9.30　假设 $N = \{1, 2, \cdots, n\}$ 是一个有限集合，N 的一个置换是

$$\pi = (i_1, i_2, \cdots, i_n), \{i_1, i_2, \cdots, i_n\} = \{1, 2, \cdots, n\}$$

所有的置换记为 $\mathrm{Permut}(N)$。

定义 9.31　假设 N 是一个有限的参与人集合，$(N, f, \{N\})$ 是一个合作博弈，$\pi = (i_1, i_2, \cdots, i_n)$ 是一个置换，构造向量 $\boldsymbol{x} \in \mathbb{R}^N$ 为

$$
\begin{aligned}
x_1 &= f(i_1) \\
x_2 &= f(i_1, i_2) - f(i_1) \\
x_3 &= f(i_1, i_2, i_3) - f(i_1, i_2) \\
&\vdots \\
x_n &= f(i_1, i_2, \cdots, i_n) - f(i_1, i_2, \cdots, i_{n-1})
\end{aligned}
$$

上面的这个向量记为 $\boldsymbol{x} := \boldsymbol{w}^\pi$。

定义 9.32　假设 N 是一个有限的参与人集合，(N, f, τ) 是具有一般联盟结构的合作博弈，其核心定义为

$$\mathrm{Core}(N, f, \tau)$$
$$= X^0(N, f, \tau) \cap X^1(N, f, \tau) \cap X^2(N, f, \tau)$$
$$= X(N, f, \tau) \cap X^2(N, f, \tau)$$
$$= \{\boldsymbol{x} \mid \boldsymbol{x} \in \mathbb{R}^N; x_i \geqslant f_i, \forall i \in N; x(A) = f(A), \forall A \in \tau; x(B) \geqslant f(B), \forall B \in \mathcal{P}(N)\}$$

定义 9.33　假设 N 是一个有限的参与人集合，(N, f) 表示一个不具有联盟结构的 TUCG，如果满足

$$\forall A, B \in \mathcal{P}(N), A \cap B = \varnothing \Rightarrow f(A) + f(B) \leqslant f(A \cup B)$$

那么称 (N, f) 为超可加的。

定义 9.34　假设 N 是一个有限的参与人集合，(N, f) 表示一个不具有联盟结构的 TUCG，定义其对应的超可加覆盖博弈 (N, f^*) 为

$$f^*(A) = \max_{\tau \in \mathrm{Part}(A)} \sum_{B \in \tau} f(B)$$

定义 9.35　假设 N 是一个有限的参与人集合，$(N, f), (N, g)$ 表示两个不具有联盟结构的 TUCG，如果满足

$$g(A) \geqslant f(A), \forall A \in \mathcal{P}(N)$$

那么称博弈 (N, g) 大于或者等于 (N, f)，记为 $(N, g) \geqslant (N, f)$。

9.2　习题清单

习题 9.1　假设 N 是一个有限的参与人集合，$(N, f, \{N\})$ 表示一个具有大联盟结构的 TUCG，试证明：它的核心是 $\mathbb{R}^N$ 中有限个闭的半空间的交集，是有界闭集、凸集。

习题 9.2　假设 N 是一个有限的参与人集合，$(N, f, \{N\})$ 表示一个具有大联盟结构的 TUCG，试证明：

$$\forall \alpha > 0, \forall \boldsymbol{b} \in \mathbb{R}^N, \text{Core}(N, \alpha f + \boldsymbol{b}, \{N\}) = \alpha \text{Core}(N, f, \{N\}) + \boldsymbol{b}$$

即合作博弈 $(N, \alpha f + \boldsymbol{b}, \{N\}), \forall \alpha > 0, \boldsymbol{b} \in \mathbb{R}^N$ 与 $(N, f, \{N\})$ 的核心之间具有协变关系。

习题 9.3　假设 N 是一个有限的参与人集合，$\mathcal{B} \subseteq \mathcal{P}(N)$ 是一个子集族，并且 $\varnothing \notin \mathcal{B}$，$\boldsymbol{\delta} = (\delta_A)_{A \in \mathcal{B}} > \boldsymbol{0}$，试证明：$\mathcal{B}$ 相对于 $\boldsymbol{\delta} = (\delta_A)_{A \in \mathcal{B}} > \boldsymbol{0}$ 是严格平衡的当且仅当

$$\forall \boldsymbol{x} \in \mathbb{R}^N, \sum_{A \in \mathcal{B}} \delta_A x(A) = x(N)$$

习题 9.4　假设 N 是一个有限的参与人集合，$\mathcal{B} \subseteq \mathcal{P}(N)$ 是一个子集族，并且 $\varnothing \notin \mathcal{B}$，$\boldsymbol{\delta} = (\delta_A)_{A \in \mathcal{B}} \geqslant \boldsymbol{0}$，试证明：$\mathcal{B}$ 相对于 $\boldsymbol{\delta} = (\delta_A)_{A \in \mathcal{B}} \geqslant \boldsymbol{0}$ 是弱平衡的当且仅当

$$\forall \boldsymbol{x} \in \mathbb{R}^N, \sum_{A \in \mathcal{B}} \delta_A x(A) = x(N)$$

习题 9.5　假设 N 是一个有限的参与人集合，$\mathcal{P}_0(N)$ 是所有的非空子集构成的子集族，$\boldsymbol{\delta} = (\delta_A)_{A \in \mathcal{P}_0(N)} \geqslant \boldsymbol{0}$，试证明：$\mathcal{P}_0(N)$ 相对于 $\boldsymbol{\delta} = (\delta_A)_{A \in \mathcal{P}_0(N)} \geqslant \boldsymbol{0}$ 是全集弱平衡的当且仅当

$$\forall \boldsymbol{x} \in \mathbb{R}^N, \sum_{A \in \mathcal{P}_0(N)} \delta_A x(A) = x(N)$$

Note

习题 **9.6**　　假设 N 是一个有限的参与人集合，试证明：$(N, f, \{N\})$ 是一个严格平衡的 TUCG 当且仅当其是一个弱平衡的 TUCG。

习题 **9.7**　　假设 N 是一个有限的参与人集合，$(N, f, \{N\})$ 是一个合作博弈，试证明如下三种表述等价：

（1）$(N, f, \{N\})$ 是严格平衡的；

（2）$(N, f, \{N\})$ 是弱平衡的；

（3）$(N, f, \{N\})$ 是全集弱平衡的。

习题 **9.8**　　假设 N 是一个有限的参与人集合，$(N, f, \{N\})$ 是一个合作博弈，试证明：核心非空当且仅当 $(N, f, \{N\})$ 是严格平衡的，即

$$\mathrm{Core}(N, f, \{N\}) \neq \varnothing$$

当且仅当

$$\forall \mathcal{B} \in \mathrm{StrBalFam}(N), \forall \boldsymbol{\delta} \in \mathrm{StrBalCoef}(\mathcal{B}), f(N) \geqslant \sum_{A \in \mathcal{B}} \delta_A f(A)$$

习题 **9.9**　　假设 N 是一个有限的参与人集合，$(N, f, \{N\})$ 是一个合作博弈，试证明：核心非空当且仅当 $(N, f, \{N\})$ 是弱平衡的，即

$$\mathrm{Core}(N, f, \{N\}) \neq \varnothing$$

当且仅当

$$\forall \mathcal{B} \in \mathrm{WeakBalFam}(N), \forall \boldsymbol{\delta} \in \mathrm{WeakBalCoef}(\mathcal{B}), f(N) \geqslant \sum_{A \in \mathcal{B}} \delta_A f(A)$$

习题 **9.10**　　假设 N 是一个有限的参与人集合，$(N, f, \{N\})$ 是一个合作博弈，试证明：核心非空当且仅当 $(N, f, \{N\})$ 是全集弱平衡的，即

$$\mathrm{Core}(N, f, \{N\}) \neq \varnothing$$

当且仅当

$$\forall \boldsymbol{\delta} \in \mathrm{WeakBalCoef}(\mathcal{P}_0(N)), f(N) \geqslant \sum_{A \in \mathcal{P}_0(N)} \delta_A f(A)$$

习题 **9.11**　　假设 N 是一个有限的参与人集合，$(N, f, \{N\})$ 是一个合作博弈，其平衡覆盖博弈为 $(N, \bar{f}, \{N\})$，试证明：

$$\mathrm{Core}(N, f, \{N\}) \neq \varnothing$$

当且仅当

$$\bar{f}(N) = f(N)$$

习题 9.12 假设 N 是一个有限的参与人集合，$(N, f, \{N\})$ 是一个合作博弈，其全平衡覆盖博弈为 $(N, \hat{f}, \{N\})$，试证明：$(N, f, \{N\})$ 是全平衡的当且仅当

$$f(A) = \hat{f}(A), \forall A \in \mathcal{P}(N)$$

习题 9.13 假设 N 是一个有限的参与人集合，Γ_N 表示参与人集合 N 上的所有具有大联盟结构的 TUCG，试证明：核心满足 Davis-Maschler 约简博弈性质。

习题 9.14 假设 N 是一个有限的参与人集合，Γ_N 表示参与人集合 N 上的所有具有大联盟结构的 TUCG，试证明：核心满足 Davis-Maschler 反向约简博弈性质。

习题 9.15 假设四元组 $(N, L, (a_i)_{i \in N}, (u_i)_{i \in N})$ 是市场，如果对于每一个生产者 $i \in N$，生产函数 $u_i : \mathbb{R}_+^L \to \mathbb{R}$ 是连续函数，试证明：

$$\max_{(x_i)_{i \in A} \in \text{Alloc}(A)} u_i(x_i)$$

可以取到最大值。

习题 9.16 假设 N 是一个有限集合，$(N, f, \{N\})$ 是一个市场博弈，试证明：

$$\forall \alpha > 0, \boldsymbol{b} \in \mathbb{R}^N, (N, \alpha f + \boldsymbol{b}, \{N\})$$

依然是市场博弈，即正仿射变换不改变合作博弈的市场属性。

习题 9.17 假设 N 是一个有限集合，$(N, f, \{N\})$ 是一个市场博弈，试证明：

$$\text{Core}(N, f, \{N\}) \neq \varnothing$$

习题 9.18 假设 $(N, L, (a_i)_{i \in N}, (u_i)_{i \in N})$ 是所有生产函数都为连续凹函数的市场，与其对应的合作博弈为 $(N, f, \{N\})$，盈利函数为

$$f(A) = \max_{(x_i)_{i \in A} \in \text{Alloc}(A)} \sum_{i \in A} u_i(x_i), \forall A \in \mathcal{P}(N)$$

取定 $S \in \mathcal{P}_0(N)$，新的市场 $(S, L, (a_i)_{i \in S}, (u_i)_{i \in S})$ 对应的合作博弈为 $(S, \bar{f}, \{S\})$，

$$\bar{f}(T) = \max_{(x_i)_{i \in T} \in \text{Alloc}(T)} \sum_{i \in T} u_i(x_i), \forall T \in \mathcal{P}(S)$$

那么一定有

$$\bar{f}(B) = f(B), \forall B \in \mathcal{P}(S)$$

习题 9.19 假设 N 是一个有限集合，$(N, f, \{N\})$ 是一个市场博弈，试证明：$\forall A \in \mathcal{P}_0(N)$，子博弈 $(A, f, \{A\})$ 也为市场博弈。

习题 9.20 假设 N 是一个有限集合，$(N, f, \{N\})$ 是一个全平衡博弈，试证明：该博弈是市场博弈。

习题 9.21 假设 N 是一个有限的参与人集合，$(N, f, \{N\})$ 为一个合作博弈，试证明：如果该博弈是可加的，那么一定是全平衡的。

习题 9.22 假设 N 是一个有限的参与人集合，$(N, f, \{N\})$ 和 $(N, g, \{N\})$ 都是全平衡的合作博弈，定义新的合作博弈 $(N, h, \{N\})$，其中

$$h(A) = \min(f(A), g(A)), \forall A \in \mathcal{P}(N)$$

试证明：$(N, h, \{N\})$ 也是全平衡的。取定 $A \in \mathcal{P}_0(N)$，如果 $h(A) = f(A)$，那么有

$$\text{Core}(A, f, \{A\}) \subseteq \text{Core}(A, h, \{A\})$$

如果 $h(A) = g(A)$，那么有

$$\text{Core}(A, g, \{A\}) \subseteq \text{Core}(A, h, \{A\})$$

习题 9.23 假设 N 是一个有限的参与人集合，试证明：$(N, f, \{N\})$ 是全平衡的当且仅当其是有限个可加博弈 $(N, f_i, \{N\})_{i=1,2,\cdots,k}$ 的最小博弈，即

$$f = \min \{f_1, f_2, \cdots, f_k\}$$

习题 9.24 假设 N 是一个有限的参与人集合，$(N, f, \{N\})$ 是一个凸博弈，试证明：子博弈 $(A, f, \{A\})$，$\forall A \in \mathcal{P}_0(N)$ 也是凸博弈。

习题 9.25 假设 N 是一个有限的参与人集合，$(N, f, \{N\})$ 是一个合作博弈，试证明下面三者等价：

（1）$(N, f, \{N\})$ 是凸博弈；

（2）$\forall B \subseteq A \subseteq N$，$\forall Q \subseteq N \setminus A$，有

$$f(B \cup Q) - f(B) \leqslant f(A \cup Q) - f(A)$$

（3）$\forall B \subseteq A \subseteq N$，$\forall i \in N \setminus A$，有

$$f(B \cup \{i\}) - f(B) \leqslant f(A \cup \{i\}) - f(A)$$

习题 9.26 假设 N 是一个有限的参与人集合，$(N, f, \{N\})$ 是一个凸的合作博弈，构造向量 $\boldsymbol{x} \in \mathbb{R}^N$ 为

$$x_1 = f(1)$$
$$x_2 = f(1, 2) - f(1)$$

$$x_3 = f(1,2,3) - f(1,2)$$

$$\vdots$$

$$x_n = f(1,2,\cdots,n) - f(1,2,\cdots,n-1)$$

试证明：

$$\boldsymbol{x} \in \text{Core}(N,f,\{N\}) \neq \varnothing$$

习题 9.27 假设 N 是一个有限的参与人集合，$(N,f,\{N\})$ 是一个凸合作博弈，$\pi = (i_1, i_2, \cdots, i_n)$ 是一个置换，构造向量 $\boldsymbol{x} \in \mathbb{R}^N$ 为

$$x_1 = f(i_1)$$

$$x_2 = f(i_1, i_2) - f(i_1)$$

$$x_3 = f(i_1, i_2, i_3) - f(i_1, i_2)$$

$$\vdots$$

$$x_n = f(i_1, i_2, \cdots, i_n) - f(i_1, i_2, \cdots, i_{n-1})$$

试证明：

$$\boldsymbol{x} \in \text{Core}(N,f,\{N\}) \neq \varnothing$$

习题 9.28 假设 N 是一个有限的参与人集合，$(N,f,\{N\})$ 是一个合作博弈，试证明：

$$\text{ConvHull}\{\boldsymbol{w}^\pi | \forall \pi \in \text{Permut}(N)\} \subseteq \text{Core}(N,f,\{N\})$$

习题 9.29 假设 N 是一个有限的参与人集合，$(N,f,\{N\})$ 是一个合作博弈，试证明：

$$\forall A \in \mathcal{P}_0(N), \exists \boldsymbol{x} \in \text{Core}(N,f,\{N\}), \text{s.t.} x(A) = f(A)$$

习题 9.30 假设 N 是一个有限的参与人集合，(N,f,τ) 表示一个具有一般联盟结构的 TUCG，试证明：它的核心是 $\mathbb{R}^N$ 中有限个闭的半空间的交集，是有界闭集、凸集。

习题 9.31 假设 N 是一个有限的参与人集合，(N,f,τ) 表示一个具有一般联盟结构的 TUCG，试证明：

$$\forall \alpha > 0, \forall \boldsymbol{b} \in \mathbb{R}^N, \text{Core}(N, \alpha f + \boldsymbol{b}, \tau) = \alpha \text{Core}(N,f,\tau) + \boldsymbol{b}$$

即合作博弈 $(N, \alpha f + \boldsymbol{b}, \tau), \forall \alpha > 0, \boldsymbol{b} \in \mathbb{R}^N$ 与 (N,f,τ) 的核心之间具有协变关系。

习题 9.32 假设 N 是一个有限的参与人集合，(N,f) 表示一个不具有联盟结构的 TUCG，其对应的超可加覆盖博弈为 (N, f^*)，试证明：

（1）$f^*(A) \geqslant f(A), \forall A \in \mathcal{P}(N)$；

（2）$f^*(i) = f(i), \forall i \in N$；

（3）(N, f^*) 是超可加博弈；

（4）(N, f^*) 是大于或等于 (N, f) 的最小的超可加博弈；即假设 (N, h) 是超可加博弈且 $(N, h) \geqslant (N, f)$，那么一定有 $(N, h) \geqslant (N, g)$；

（5）(N, f) 是超可加博弈当且仅当 $f(A) = f^*(A), \forall A \in \mathcal{P}(N)$。

习题 9.33　假设 N 是一个有限的参与人集合，(N, f, τ) 是具有一般联盟结构的合作博弈，其对应的超可加覆盖博弈为 (N, f^*)，试证明：

$$\text{Core}(N, f, \tau) = \text{Core}(N, f^*, \{N\}) \cap X(N, f, \tau)$$

习题 9.34　假设 N 是一个有限的参与人集合，(N, f, τ) 是具有一般联盟结构的合作博弈，其对应的超可加覆盖博弈为 (N, f^*)，试证明：

（1）若 $f^*(N) > \sum\limits_{A \in \tau} f(A)$，则有

$$\text{Core}(N, f, \tau) = \varnothing$$

（2）若 $f^*(N) = \sum\limits_{A \in \tau} f(A)$，则有

$$\text{Core}(N, f, \tau) = \text{Core}(N, f^*, \{N\})$$

9.3　习题解答

习题 9.1　假设 N 是一个有限的参与人集合，$(N, f, \{N\})$ 表示一个带有大联盟结构的 TUCG，试证明：它的核心是 $\mathbb{R}^N$ 中有限个闭的半空间的交集，是有界闭集、凸集。

注释 9.1　本题主要考查 TUCG 核心的拓扑性质。

解答　本质上求解一个 TUCG 的核心是求解如下的不等式方程组：

$$\begin{cases} \boldsymbol{x} \in \mathbb{R}^n, \text{分配向量} \\ x_i \geqslant f(i), \forall i \in N, \text{个体理性} \\ \sum\limits_{i \in N} x_i = f(N), \text{结构理性} \\ \sum\limits_{i \in A} x_i \geqslant f(A), \forall A \in \mathcal{P}(N), \text{集体理性} \end{cases}$$

根据数学分析的基本知识，可知核心是有限个闭的半空间的交集，因此一定是闭集，也一定是凸集。下面证明核心是有界集合。根据个体理性，可知核心是

有下界的，记为

$$\min_{i \in N} x_i \geqslant \min_{i \in N} f(i) =: l, \forall x \in \text{Core}(N, f, \{N\})$$

综合运用个体理性和结构理性，可知

$$x_i = f(N) - \sum_{j \neq i} x_j \leqslant f(N) - (n-1)l =: u, \forall i \in N, \forall x \in \text{Core}(N, f, \{N\})$$

因此核心中的元素有上界。二者结合得出，核心是一个有界集合。综上，核心是一个有界的、闭的、凸的多面体。证明完毕。

习题 9.2　假设 N 是一个有限的参与人集合，$(N, f, \{N\})$ 表示一个具有大联盟结构的 TUCG，试证明：

$$\forall \alpha > 0, \forall \boldsymbol{b} \in \mathbb{R}^N, \text{Core}(N, \alpha f + \boldsymbol{b}, \{N\}) = \alpha \text{Core}(N, f, \{N\}) + \boldsymbol{b}$$

即合作博弈 $(N, \alpha f + \boldsymbol{b}, \{N\}), \forall \alpha > 0, \boldsymbol{b} \in \mathbb{R}^N$ 与 $(N, f, \{N\})$ 的核心之间具有协变关系。

注释 9.2　本题主要考查核心在正仿射变换下的变化关系。

解答　取定 $\alpha > 0$，$\boldsymbol{b} \in \mathbb{R}^N$，根据定义，可知合作博弈 $(N, f, \{N\})$ 的核心是如下方程组的解集：

$$E_1: \begin{cases} \boldsymbol{x} \in \mathbb{R}^n, \text{分配向量} \\ x_i \geqslant f(i), \forall i \in N, \text{个体理性} \\ \sum_{i \in N} x_i = f(N), \text{结构理性} \\ \sum_{i \in A} x_i \geqslant f(A), \forall A \in \mathcal{P}(N), \text{集体理性} \end{cases}$$

同样根据定义，可知合作博弈 $(N, \alpha f + \boldsymbol{b}, \{N\})$ 的核心是如下方程组的解集：

$$E_2: \begin{cases} \boldsymbol{y} \in \mathbb{R}^n, \text{分配向量} \\ y_i \geqslant \alpha f(i) + b_i, \forall i \in N, \text{个体理性} \\ \sum_{i \in N} y_i = \alpha f(N) + b(N), \text{结构理性} \\ \sum_{i \in A} y_i \geqslant \alpha f(A) + b(A), \forall A \in \mathcal{P}(N), \text{集体理性} \end{cases}$$

假设 $\boldsymbol{x}$ 是方程组 E_1 的解，显然 $\alpha \boldsymbol{x} + \boldsymbol{b}$ 是方程组 E_2 的解，因为正仿射变换是等价变化的，因此如果 $\boldsymbol{y}$ 是方程组 E_2 的解，那么 $\dfrac{\boldsymbol{y}}{\alpha} - \dfrac{\boldsymbol{b}}{\alpha}$ 是方程组 E_1 的解，综上可得

$$\text{Core}(N, \alpha f + \boldsymbol{b}, \{N\}) = \alpha \text{Core}(N, f, \{N\}) + \boldsymbol{b}$$

证明完毕。

习题 9.3 假设 N 是一个有限的参与人集合，$\mathcal{B} \subseteq \mathcal{P}(N)$ 是一个子集族，并且 $\varnothing \notin \mathcal{B}$，$\delta = (\delta_A)_{A \in \mathcal{B}} > 0$，试证明：$\mathcal{B}$ 相对于 $\delta = (\delta_A)_{A \in \mathcal{B}} > 0$ 是严格平衡的当且仅当

$$\forall \boldsymbol{x} \in \mathbb{R}^N, \sum_{A \in \mathcal{B}} \delta_A x(A) = x(N)$$

注释 9.3 本题主要考查严格平衡的等价性质。

解答 $\mathcal{B}$ 相对于 $\delta = (\delta_A)_{A \in \mathcal{B}} > 0$ 是严格平衡的当且仅当

$$\delta M_{\mathcal{B}} = e_N$$

根据线性代数的基本知识可知，上式成立当且仅当

$$\forall \boldsymbol{x} \in \mathbb{R}^N, \delta M_{\mathcal{B}} \boldsymbol{x} = e_N \boldsymbol{x}$$

即

$$\forall \boldsymbol{x} \in \mathbb{R}^N, \delta \begin{pmatrix} x(S_1) \\ x(S_2) \\ \vdots \\ x(S_k) \end{pmatrix} = x(N)$$

即

$$\forall \boldsymbol{x} \in \mathbb{R}^N, \sum_{A \in \mathcal{B}} \delta_A x(A) = x(N)$$

证明完毕。

习题 9.4 假设 N 是一个有限的参与人集合，$\mathcal{B} \subseteq \mathcal{P}(N)$ 是一个子集族，并且 $\varnothing \notin \mathcal{B}$，$\delta = (\delta_A)_{A \in \mathcal{B}} \geqslant 0$，试证明：$\mathcal{B}$ 相对于 $\delta = (\delta_A)_{A \in \mathcal{B}} \geqslant 0$ 是弱平衡的，当且仅当

$$\forall \boldsymbol{x} \in \mathbb{R}^N, \sum_{A \in \mathcal{B}} \delta_A x(A) = x(N)$$

注释 9.4 本题主要考查弱平衡的等价性质。

解答 $\mathcal{B}$ 相对于 $\delta = (\delta_A)_{A \in \mathcal{B}} \geqslant 0$ 是弱平衡的当且仅当

$$\delta M_{\mathcal{B}} = e_N$$

根据线性代数的基本知识可知，上式成立当且仅当

$$\forall \boldsymbol{x} \in \mathbb{R}^N, \delta M_{\mathcal{B}} \boldsymbol{x} = e_N \boldsymbol{x}$$

即

$$\forall \boldsymbol{x} \in \mathbb{R}^N, \delta \begin{pmatrix} x(S_1) \\ x(S_2) \\ \vdots \\ x(S_k) \end{pmatrix} = x(N)$$

即

$$\forall \boldsymbol{x} \in \mathbb{R}^N, \sum_{A \in \mathcal{B}} \delta_A x(A) = x(N)$$

证明完毕。

习题 9.5 假设 N 是一个有限的参与人集合，$\mathcal{P}_0(N)$ 是所有的非空子集构成的子集族，$\boldsymbol{\delta} = (\delta_A)_{A \in \mathcal{P}_0(N)} \geqslant \boldsymbol{0}$，试证明：$\mathcal{P}_0(N)$ 相对于 $\boldsymbol{\delta} = (\delta_A)_{A \in \mathcal{P}_0(N)} \geqslant \boldsymbol{0}$ 是全集弱平衡的当且仅当

$$\forall \boldsymbol{x} \in \mathbb{R}^N, \sum_{A \in \mathcal{P}_0(N)} \delta_A x(A) = x(N)$$

注释 9.5 本题主要考查全集弱平衡的等价性质。

解答 $\mathcal{P}_0(N)$ 相对于 $\boldsymbol{\delta} = (\delta_A)_{A \in \mathcal{P}_0(N)} \geqslant \boldsymbol{0}$ 是全集弱平衡的当且仅当

$$\boldsymbol{\delta} \boldsymbol{M}_{\mathcal{P}_0(N)} = \boldsymbol{e}_N$$

根据线性代数的基本知识可知，上式成立当且仅当

$$\forall \boldsymbol{x} \in \mathbb{R}^N, \boldsymbol{\delta} \boldsymbol{M}_{\mathcal{P}_0(N)} \boldsymbol{x} = \boldsymbol{e}_N \boldsymbol{x}$$

即

$$\forall \boldsymbol{x} \in \mathbb{R}^N, \boldsymbol{\delta} \begin{pmatrix} x(S_1) \\ x(S_2) \\ \vdots \\ x(S_{2^n-1}) \end{pmatrix} = x(N)$$

即

$$\forall \boldsymbol{x} \in \mathbb{R}^N, \sum_{A \in \mathcal{P}_0(N)} \delta_A x(A) = x(N)$$

证明完毕。

习题 9.6 假设 N 是一个有限的参与人集合，试证明：$(N, f, \{N\})$ 是一个严格平衡的 TUCG 当且仅当其是一个弱平衡的 TUCG。

注释 9.6 本题主要考查严格平衡与弱平衡的关系。

解答 严格平衡的子集族和严格平衡权重在本质上也是弱平衡的子集族和弱平衡的权重，因此如果 $(N, f, \{N\})$ 是弱平衡的 TUCG，那么也一定是严格平衡的 TUCG。反之，所有弱平衡的子集族和弱平衡的权重都可以转化为严格平衡的子集族和严格平衡权重，因此如果 $(N, f, \{N\})$ 是严格平衡的 TUCG，那么也一定是弱平衡的 TUCG。证明完毕。

习题 9.7 假设 N 是一个有限的参与人集合，$(N, f, \{N\})$ 是一个合作博弈，试证明如下三种表述等价：

（1）$(N, f, \{N\})$ 是严格平衡的；

（2）$(N, f, \{N\})$ 是弱平衡的；

（3）$(N, f, \{N\})$ 是全集弱平衡的。

注释 9.7 本题主要考查严格平衡、弱平衡、全集弱平衡三者之间的关系。

解答 前面证明了严格平衡与弱平衡的等价性，下面证明弱平衡与全集弱平衡是等价的。

（1）假设 $(N, f, \{N\})$ 是弱平衡的，根据定义显然是全集弱平衡的。

（2）假设 $(N, f, \{N\})$ 是全集弱平衡的，取定 $\mathcal{B} \in \text{WeakBalFam}(N)$ 和 $\boldsymbol{\delta} \in \text{WeakBalCoef}(\mathcal{B})$，扩充 $\mathcal{B}$ 为全集 $\mathcal{P}_0(N)$，赋予相应增加子集的权重为零，根据全集弱平衡的定义，可得

$$f(N) \geqslant \sum_{A \in \mathcal{P}_0(N)} \delta_A f(A) = \sum_{A \in \mathcal{B}} \delta_A f(A)$$

因此 $(N, f, \{N\})$ 是弱平衡的。证明完毕。

习题 9.8 假设 N 是一个有限的参与人集合，$(N, f, \{N\})$ 是一个合作博弈，试证明：核心非空当且仅当 $(N, f, \{N\})$ 是严格平衡的，即

$$\text{Core}(N, f, \{N\}) \neq \varnothing$$

当且仅当

$$\forall \mathcal{B} \in \text{StrBalFam}(N), \forall \boldsymbol{\delta} \in \text{StrBalCoef}(\mathcal{B}), f(N) \geqslant \sum_{A \in \mathcal{B}} \delta_A f(A)$$

注释 9.8 本题主要考查核心非空与严格平衡的关系。根据习题 9.7，可知本题考查核心非空与全集弱平衡的关系。

解答 略。

习题 9.9 假设 N 是一个有限的参与人集合，$(N, f, \{N\})$ 是一个合作博弈，试证明：核心非空当且仅当 $(N, f, \{N\})$ 是弱平衡的，即

$$\text{Core}(N, f, \{N\}) \neq \varnothing$$

当且仅当

$$\forall \mathcal{B} \in \text{WeakBalFam}(N), \forall \boldsymbol{\delta} \in \text{WeakBalCoef}(\mathcal{B}), f(N) \geqslant \sum_{A \in \mathcal{B}} \delta_A f(A)$$

注释 9.9 本题主要考查核心非空与弱平衡的关系，根据习题 9.7 可知，本题等价于考查核心非空与全集弱平衡的关系。

解答 略。

习题 9.10 假设 N 是一个有限的参与人集合，$(N, f, \{N\})$ 是一个合作博弈，试证明：核心非空当且仅当 $(N, f, \{N\})$ 是全集弱平衡的，即

$$\mathrm{Core}(N, f, \{N\}) \neq \varnothing$$

当且仅当

$$\forall \boldsymbol{\delta} \in \mathrm{WeakBalCoef}(\mathcal{P}_0(N)), f(N) \geqslant \sum_{A \in \mathcal{P}_0(N)} \delta_A f(A)$$

注释 9.10 本题主要考查核心非空与全集弱平衡的关系，根据习题 9.7 可知，本题等价于考查核心非空分别与严格平衡、弱平衡的关系。

解答 为了证明本题，需要介绍线性规划的基本对偶定理。

一般形式的线性规划的对偶： 假设 $\boldsymbol{c} \in \mathbb{R}^n, d \in \mathbb{R}, \boldsymbol{G} \in M_{m \times n}(\mathbb{R}), \boldsymbol{h} \in \mathbb{R}^m, \boldsymbol{A} \in M_{l \times n}(\mathbb{R}), \boldsymbol{b} \in \mathbb{R}^l$，一般形式的线性规划模型：

$$\min \ \boldsymbol{c}^{\mathrm{T}} \boldsymbol{x} + d$$
$$\mathrm{s.t.} \quad \boldsymbol{G}\boldsymbol{x} - \boldsymbol{h} \leqslant \boldsymbol{0},$$
$$\boldsymbol{A}\boldsymbol{x} - \boldsymbol{b} = \boldsymbol{0}$$

其对偶问题为

$$\min \ \boldsymbol{\alpha}^T \boldsymbol{h} + \boldsymbol{\beta}^{\mathrm{T}} \boldsymbol{b} - d$$
$$\mathrm{s.t.} \quad \boldsymbol{\alpha} \geqslant \boldsymbol{0}, \boldsymbol{G}^{\mathrm{T}} \boldsymbol{\alpha} + \boldsymbol{A}^{\mathrm{T}} \boldsymbol{\beta} + \boldsymbol{c} = \boldsymbol{0}$$

二者等价。

标准形式的线性规划的对偶： 假设 $\boldsymbol{c} \in \mathbb{R}^n, d \in \mathbb{R}, \boldsymbol{A} \in M_{l \times n}(\mathbb{R}), \boldsymbol{b} \in \mathbb{R}^l$，标准形式的线性规划模型：

$$\min \ \boldsymbol{c}^{\mathrm{T}} \boldsymbol{x} + d$$
$$\mathrm{s.t.} \quad \boldsymbol{x} \geqslant \boldsymbol{0},$$
$$\boldsymbol{A}\boldsymbol{x} - \boldsymbol{b} = \boldsymbol{0}$$

其对偶问题为

$$\min \ \boldsymbol{\beta}^{\mathrm{T}} \boldsymbol{b} - d$$
$$\mathrm{s.t.} \quad \boldsymbol{\alpha} \geqslant \boldsymbol{0}, -\boldsymbol{\alpha} + \boldsymbol{A}^{\mathrm{T}} \boldsymbol{\beta} + \boldsymbol{c} = \boldsymbol{0}$$

二者等价。

不等式形式的线性规划的对偶： 假设 $\boldsymbol{c} \in \mathbb{R}^n, d \in \mathbb{R}, \boldsymbol{A} \in M_{m \times n}(\mathbb{R}), \boldsymbol{b} \in \mathbb{R}^m$，求解不等式形式的线性规划模型：

$$\min \ \boldsymbol{c}^{\mathrm{T}}\boldsymbol{x} + d$$
$$\text{s.t.} \ \ \boldsymbol{A}\boldsymbol{x} \leqslant \boldsymbol{b}$$

其对偶问题为

$$\min \ \boldsymbol{\alpha}^{\mathrm{T}}\boldsymbol{b} - d$$
$$\text{s.t.} \ \ \boldsymbol{\alpha} \geqslant \boldsymbol{0}, \boldsymbol{A}^{\mathrm{T}}\boldsymbol{\alpha} + \boldsymbol{c} = \boldsymbol{0}$$

二者等价。

（1）假设合作博弈 $(N, f, \{N\})$ 的核心非空，不妨设

$$\boldsymbol{x} \in \mathrm{Core}(N, f, \{N\})$$

根据核心的定义可知

$$x_i \geqslant f(i), \forall i \in N; x(N) = f(N); x(A) \geqslant f(A), \forall A \in \mathcal{P}(N)$$

假设 $\boldsymbol{\delta} \in \mathrm{WeakBalCoef}(\mathcal{P}_0(N))$，根据权重的刻画定理可知

$$\sum_{A \in \mathcal{P}_0(N)} \delta_A x(A) = x(N)$$

将核心的条件代入可得

$$f(N) = x(N) = \sum_{A \in \mathcal{P}_0(N)} \delta_A x(A) \geqslant \sum_{A \in \mathcal{P}_0(N)} \delta_A f(A)$$

即合作博弈 $(N, f, \{N\})$ 是全集弱平衡的。

（2）假设 $(N, f, \{N\})$ 是全集弱平衡的，即

$$\forall \boldsymbol{\delta} \in \mathrm{WeakBalCoef}(\mathcal{P}_0(N)), f(N) \geqslant \sum_{A \in \mathcal{P}_0(N)} \delta_A f(A)$$

要证核心非空，关键要点是构造线性规划及其对偶形式。

① 构造线性规划：

$$(P_1) : \max \sum_{A \in \mathcal{P}_0(N)} \delta_A f(A)$$
$$\text{s.t.} \ \ \boldsymbol{\delta} = (\delta_A)_{A \in \mathcal{P}_0(N)} \geqslant \boldsymbol{0}, \boldsymbol{\delta} M_{\mathcal{P}_0(N)} = \boldsymbol{e}_N$$

其中，决策变量是 $\boldsymbol{\delta} = (\delta_A)_{A \in \mathcal{P}_0(N)}$，显然，线性规划的可行域为 WeakBalCoef $(\mathcal{P}_0(N))$，因为 $\boldsymbol{\delta} \geqslant \mathbf{0}$ 且 $\delta_A \leqslant 1, \forall A \in \mathcal{P}_0(N)$，因此可行域是有界的。又因为 $\boldsymbol{\delta} \geqslant \mathbf{0}$ 且 $\boldsymbol{\delta} M_{\mathcal{P}_0(N)} = \boldsymbol{e}_N$，因此可行域是闭的。显然，$\delta_A = \dfrac{1}{2^{n-1}-1}, \forall A \in \mathcal{P}_0(N)$ 是可行域中的点。综上可知，可行域是一个非空紧致集。问题 P_1 的本质是在紧致集合上求解线性函数的最大值和最大值点，因此一定存在且有限，不妨设最大值为 p^*，最大值点为 Argmax P_1。

② 构造对偶问题。经过简单计算可以得到问题 P_1 的对偶问题是

$$(Q_1) : \min \; x(N)$$
$$\text{s.t.} \boldsymbol{x} \in \mathbb{R}^N, x(A) \geqslant f(A), \forall A \in \mathcal{P}_0(N)$$

显然，问题 Q_1 的可行域是集体理性集合，是具有下界的闭集，目标函数是可行域元素求和的最小值，因此一定存在且有限。不妨设问题 Q_1 的最小值为 q^*，最小值点为 Argmin Q_1。根据线性规划的对偶定理可知，q^* 一定存在，并且有

$$p^* = q^*$$

③ 如果核心非空，那么

$$q^* \leqslant f(N)$$

因为核心非空，不妨假设

$$\boldsymbol{x} \in \text{Core}(N, f, \{N\})$$

根据核心的定义可知

$$x(A) \geqslant f(A), \forall A \in \mathcal{P}_0(N), x(N) = f(N)$$

因此 $\boldsymbol{x}$ 在问题 Q_1 的可行域中，并且 $x(N) = f(N)$，因此一定有

$$q^* \leqslant f(N)$$

④ 如果 $q^* \leqslant f(N)$，那么有

$$\text{Core}(N, f, \{N\}) \neq \varnothing$$

假设 $\boldsymbol{x}$ 是问题 Q_1 中的可行点，并且 $x(N) = q^*$。根据可行域的约束可知 $x(N) \geqslant f(N)$，又因为

$$x(N) = q^* \leqslant f(N)$$

可知
$$x(N) = f(N)$$
根据可行域的定义可知
$$x(A) \geqslant f(A), \forall A \in \mathcal{P}_0(N)$$
综上可得 $\boldsymbol{x}$ 满足
$$x_i \geqslant f(i), \forall i \in N; x(N) = f(N); x(A) \geqslant f(A), \forall A \in \mathcal{P}_0(N)$$
因此
$$\boldsymbol{x} \in \mathrm{Core}(N, f, \{N\})$$
⑤ $p^* \leqslant f(N)$ 当且仅当
$$\forall \boldsymbol{\delta} \in \mathrm{WeakBalCoef}(\mathcal{P}_0(N)), f(N) \geqslant \sum_{A \in \mathcal{P}_0(N)} \delta_A f(A)$$
根据问题 P_1 的表述可知
$$p^* \leqslant f(N)$$
当且仅当
$$\forall \boldsymbol{\delta} \in \mathrm{WeakBalCoef}(\mathcal{P}_0(N)), f(N) \geqslant \sum_{A \in \mathcal{P}_0(N)} \delta_A f(A)$$
证明完毕。

习题 9.11　假设 N 是一个有限的参与人集合，$(N, f, \{N\})$ 是一个合作博弈，其平衡覆盖博弈为 $(N, \bar{f}, \{N\})$，试证明：
$$\mathrm{Core}(N, f, \{N\}) \neq \varnothing$$
当且仅当
$$\bar{f}(N) = f(N)$$

注释 9.11　本题主要考查核心非空与平衡覆盖之间的关系。
解答　因为
$$\boldsymbol{\delta} = (\delta_A)_{A \in \mathcal{P}_0(N)}, \delta_A = 0, \forall A \in \mathcal{P}_2(N), \delta_N = 1$$
在全集弱平衡权重集合之中，根据平衡覆盖博弈的定义可知
$$\bar{f}(N) \geqslant f(N)$$

因此只需证明

$$\text{Core}(N, f, \{N\}) \neq \varnothing \Leftrightarrow \bar{f}(N) \leqslant f(N)$$

根据核心非空与全集弱平衡之间的关系可知

$$\text{Core}(N, f, \{N\}) \neq \varnothing$$

当且仅当

$$\forall \boldsymbol{\delta} \in \text{WeakBalCoef}(\mathcal{P}_0(N)), f(N) \geqslant \sum_{A \in \mathcal{P}_0(N)} \delta_A f(A)$$

根据定义可知

$$\forall \boldsymbol{\delta} \in \text{WeakBalCoef}(\mathcal{P}_0(N)), f(N) \geqslant \sum_{A \in \mathcal{P}_0(N)} \delta_A f(A)$$

当且仅当

$$f(N) \geqslant \bar{f}(N)$$

证明完毕。

习题 9.12　假设 N 是一个有限的参与人集合，$(N, f, \{N\})$ 是一个合作博弈，其全平衡覆盖博弈为 $(N, \hat{f}, \{N\})$，试证明：$(N, f, \{N\})$ 是全平衡的当且仅当

$$f(A) = \hat{f}(A), \forall A \in \mathcal{P}(N)$$

注释 9.12　本题主要考查 TUCG 的全平衡性质与其全平衡覆盖博弈之间的关系。

解答　根据定义可知 $(N, f, \{N\})$ 是全平衡的当且仅当

$$\text{Core}(S, f, \{S\}) \neq \varnothing, \forall S \in \mathcal{P}_0(N)$$

根据上面的习题可知 $(N, f, \{N\})$ 是全平衡的当且仅当

$$f(S) = \bar{f}(S)$$

其中

$$\bar{f}(S) = \max_{\boldsymbol{\delta} \in \text{WeakBalCoef}(\mathcal{P}_0(S))} \sum_{B \in \mathcal{P}_0(S)} \delta_B f(B), \forall S \in \mathcal{P}_0(N)$$

根据定义可知

$$\bar{f}(S) = \hat{f}(S), \forall S \in \mathcal{P}_0(N)$$

证明完毕。

习题 9.13　假设 N 是一个有限的参与人集合，Γ_N 表示参与人集合 N 上的所有具有大联盟结构的 TUCG，试证明：核心满足 Davis-Maschler 约简博弈性质。

注释 9.13　本题主要考查 TUCG 的核心是否满足 Davis-Maschler 约简博弈性质。

解答　假设

$$\boldsymbol{x} \in \mathrm{Core}(N, f, \{N\})$$

要证明

$$\forall A \in \mathcal{P}_0(N), (x_i)_{i \in A} \in \mathrm{Core}(A, f_{A,\boldsymbol{x}}, \{A\})$$

只需证明

$$x(B) \geqslant f_{A,\boldsymbol{x}}(B), \forall B \in \mathcal{P}_1(A); x(A) = f_{A,\boldsymbol{x}}(A)$$

根据约简博弈价值函数的定义可知

$$x(A) = f_{A,\boldsymbol{x}}(A)$$

因此，只需证明

$$x(B) \geqslant f_{A,\boldsymbol{x}}(B), \forall B \in \mathcal{P}_1(A)$$

根据约简博弈的定义可知，取定 $B \in \mathcal{P}_1(A)$，有

$$f_{A,\boldsymbol{x}}(B) = \max_{Q \in \mathcal{P}(N \setminus A)} [f(Q \cup B) - x(Q)]$$

假设 $Q^* \in \mathcal{P}(N \setminus A)$ 取到上面的极大值，即

$$f_{A,\boldsymbol{x}}(B) = f(Q^* \cup B) - x(Q^*)$$

因为

$$\boldsymbol{x} \in \mathrm{Core}(N, f, \{N\})$$

根据定义一定有

$$x(B \cup Q^*) = x(B) + x(Q^*) \geqslant f(Q^* \cup B)$$

因此一定有

$$x(B) \geqslant f(Q^* \cup B) - x(Q^*) = f_{A,\boldsymbol{x}}(B)$$

综上

$$(x_i)_{i \in A} \in \mathrm{Core}(A, f_{A,\boldsymbol{x}}, \{A\})$$

即核心满足 Davis-Maschler 约简博弈性质。证明完毕。

习题 9.14　假设 N 是一个有限的参与人集合，Γ_N 表示参与人集合 N 上的所有具有大联盟结构的 TUCG，试证明：核心满足 Davis-Maschler 反向约简博弈性质。

注释 9.14　本题主要考查 TUCG 的核心是否满足 Davis-Maschler 反向约简博弈性质。

解答　假设

$$\forall (N, f, \{N\}) \in \Gamma_N, \forall \boldsymbol{x} \in X^1(N, f, \{N\})$$

且满足

$$(x_i, x_j) \in \text{Core}(\ (i,j), f_{(i,j),\boldsymbol{x}}, \{(i,j)\}\ ), \forall (i,j) \in N \times N, i \neq j$$

要证明

$$\boldsymbol{x} \in \text{Core}(N, f, \{N\})$$

只需证明

$$x(A) \geqslant f(A), \forall A \in \mathcal{P}_1(N); x(N) = f(N)$$

因为 $\boldsymbol{x} \in X^1(N, f, \{N\})$，所以根据结构理性的定义可得

$$x(N) = f(N)$$

因此，只需证明

$$x(A) \geqslant f(A), \forall A \in \mathcal{P}_2(N)$$

取定 $A \in \mathcal{P}_2(N)$，$i \in A, j \notin A$，根据假设有

$$(x_i, x_j) \in \text{Core}(\ (i,j), f_{(i,j),\boldsymbol{x}}, \{(i,j)\}\ )$$

再根据核心的定义可得

$$x_i \geqslant f_{(i,j),\boldsymbol{x}}(i); x_j \geqslant f_{(i,j),\boldsymbol{x}}(j)$$

根据约简博弈的定义可得

$$f_{(i,j),\boldsymbol{x}}(i) = \max_{Q \in \mathcal{P}(N \setminus (i,j))} [f(Q \cup i) - x(Q)]$$

取 $Q = A \setminus \{i\}$，那么 $i, j \notin A$，因此一定有

$$x_i \geqslant f(A \cup Q) - x(Q) = f(A) - x(A \setminus \{i\}) = f(A) - x(A) + x_i$$

推出

$$x(A) \geqslant f(A), \forall A \in \mathcal{P}_2(N)$$

综上可得

$$\boldsymbol{x} \in \text{Core}(N, f, \{N\})$$

因此，核心满足 Davis-Maschler 反向约简博弈性质。证明完毕。

习题 9.15 假设四元组 $(N, L, (a_i)_{i \in N}, (u_i)_{i \in N})$ 是市场，如果对于每一个生产者 $i \in N$，生产函数 $u_i : \mathbb{R}_+^L \to \mathbb{R}$ 是连续函数，试证明：

$$\max_{(x_i)_{i \in A} \in \text{Alloc}(A)} u_i(x_i)$$

可以取到最大值。

注释 9.15 本题主要考查市场上生产函数的分析性质。

解答 因为 $\forall i \in N$，函数 $u_i : \mathbb{R}_+^L \to \mathbb{R}$ 是连续函数，那么

$$\phi : \mathbb{R}_+^{A \times L} \to \mathbb{R}, \text{s.t.} \phi((x_i)_{i \in A})) = \sum_{i \in A} u_i(x_i)$$

是连续函数。又因为 $\text{Alloc}(A) \subseteq \mathbb{R}_+^{A \times L}$ 是紧致集合，因此存在

$$\max_{(x_i)_{i \in A} \in \text{Alloc}(A)} \phi((x_i)_{i \in A}) = \max_{(x_i)_{i \in A} \in \text{Alloc}(A)} u_i(x_i)$$

证明完毕。

习题 9.16 假设 N 是一个有限集合，$(N, f, \{N\})$ 是一个市场博弈，试证明：

$$\forall \alpha > 0, \boldsymbol{b} \in \mathbb{R}^N, (N, \alpha f + \boldsymbol{b}, \{N\})$$

依然是市场博弈，即正仿射变换不改变合作博弈的市场属性。

注释 9.16 本题主要考查市场博弈的正仿射性质。

解答 因为 $(N, f, \{N\})$ 是市场博弈，因此根据定义，存在每一个生产函数 $\forall i \in N, u_i : \mathbb{R}_+^L \to \mathbb{R}$ 为连续凹函数的市场 $(N, L, (a_i)_{i \in N}, (u_i)_{i \in N})$，使得

$$f(A) = \max_{(x_i)_{i \in A} \in \text{Alloc}(A)} \sum_{i \in A} u_i(x_i), \forall A \in \mathcal{P}(N)$$

构造新的市场 $(N, L, (a_i)_{i \in N}, (v_i)_{i \in N})$，其中

$$v_i = \alpha u_i + b_i : \mathbb{R}_+^L \to \mathbb{R}, \forall i \in N$$

显然 $v_i, \forall i \in N$ 都是连续凹函数，并且

$$\alpha f(A) + b(A)$$

$$= \alpha \max_{(x_i)_{i \in A} \in \text{Alloc}(A)} \sum_{i \in A} u_i(x_i) + b(A)$$

$$= \max_{(x_i)_{i \in A} \in \text{Alloc}(A)} \sum_{i \in A} [\alpha u_i(x_i) + b_i]$$

$$= \max_{(x_i)_{i \in A} \in \text{Alloc}(A)} \sum_{i \in A} [v_i(x_i)]$$

所以 $(N, \alpha f + \boldsymbol{b}, \{N\})$ 可由市场 $(N, L, (a_i)_{i \in N}, (v_i)_{i \in N})$ 刻画，因此 $(N, \alpha f + \boldsymbol{b}, \{N\})$ 是市场博弈。证明完毕。

习题 9.17 假设 N 是一个有限集合，$(N, f, \{N\})$ 是一个市场博弈，试证明：

$$\text{Core}(N, f, \{N\}) \neq \varnothing$$

注释 9.17 本题主要考查市场博弈的核心的非空性。

解答 因为 $(N, f, \{N\})$ 是市场博弈，因此根据定义，存在每一个生产函数 $\forall i \in N, u_i : \mathbb{R}_+^L \to \mathbb{R}$ 为连续凹函数的市场 $(N, L, (a_i)_{i \in N}, (u_i)_{i \in N})$，使得

$$f(A) = \max_{(x_i)_{i \in A} \in \text{Alloc}(A)} \sum_{i \in A} u_i(x_i), \forall A \in \mathcal{P}_0(N)$$

不妨假设

$$x_A =: (x_{i,A})_{i \in A} \in \mathbb{R}_+^{A \times L}$$

$$\sum_{i \in A} x_{i,A} = \sum_{i \in A} a_i$$

$$f(A) = \sum_{i \in A} u_i(x_{i,A})$$

根据核心非空与全集弱平衡的等价关系，仅需证明

$$f(N) \geqslant \sum_{A \in \mathcal{P}_0(N)} \delta_A f(A), \forall \boldsymbol{\delta} \in \text{WeakBalCoef}(\mathcal{P}_0(N))$$

因为 $\boldsymbol{\delta} \in \text{WeakBalCoef}(\mathcal{P}_0(N))$，所以有

$$\boldsymbol{\delta} \geqslant \boldsymbol{0}, \sum_{A \in \mathcal{P}_0(N), i \in A} \delta_A = 1, \forall i \in N$$

定义

$$z_i = \sum_{A \in \mathcal{P}_0(N), i \in A} \delta_A x_{i,A}, \forall i \in N$$

显然

$$z_i \in \mathbb{R}_+^L, \forall i \in N$$

并且

$$
\begin{aligned}
z(N) &= \sum_{i \in N} z_i \\
&= \sum_{i \in N} \sum_{A \in \mathcal{P}_0(N), i \in A} \delta_A x_{i,A} \\
&= \sum_{A \in \mathcal{P}_0(N)} \sum_{i \in A} \delta_A x_{i,A} \\
&= \sum_{A \in \mathcal{P}_0(N)} \delta_A a(A) \\
&= \sum_{A \in \mathcal{P}_0(N)} \sum_{i \in A} \delta_A a_i \\
&= \sum_{i \in N} \sum_{A \in \mathcal{P}_0(N), i \in A} \delta_A a_i \\
&= \sum_{i \in N} a_i \Big(\sum_{A \in \mathcal{P}_0(N), i \in A} \delta_A \Big) \\
&= \sum_{i \in N} a_i \\
&= a(N)
\end{aligned}
$$

因此 $z = (z_i)_{i \in N} \in \mathrm{Alloc}(N)$，根据定义可得

$$
\begin{aligned}
f(N) &= \max_{(x_i)_{i \in N} \in \mathrm{Alloc}(N)} \sum_{i \in N} u_i(x_i) \\
&\geqslant \sum_{i \in N} u_i(z_i) \\
&= \sum_{i \in N} u_i \Big(\sum_{A \in \mathcal{P}_0(N), i \in A} \delta_A x_{i,A} \Big) \\
&\geqslant \sum_{i \in N} \sum_{\mathcal{P}_0(N), i \in A} \delta_A u_i(x_{i,A}) \\
&= \sum_{A \in \mathcal{P}_0(N)} \delta_A \sum_{i \in A} u_i(x_{i,A}) \\
&= \sum_{A \in \mathcal{P}_0(N)} \delta_A f(A)
\end{aligned}
$$

上式中第二行、第三行利用了市场博弈的定义，第四行代入了 z_i 的定义，第五行利用了函数 u_i 的凹性，第六行利用了指标的交换性。因此根据核心非空与全集弱平衡的等价关系可知，市场博弈的核心非空。证明完毕。

习题 9.18　假设 $(N, L, (a_i)_{i \in N}, (u_i)_{i \in N})$ 是所有生产函数都为连续凹函数的市场，与其对应的合作博弈为 $(N, f, \{N\})$，盈利函数为

$$f(A) = \max_{(x_i)_{i \in A} \in \text{Alloc}(A)} \sum_{i \in A} u_i(x_i), \forall A \in \mathcal{P}(N)$$

取定 $S \in \mathcal{P}_0(N)$，新的市场 $(S, L, (a_i)_{i \in S}, (u_i)_{i \in S})$ 对应的合作博弈为 $(S, \bar{f}, \{S\})$，盈利函数为

$$\bar{f}(T) = \max_{(x_i)_{i \in T} \in \text{Alloc}(T)} \sum_{i \in T} u_i(x_i), \forall T \in \mathcal{P}(S)$$

那么一定有

$$\bar{f}(B) = f(B), \forall B \in \mathcal{P}(S)$$

注释 9.18　本题主要考查市场和子市场分别对应的博弈的关系。

解答　根据定义可知

$$f(B) = \max_{(x_i)_{i \in B} \in \text{Alloc}(B)} \sum_{i \in B} u_i(x_i), \forall B \in \mathcal{P}_0(S)$$

再次根据定义可知

$$\bar{f}(B) = \max_{(x_i)_{i \in B} \in \text{Alloc}(B)} \sum_{i \in B} u_i(x_i), \forall B \in \mathcal{P}_0(S)$$

证明完毕。

习题 9.19　假设 N 是一个有限集合，$(N, f, \{N\})$ 是一个市场博弈，试证明：子博弈 $(A, f, \{A\})$，$\forall A \in \mathcal{P}_0(N)$ 也为市场博弈。

注释 9.19　本题主要考查市场博弈的子博弈和市场的关系。

解答　因为 $(N, f, \{N\})$ 是市场博弈，因此根据定义，存在每一个生产函数 $\forall i \in N, u_i : \mathbb{R}_+^L \to \mathbb{R}$ 为连续凹函数的市场 $(N, L, (a_i)_{i \in N}, (u_i)_{i \in N})$，使得

$$f(T) = \max_{(x_i)_{i \in T} \in \text{Alloc}(T)} \sum_{i \in T} u_i(x_i), \forall T \in \mathcal{P}_0(N)$$

任意取定 $A \in \mathcal{P}_0(N)$，新的市场 $(A, L, (a_i)_{i \in A}, (u_i)_{i \in A})$ 对应的合作博弈是 $(A, f, \{A\})$，所以 $(A, f, \{A\})$ 也是市场博弈。证明完毕。

习题 9.20　假设 N 是一个有限集合，$(N, f, \{N\})$ 是一个全平衡博弈，试证明：该博弈是市场博弈。

注释 9.20 本题主要考查全平衡博弈和市场博弈之间的关系。

解答 正仿射变换不改变博弈的市场属性和全平衡属性，因为任何博弈都策略等价于 0 规范博弈，因此只需证明任何 0 规范的全平衡博弈都是市场博弈即可。假设 $(N, f, \{N\})$ 是 0 规范的全平衡博弈，即

$$f(i) = 0, \forall i \in N; \operatorname{Core}(A, f, \{A\}) \neq \varnothing, \forall A \in \mathcal{P}_0(N)$$

要构造一个具有连续凹性质生产函数的市场 $(N, L, (a_i)_{i \in N}, (u_i)_{i \in N})$，使得

$$f(A) = \max_{(x_i)_{i \in A} \in \operatorname{Alloc}(A)} \sum_{i \in A} u_i(x_i), \forall A \in \mathcal{P}(N)$$

（1）构造市场，令

$$N = L = \{1, 2, \cdots, n\}, a_i = e_i, \forall i \in N$$

那么有

$$\mathbb{R}_+^L = \mathbb{R}_+^N, a(A) = \sum_{i \in A} a_i = e_A, \forall A \in \mathcal{P}(N)$$

取定 $\boldsymbol{x} \in \mathbb{R}_+^N$，定义集合为

$$\operatorname{BalCoef}(\boldsymbol{x}) = \{\boldsymbol{\delta} \mid \boldsymbol{\delta} = (\delta_A)_{A \in \mathcal{P}_0(N)}; \boldsymbol{\delta} \geqslant 0; \boldsymbol{\delta} M_{\mathcal{P}_0(N)} = \boldsymbol{x}\}$$

因为

$$\boldsymbol{\delta} = (\delta_A)_{A \in \mathcal{P}_0(N)}, \delta_A = \begin{cases} x_i, & A = \{i\} \\ 0, & |A| \geqslant 2 \end{cases}$$

是 $\operatorname{BalCoef}(\boldsymbol{x})$ 中的元素，并且 $\operatorname{BalCoef}(\boldsymbol{x})$ 是有界闭集，因此 $\operatorname{BalCoef}(\boldsymbol{x})$ 是非空紧致凸集合。定义函数 $u : \mathbb{R}_+^N \to \mathbb{R}$ 为

$$u(\boldsymbol{x}) = \max_{\boldsymbol{\delta} \in \operatorname{BalCoef}(\boldsymbol{x})} \left[\sum_{A \in \mathcal{P}_0(N)} \delta_A f(A) \right], \forall \boldsymbol{x} \in \mathbb{R}_+^N$$

显然函数 $u(\boldsymbol{x})$ 是良定的。令 $u_i(\boldsymbol{x}) = u(\boldsymbol{x}) : \mathbb{R}_+^N \to \mathbb{R}, \forall i \in N$ 是生产函数。

（2）研究函数 $u(\boldsymbol{x})$ 的性质。首先因为是线性函数的最大值，所以函数是连续的；其次函数是非负齐次的，很容易验证函数是零齐次的，下面验证函数是正齐次的，显然有

$$\forall \alpha > 0, \operatorname{BalCoef}(\alpha \boldsymbol{x}) = \alpha \operatorname{BalCoef}(\boldsymbol{x}), \forall \boldsymbol{x} \in \mathbb{R}_+^N$$

Note

因此对于 $\alpha > 0, \boldsymbol{x} \in \mathbb{R}_+^N$ 有

$$
\begin{aligned}
u(\alpha \boldsymbol{x}) &= \max_{\boldsymbol{\delta} \in \mathrm{BalCoef}(\alpha \boldsymbol{x})} \left[\sum_{A \in \mathcal{P}_0(N)} \delta_A f(A) \right] \\
&= \max_{\boldsymbol{\delta} \in \mathrm{BalCoef}(x)} \left[\sum_{A \in \mathcal{P}_0(N)} \alpha \delta_A f(A) \right] \\
&= \alpha \max_{\boldsymbol{\delta} \in \mathrm{BalCoef}(x)} \left[\sum_{A \in \mathcal{P}_0(N)} \delta_A f(A) \right] \\
&= \alpha u(\boldsymbol{x})
\end{aligned}
$$

继续验证函数 u 满足

$$
\forall \boldsymbol{x}, \boldsymbol{y} \in \mathbb{R}_+^N, u(\boldsymbol{x} + \boldsymbol{y}) \geqslant u(\boldsymbol{x}) + u(\boldsymbol{y})
$$

不妨假设

$$
\exists \boldsymbol{\delta} = (\delta_A)_{A \in \mathcal{P}_0(N)} \in \mathrm{BalCoef}(\boldsymbol{x}), \mathrm{s.t.} \ u(\boldsymbol{x}) = \sum_{A \in \mathcal{P}_0(N)} \delta_A f(A)
$$

和

$$
\exists \boldsymbol{\eta} = (\eta_A)_{A \in \mathcal{P}_0(N)} \in \mathrm{BalCoef}(\boldsymbol{y}), \mathrm{s.t.} \ u(\boldsymbol{y}) = \sum_{A \in \mathcal{P}_0(N)} \eta_A f(A)
$$

显然有

$$
\boldsymbol{\delta} + \boldsymbol{\eta} = (\delta_A + \eta_A)_{A \in \mathcal{P}_0(N)} \in \mathrm{BalCoef}(\boldsymbol{x} + \boldsymbol{y})
$$

因此有

$$
\begin{aligned}
u(\boldsymbol{x} &+ \boldsymbol{y}) \\
&= \max_{\boldsymbol{\gamma} \in \mathrm{BalCoef}(\boldsymbol{x}+\boldsymbol{y})} \left[\sum_{A \in \mathcal{P}_0(N)} \gamma_A f(A) \right] \\
&\geqslant \sum_{A \in \mathcal{P}_0(N)} (\delta_A + \eta_A) f(A)] \\
&= u(\boldsymbol{x}) + u(\boldsymbol{y})
\end{aligned}
$$

二者综合可得 $\forall \boldsymbol{x}, \boldsymbol{y} \in \mathbb{R}_+^N, \forall \alpha \in [0, 1]$ 有

$$
u(\alpha \boldsymbol{x} + (1 - \alpha) \boldsymbol{y})
$$

$$\geqslant u(\alpha \boldsymbol{x}) + u((1-\alpha)\boldsymbol{y})$$
$$= \alpha u(\boldsymbol{x}) + (1-\alpha)u(\boldsymbol{y})$$

因此函数 u 是连续的凹函数。

（3）$u(e_A) = f(A)$。容易验证

$$\mathrm{BalCoef}(e_A)$$
$$= \{\boldsymbol{\delta}|\ \boldsymbol{\delta} = (\delta_B)_{B \in \mathcal{P}_0(N)}; \boldsymbol{\delta} \geqslant \mathbf{0}; \boldsymbol{\delta}\boldsymbol{M}_{\mathcal{P}_0(N)} = e_A\}$$
$$= \{\boldsymbol{\delta}|\ \boldsymbol{\delta} = (\delta_B)_{B \in \mathcal{P}_0(A)}; \boldsymbol{\delta} \geqslant \mathbf{0}; \boldsymbol{\delta}\boldsymbol{M}_{\mathcal{P}_0(A)} = e_A\}$$
$$= \mathrm{WeakBalCoef}(\mathcal{P}_0(A))$$

由合作博弈的全平衡覆盖博弈的定义可知

$$u(e_A)$$
$$= \max_{\boldsymbol{\delta} \in \mathrm{BalCoef}(e_A)} \left[\sum_{B \in \mathcal{P}_0(N)} \delta_B f(B) \right]$$
$$= \max_{\boldsymbol{\delta} \in \mathrm{WeakBalCoef}(\mathcal{P}_0(A))} \left[\sum_{B \in \mathcal{P}_0(A)} \delta_B f(B) \right]$$
$$= \hat{f}(A)$$

根据全平衡博弈的性质可知

$$u(e_A) = \hat{f}(A) = f(A)$$

（4）推导市场 $(N, N, (e_i)_{i \in N}, (u_i)_{i \in N})$ 对应的合作博弈 $(N, h, \{N\})$。根据定义可知

$$h(A) = \max_{(x_i)_{i \in A} \in \mathrm{Alloc}(A)} \left[\sum_{i \in A} u_i(x_i) \right], \forall A \in \mathcal{P}_0(N)$$

根据分配集合的定义可知

$$\mathrm{Alloc}(A)$$
$$= \left\{ (x_i)_{i \in A}|\ x_i \in \mathbb{R}_+^N, \forall i \in A; \sum_{i \in A} x_i = a(A) = \sum_{i \in A} e_i = e_A \right\}$$
$$\supseteq \bigcup_{i \in A} \{(\hat{x}_i)_{i \in A}|\ \hat{x}_j = 0, \forall j \in A, j \neq i; \hat{x}_i \in \mathbb{R}_+^N; \hat{x}_i = e_A\}$$

因此必定有

$$h(A) \geqslant u_i(\hat{x}_i) = u(\hat{x}_i) = u(e_A) = f(A), \forall A \in \mathcal{P}_0(N)$$

另一方面，假设

$$\exists (x_i^*)_{i \in A} \in \mathrm{Alloc}(A), \mathrm{s.t.} \ h(A) = \sum_{i \in A} u(x_i^*)$$

根据函数的性质可得

$$
\begin{aligned}
h(A) \\
&= \sum_{i \in A} u(x_i^*) \\
&\leqslant u\left(\sum_{i \in A} x_i^*\right) \\
&= u(e_A) = f(A)
\end{aligned}
$$

二者综合可得

$$h(A) = f(A), \forall A \in \mathcal{P}_0(N)$$

即证明了 $(N, f, \{N\})$ 是一个市场博弈。证明完毕。

习题 9.21　假设 N 是一个有限的参与人集合，$(N, f, \{N\})$ 为一个合作博弈，试证明：如果该博弈是可加的，那么一定是全平衡的。

注释 9.21　本题主要考查可加博弈和全平衡博弈之间的关系。

解答　假设 $A \in \mathcal{P}_0(N)$，对于子博弈 $(A, f, \{A\})$，有

$$(f(i))_{i \in A} \in \mathrm{Core}(A, f, \{A\})$$

验证如下：

$$
\begin{aligned}
&(f(i))_{i \in A} \in \mathbb{R}^A \\
&f(i) \geqslant f(i), \forall i \in A \\
&\sum_{i \in A} f(i) = f(A) \\
&\sum_{j \in B} f(j) = f(B) \geqslant f(B), \forall B \in \mathcal{P}_0(A)
\end{aligned}
$$

因此每一个子博弈的核心非空，故可加的合作博弈是全平衡博弈。证明完毕。

习题 9.22   假设 N 是一个有限的参与人集合，$(N, f, \{N\})$ 和 $(N, g, \{N\})$ 都是全平衡的合作博弈，定义新的合作博弈 $(N, h, \{N\})$，其中

$$h(A) = \min(f(A), g(A)), \forall A \in \mathcal{P}(N)$$

试证明：$(N, h, \{N\})$ 也是全平衡的。取定 $A \in \mathcal{P}_0(N)$，如果 $h(A) = f(A)$，那么有

$$\text{Core}(A, f, \{A\}) \subseteq \text{Core}(A, h, \{A\})$$

如果 $h(A) = g(A)$，那么有

$$\text{Core}(A, g, \{A\}) \subseteq \text{Core}(A, h, \{A\})$$

注释 9.22   本题主要考查两个全平衡博弈的取小博弈的核心及其关系。

解答   取定 $A \in \mathcal{P}_0(N)$，要证明

$$\text{Core}(A, h, \{A\}) \neq \varnothing$$

不妨设 $f(A) \leqslant g(A)$，那么有

$$h(A) = f(A)$$

因为 $(N, f, \{N\})$ 是全平衡的合作博弈，因此

$$\text{Core}(A, f, \{A\}) \neq \varnothing$$

可得

$$\text{Core}(A, f, \{A\}) \subseteq \text{Core}(A, h, \{A\})$$

假设 $\boldsymbol{x} \in \text{Core}(A, f, \{A\})$，根据核心的定义可得

$$x(A) = f(A); x(B) \geqslant f(B), \forall B \in \mathcal{P}(A)$$

因此一定有

$$x(A) = f(A) = h(A); x(B) \geqslant f(B) \geqslant h(B), \forall B \in \mathcal{P}(A)$$

即

$$\boldsymbol{x} \in \text{Core}(A, h, \{A\})$$

所以

$$\text{Core}(A, f, \{A\}) \subseteq \text{Core}(A, h, \{A\}) \neq \varnothing$$

证明完毕。

习题 9.23　假设 N 是一个有限的参与人集合，试证明：$(N, f, \{N\})$ 是全平衡的当且仅当其是有限个可加博弈 $(N, f_i, \{N\})_{i=1,2,\cdots,k}$ 的最小博弈，即

$$f = \min\ \{f_1, f_2, \cdots, f_k\}$$

注释 9.23　本题主要考查有限个加法博弈的取小博弈和全平衡博弈的等价性。

解答　（1）若 $(N, f_i, \{N\})_{i=1,2,\cdots,k}$ 是有限个可加博弈，则

$$f = \min\ \{f_1, f_2, \cdots, f_k\}$$

要证 $(N, f, \{N\})$ 是全平衡博弈。因为可加博弈是全平衡博弈，所以 $(N, f_i, \{N\})_{i=1,2,\cdots,k}$ 是有限个全平衡博弈，因此可知

$$(N, f, \{N\}), f = \min\ \{f_1, f_2, \cdots, f_k\}$$

是全平衡博弈。

（2）若 $(N, f, \{N\})$ 是全平衡博弈，则要构造有限个可加博弈 $(N, f_i, \{N\})_{i=1,2,\cdots,k}$，使得

$$f = \min\ \{f_1, f_2, \cdots, f_k\}$$

令 $M = 2 \max\limits_{A \in \mathcal{P}(N)} |f(A)|$。对于 $A \in \mathcal{P}_0(N)$，因为 $(N, f, \{N\})$ 是全平衡的，所以

$$\mathrm{Core}(A, f, \{A\}) \neq \varnothing$$

取定 $\hat{\boldsymbol{x}}^{\boldsymbol{A}} \in \mathrm{Core}(A, f, \{A\})$，将 $\hat{\boldsymbol{x}}_{\boldsymbol{A}}$ 扩充为 $\mathbb{R}^N$ 中的向量 $\boldsymbol{x}^A$，有

$$x_i^A = \hat{x}_i^A, \forall i \in A; x_i^A = M, \forall i \notin A$$

根据核心的定义和向量的扩充定义可得

$$x_i^A \geqslant f(i), \forall i \in N; \sum_{i \in A} x_i^A = f(A)$$

对于空集 $\varnothing$，定义 $x^\varnothing$ 为

$$x_i^\varnothing = M, \forall i \in N$$

对于 $A \in \mathcal{P}(N)$，定义合作博弈 $(N, f_A, \{N\})$ 为

$$f_A(B) =: \sum_{i \in B} x_i^A, \forall B \in \mathcal{P}_0(N); f_A(\varnothing) =: 0$$

根据定义可知 $(N, f_A, \{N\})$ 是可加博弈。

（3）$\forall A, B \in \mathcal{P}(N)$，有 $f_A(B) \geqslant f(B)$。当 $A = \varnothing$ 时，有

$$f_\varnothing(B) = \sum_{i \in B} M = |B|M \geqslant f(B)$$

当 $B = \varnothing$ 时，显然成立。当 $A \neq \varnothing, B \neq \varnothing$ 时，可得

$$
\begin{aligned}
f_A(B) \\
= \sum_{i \in B} x_i^A \\
= \sum_{i \in B \cap A} x_i^A + \sum_{i \in B \setminus A} x_i^A \\
\geqslant f(A \cap B) + \sum_{i \in B \setminus A} x_i^A \\
= f(A \cap B) + |B \setminus A|M
\end{aligned}
$$

下面分情况讨论：如果 $B \subseteq A$，那么 $A \cap B = B$，并且 $|B \setminus A| = 0$，代入上面的式子可得

$$f_A(B) \geqslant f(B)$$

如果 $B \nsubseteq A$，那么 $|B \setminus A| \geqslant 1$，根据 M 的定义可得

$$M \geqslant f(B) - f(A \cap B)$$

因此有

$$f_A(B) \geqslant f(A \cap B) + M \geqslant f(A \cap B) + f(B) - f(A \cap B) = f(B)$$

综上可得

$$f_A(B) \geqslant f(B), \forall A, B \in \mathcal{P}(N)$$

（4）$\forall B \in \mathcal{P}(N)$，有

$$\min_{A \in \mathcal{P}(N)} f_A(B) = f(B)$$

根据 (3) 中的结论可知

$$\min_{A \in \mathcal{P}(N)} f_A(B) \geqslant f(B), \forall B \in \mathcal{P}(N)$$

根据定义可知

$$f_B(B) = \sum_{i \in B} x_i^B = f(B)$$

因此

$$\min_{A \in \mathcal{P}(N)} f_A(B) = f(B), \forall B \in \mathcal{P}(N)$$

至此构造了一系列的可加博弈：

$$(N, f_A, \{N\})_{A \in \mathcal{P}(N)}, \text{s.t.} \ f(\cdot) = \min_{A \in \mathcal{P}(N)} f_A(\cdot)$$

证明完毕。

习题 9.24　假设 N 是一个有限的参与人集合，$(N, f, \{N\})$ 是一个凸博弈，试证明：子博弈 $(A, f, \{A\})$，$\forall A \in \mathcal{P}_0(N)$ 也是凸博弈。

注释 9.24　本题主要考查凸博弈的子博弈的性质。

解答　因为 $(N, f, \{N\})$ 是凸博弈，所以

$$\forall A, B \in \mathcal{P}(N), f(A) + f(B) \leqslant f(A \cap B) + f(A \cup B)$$

特别地，满足

$$\forall S, T \in \mathcal{P}(A), f(S) + f(T) \leqslant f(S \cap T) + f(S \cup T)$$

根据定义，$(A, f, \{A\})$ 是凸博弈。证明完毕。

习题 9.25　假设 N 是一个有限的参与人集合，$(N, f, \{N\})$ 是一个合作博弈，试证明下面三者等价：

（1）$(N, f, \{N\})$ 是凸博弈；

（2）$\forall B \subseteq A \subseteq N, \forall Q \subseteq N \setminus A$，有

$$f(B \cup Q) - f(B) \leqslant f(A \cup Q) - f(A)$$

（3）$\forall B \subseteq A \subseteq N, \forall i \in N \setminus A$，有

$$f(B \cup \{i\}) - f(B) \leqslant f(A \cup \{i\}) - f(A)$$

注释 9.25　本题主要考查凸博弈的刻画。

解答　先证明（1）$\Rightarrow$（2）。取定

$$B \subseteq A \subseteq N, Q \subseteq N \setminus A$$

利用博弈的凸性可得

$$f(B \cup Q) + f(A) \leqslant f(B \cup Q \cup A) + f((B \cup Q) \cap A)$$

显然可得

$$B \cup Q \cup A = A \cup Q, (B \cup Q) \cap A = B$$

代入可得

$$f(B \cup Q) + f(A) \leqslant f(A \cup Q) + f(B)$$

转化为

$$f(B \cup Q) - f(B) \leqslant f(A \cup Q) - f(A)$$

再证明 $(2) \Rightarrow (3)$，此时取定 $Q = \{i\}$ 即可。

最后证明 $(3) \Rightarrow (1)$，分以下两种情形讨论，任意取定 $A, B \in \mathcal{P}(N)$。

情形一：$B \subseteq A$，有

$$B \cap A = B, A \cup B = A$$

因此必定有

$$f(A) + f(B) \leqslant f(A) + f(B) = f(A \cup B) + f(A \cap B)$$

情形二：$B \not\subseteq A$，定义 $D = B \cap A, E = B \setminus A$，因为 $B \not\subseteq A$，因此一定有 $E \neq \varnothing$，不妨假设

$$E = \{i_1, i_2, \cdots, i_k\}$$

显然有

$$D \subseteq A, E = \{i_1, i_2, \cdots, i_k\} \subseteq N \setminus A$$

显然有

$$A \cup \{i_1, i_2, \cdots, i_l\} \supseteq D \cup \{i_1, i_2, \cdots, i_l\}, \forall l = 0, 1, \cdots, k-1$$

并且

$$i_{l+1} \notin A \cup \{i_1, i_2, \cdots, i_l\}, l = 0, 1, \cdots, k-1$$

因此根据结论 (3) 中的条件可得

$$f(A \cup \{i_1, i_2, \cdots, i_l, i_{l+1}\}) - f(A \cup \{i_1, i_2, \cdots, i_l\}) \geqslant$$
$$f(D \cup \{i_1, i_2, \cdots, i_l, i_{l+1}\}) - f(D \cup \{i_1, i_2, \cdots, i_l\}), l = 0, 1, \cdots, k-1$$

相加得到

$$f(A \cup \{i_1, i_2, \cdots, i_{k-1}, i_k\}) - f(A) \geqslant$$
$$f(D \cup \{i_1, i_2, \cdots, i_{k-1}, i_k\}) - f(D)$$

即

$$f(A \cup E) - f(A) \geqslant f(D \cup E) - f(D)$$

转化为

$$f(A \cup B) - f(A) \geqslant f(B) - f(A \cap B)$$

进一步转化为

$$f(A) + f(B) \leqslant f(A \cap B) + f(A \cup B)$$

证明完毕。

习题 9.26 假设 N 是一个有限的参与人集合，$(N, f, \{N\})$ 是一个凸的合作博弈，构造向量 $\boldsymbol{x} \in \mathbb{R}^N$ 为

$$
\begin{aligned}
x_1 &= f(1) \\
x_2 &= f(1, 2) - f(1) \\
x_3 &= f(1, 2, 3) - f(1, 2) \\
&\vdots \\
x_n &= f(1, 2, \cdots, n) - f(1, 2, \cdots, n-1)
\end{aligned}
$$

试证明：

$$\boldsymbol{x} \in \mathrm{Core}(N, f, \{N\}) \neq \varnothing$$

注释 9.26 本题构造了凸博弈的核心中的一个元素。

解答 首先验证 $\boldsymbol{x}$ 满足结构理性，即

$$
\begin{aligned}
x(N) &= \sum_{i \in N} x_i \\
&= f(1, 2, \cdots, n) = f(N)
\end{aligned}
$$

其次验证 $\boldsymbol{x}$ 满足集体理性，即

$$\forall A \in \mathcal{P}_0(N), x(A) \geqslant f(A)$$

因为 A 是有限的，不妨假设

$$A = \{i_1, i_2, \cdots, i_k\}, i_1 < i_2 < \cdots < i_k$$

因此

$$\{i_1, i_2, \cdots, i_{j-1}\} \subseteq \{1, 2, \cdots, i_j - 1\}, \forall j = 1, 2, \cdots, k$$

利用凸性的等价刻画可得

$$
\begin{aligned}
f(\{1, 2, \cdots, i_j\}) - f(\{1, 2, \cdots, i_j - 1\}) \geqslant &f(\{i_1, i_2, \cdots, i_{j-1}, i_j\}) \\
&- f(\{i_1, i_2, \cdots, i_{j-1}\}), \forall j = 1, 2, \cdots, k
\end{aligned}
$$

因此得到

$$x(A) = \sum_{j=1}^{k} x_{i_j}$$

$$= \sum_{j=1}^{k} [f(\{1, 2, \cdots, i_j\}) - f(\{1, 2, \cdots, i_j - 1\})]$$

$$\geqslant \sum_{j=1}^{k} [f(\{i_1, i_2, \cdots, i_{j-1}, i_j\}) - f(\{i_1, i_2, \cdots, i_{j-1}\})]$$

$$= f(\{i_1, i_2, \cdots, i_k\}) = f(A)$$

二者综合可以得出

$$\boldsymbol{x} \in \mathrm{Core}(N, f, \{N\}) \neq \varnothing$$

证明完毕。

习题 9.27 假设 N 是一个有限的参与人集合，$(N, f, \{N\})$ 是一个凸的合作博弈，$\pi = (i_1, i_2, \cdots, i_n)$ 是一个置换，构造向量 $\boldsymbol{x} \in \mathbb{R}^N$ 为

$$x_1 = f(i_1)$$
$$x_2 = f(i_1, i_2) - f(i_1)$$
$$x_3 = f(i_1, i_2, i_3) - f(i_1, i_2)$$
$$\vdots$$
$$x_n = f(i_1, i_2, \cdots, i_n) - f(i_1, i_2, \cdots, i_{n-1})$$

试证明：

$$\boldsymbol{x} \in \mathrm{Core}(N, f, \{N\}) \neq \varnothing$$

注释 9.27 本题主要利用置换群构造凸博弈核心中的多个元素。

解答 采用与习题 9.26 相似的证明思路即可。

习题 9.28 假设 N 是一个有限的参与人集合，$(N, f, \{N\})$ 是一个合作博弈，试证明：

$$\mathrm{ConvHull}\{\boldsymbol{w}^\pi | \forall \pi \in \mathrm{Permut}(N)\} \subseteq \mathrm{Core}(N, f, \{N\})$$

注释 9.28 本题主要考查置换群生成的元素的凸博弈都在核心之中。

解答 根据习题 9.26 和习题 9.27 可知

$$\{\boldsymbol{w}^\pi | \pi \in \mathrm{Permut}(N)\} \subseteq \mathrm{Core}(N, f, \{N\})$$

因为核心是凸集，所以

$$\mathrm{ConvHull}\{\boldsymbol{w}^{\pi}|\forall \pi \in \mathrm{Permut}(N)\} \subseteq \mathrm{Core}(N, f, \{N\})$$

证明完毕。

Note

习题 9.29 假设 N 是一个有限的参与人集合，$(N, f, \{N\})$ 是一个合作博弈，试证明：

$$\forall A \in \mathcal{P}_0(N), \exists \boldsymbol{x} \in \mathrm{Core}(N, f, \{N\}), \mathrm{s.t.} x(A) = f(A)$$

注释 9.29 本题主要考查在核心中是否存在恰好在某联盟上与盈利一致的分配。

解答 令

$$A = \{i_1, i_2, \cdots, i_k\}$$

考虑一个置换

$$\pi = (i_1, i_2, \cdots, i_k, i_{k+1}, \cdots, i_n)$$

那么 $\boldsymbol{x} = \boldsymbol{w}^{\pi} \in \mathrm{Core}(N, f, \{N\})$ 表示为

$$x_1 = f(i_1)$$
$$x_2 = f(i_1, i_2) - f(i_1)$$
$$x_3 = f(i_1, i_2, i_3) - f(i_1, i_2)$$
$$\vdots$$
$$x_n = f(i_1, i_2, \cdots, i_n) - f(i_1, i_2, \cdots, i_{n-1})$$

显然有

$$x(A) = \sum_{j=1}^{k} x_j = f(i_1, i_2, \cdots, i_k) = f(A)$$

证明完毕。

习题 9.30 假设 N 是一个有限的参与人集合，(N, f, τ) 表示一个具有一般联盟结构的 TUCG，试证明：它的核心是 $\mathbb{R}^N$ 中有限个闭的半空间的交集，是有界闭集、凸集。

注释 9.30 本题主要考查带有联盟结构的核心的拓扑性质。

解答 根据核心的定义可得

$$\mathrm{Core}(N, f, \tau)$$
$$= \{\boldsymbol{x}|\ \boldsymbol{x} \in \mathbb{R}^N; x_i \geqslant f_i, \forall i \in N; x(A) = f(A), \forall A \in \tau; x(B) \geqslant f(B), \forall B \in \mathcal{P}(N)\}$$

因此本质上求解一个 TUCG 的核心是求解如下的不等式方程组：

$$\begin{cases} \boldsymbol{x} \in \mathbb{R}^n, \text{ 分配向量} \\ x_i \geqslant f(i), \forall i \in N, \text{ 个体理性} \\ \sum_{i \in A} x_i = f(A), \forall A \in \tau, \text{ 结构理性} \\ \sum_{i \in B} x_i \geqslant f(B), \forall B \in \mathcal{P}(N), \text{ 集体理性} \end{cases}$$

根据数学分析的基本知识，可知核心是有限个闭的半空间的交集，因此一定是闭集、凸集。下证核心是有界集合。根据个体理性，可知核心是有下界的，记为

$$\min_{i \in N} x_i \geqslant \min_{i \in N} f(i) > l < 0, \forall \boldsymbol{x} \in \text{Core}(N, f, \tau)$$

综合运用个体理性和结构理性，取定 $i \in A \in \tau$，可知

$$x_i = f(A) - \sum_{j \neq i, j \in A} x_j \leqslant f(A) - (|A| - 1)l \leqslant$$

$$\max_{A \in \mathcal{P}(N)} f(A) - (n-1)l =: u, \forall i \in N, \forall \boldsymbol{x} \in \text{Core}(N, f, \tau)$$

因此核心中的元素有上界。二者结合得出，核心是一个有界集合。综上，核心是一个有界的、闭的、凸的多面体。证明完毕。

习题 9.31 假设 N 是一个有限的参与人集合，(N, f, τ) 表示一个具有一般联盟结构的 TUCG，试证明：

$$\forall \alpha > 0, \forall \boldsymbol{b} \in \mathbb{R}^N, \text{Core}(N, \alpha f + \boldsymbol{b}, \tau) = \alpha \text{Core}(N, f, \tau) + \boldsymbol{b}$$

即合作博弈 $(N, \alpha f + \boldsymbol{b}, \tau), \forall \alpha > 0, \boldsymbol{b} \in \mathbb{R}^N$ 与 (N, f, τ) 的核心之间具有协变关系。

注释 9.31 本题主要考查带有一般联盟结构的核心在正仿射变换下的性质。

解答 取定 $\alpha > 0, \boldsymbol{b} \in \mathbb{R}^N$，根据定义，合作博弈 (N, f, τ) 的核心是如下方程组的解集：

$$E_1 : \begin{cases} \boldsymbol{x} \in \mathbb{R}^n, \text{ 分配向量} \\ x_i \geqslant f(i), \forall i \in N, \text{ 个体理性} \\ \sum_{i \in A} x_i = f(A), \forall A \in \tau, \text{ 结构理性} \\ \sum_{i \in B} x_i \geqslant f(B), \forall B \in \mathcal{P}(N), \text{ 集体理性} \end{cases}$$

同样根据定义，可知合作博弈 $(N, \alpha f + \boldsymbol{b}, \{N\})$ 的核心是如下方程组的解集：

$$E_2: \begin{cases} \boldsymbol{y} \in \mathbb{R}^n, \ \text{分配向量} \\ y_i \geqslant f(i), \forall i \in N, \ \text{个体理性} \\ \sum_{i \in A} y_i = f(A), \forall A \in \tau, \ \text{结构理性} \\ \sum_{i \in B} y_i \geqslant f(B), \forall B \in \mathcal{P}(N), \ \text{集体理性} \end{cases}$$

假设 $\boldsymbol{x}$ 是方程组 E_1 的解，显然 $\alpha\boldsymbol{x} + \boldsymbol{b}$ 是方程组 E_2 的解，因为正仿射变换是等价变化的，因此如果 $\boldsymbol{y}$ 是方程组 E_2 的解，那么 $\dfrac{\boldsymbol{y}}{\alpha} - \dfrac{\boldsymbol{b}}{\alpha}$ 是方程组 E_1 的解，综上可得

$$\mathrm{Core}(N, \alpha f + \boldsymbol{b}, \tau) = \alpha\mathrm{Core}(N, f, \tau) + \boldsymbol{b}$$

证明完毕。

习题 9.32 假设 N 是一个有限的参与人集合，(N, f) 表示一个不具有联盟结构的 TUCG，其对应的超可加覆盖博弈为 (N, f^*)，试证明：

（1）$f^*(A) \geqslant f(A), \forall A \in \mathcal{P}(N)$；

（2）$f^*(i) = f(i), \forall i \in N$；

（3）(N, f^*) 是超可加博弈；

（4）(N, f^*) 是大于或等于 (N, f) 的最小的超可加博弈；即假设 (N, h) 是超可加博弈且 $(N, h) \geqslant (N, f)$，那么一定有 $(N, h) \geqslant (N, g)$；

（5）(N, f) 是超可加博弈当且仅当 $f(A) = f^*(A), \forall A \in \mathcal{P}(N)$。

注释 9.32 本题主要考查具有一般联盟结构的 TUCG 的超可加博弈的性质。

解答 （1）显然有 $f^*(\varnothing) = 0 = f(\varnothing)$，对于 $A \in \mathcal{P}_0(N)$，显然 $\tau = \{A\} \in \mathrm{Part}(N)$，因此一定有

$$f^*(A) = \max_{\tau \in \mathrm{Part}((A)} \sum_{B \in \tau} f(B) \geqslant f(A)$$

（2）对于 $i \in N$ 只有一种划分，即 $\mathrm{Part}(i) = \{\tau = \{i\}\}$，因此必定有

$$f(i) = f^*(i), \forall i \in N$$

（3）取定 $A, B \in \mathcal{P}_0(N), A \cap B = \varnothing$，假设 $\tau_1 = \{B_1, B_2, \cdots, B_k\} \in \mathrm{Part}(B)$ 和 $\tau_2 = \{A_1, A_2, \cdots, A_l\} \in \mathrm{Part}(A)$，分别取到下面各式的最大值：$f^*(B) = \max_{\tau \in \mathrm{Part(B)}} \sum_{C \in \tau} f(C)$ 和 $f^*(A) = \max_{\tau \in \mathrm{Part(A)}} \sum_{D \in \tau} f(D)$，即 $f^*(B) = \sum_{i=1,2,\cdots,k} f(B_i)$ 和 $f^*(A) = \sum_{j=1,2,\cdots,l} f(A_j)$。显然有

$$\{A_1, A_2, \cdots, A_l, B_1, B_2, \cdots, B_k\} \in \mathrm{Part}(A \cup B)$$

根据超可加覆盖的定义有

$$f^*(A \cup B) \geqslant \sum_{i=1,2,\cdots,k} f(B_i) + \sum_{j=1,2,\cdots,l} f(A_j)$$

又因为

$$f^*(B) + f^*(A) = \sum_{i=1,2,\cdots,k} f(B_i) + \sum_{j=1,2,\cdots,l} f(A_j)$$

二者综合可得

$$f^*(A) + f^*(B) \leqslant f^*(A \cup B)$$

即 (N, f^*) 是超可加博弈。

（4）假设 (N, h) 是超可加博弈，并且 $(N, h) \geqslant (N, f)$，取定 $A \in \mathcal{P}_0(N)$，取定一个划分 $\tau = \{A_1, A_2, \cdots, A_i, \cdots, A_k\} \in \text{Part}(A)$，使得达到下式的最大值 $f^*(A) = \max\limits_{\tau \in \text{Part}(A)} \sum\limits_{D \in \tau} f(D)$，即 $f^*(A) = \sum\limits_{i=1,2,\cdots,k} f(A_i)$。

又因为 (N, h) 是超可加的，并且大于或等于 (N, f)，那么有

$$f(A_i) \leqslant h(A_i), i = 1, 2, \cdots, k; \sum_{i=1,2,\cdots,k} h(A_i) \leqslant h(\cup_{i=1,2,\cdots,k} A_i) = h(A)$$

因此必定有

$$f^*(A) = \sum_{i=1,2,\cdots,k} f(A_i) \leqslant \sum_{i=1,2,\cdots,k} h(A_i) \leqslant h(A)$$

即

$$(N, f^*) \leqslant (N, h)$$

（5）首先如果 $(N, f) = (N, f^*)$，那么因为 (N, f^*) 是超可加的，因此 (N, f) 也是超可加的；其次如果 (N, f) 是超可加的，那么根据上面的结论可知 $(N, f) \geqslant (N, f^*)$，又因为 $(N, f) \leqslant (N, f^*)$，那么一定有 $(N, f) = (N, f^*)$，证明完毕。

习题 9.33 假设 N 是一个有限的参与人集合，(N, f, τ) 是具有一般联盟结构的合作博弈，其对应的超可加覆盖博弈为 (N, f^*)，试证明：

$$\text{Core}(N, f, \tau) = \text{Core}(N, f^*, \{N\}) \cap X(N, f, \tau)$$

注释 9.33 本题主要考查具有一般联盟结构的 TUCG 的核心与其对应的具有大联盟结构的超可加博弈的核心的关系。

解答　（1）下面证明 $\mathrm{Core}(N, f, \tau) \supseteq \mathrm{Core}(N, f^*, \{N\}) \cap X(N, f, \tau)$。

假设 $\boldsymbol{x} \in \mathrm{Core}(N, f^*, \{N\}) \cap X(N, f, \tau)$，因为 $\boldsymbol{x} \in X(N, f, \tau)$，所以 $\boldsymbol{x}$ 满足个体理性和结构理性，因此要证明 $\boldsymbol{x} \in \mathrm{Core}(N, f, \tau)$，只需证明 $\boldsymbol{x}$ 的集体理性，即

$$x(A) \geqslant f(A), \forall A \in \mathcal{P}(N)$$

又因为 $\boldsymbol{x} \in \mathrm{Core}(N, f, \{N\})$，因此一定满足

$$x(A) \geqslant f^*(A), \forall A \in \mathcal{P}(N)$$

根据上面的定理可知

$$f^*(A) \geqslant f(A), \forall A \in \mathcal{P}(N)$$

综上有

$$x(A) \geqslant f^*(A) \geqslant f(A), \forall A \in \mathcal{P}(N)$$

因此证明了

$$\boldsymbol{x} \in \mathrm{Core}(N, f, \tau)$$

即

$$\mathrm{Core}(N, f, \tau) \supseteq \mathrm{Core}(N, f^*, \{N\}) \cap X(N, f, \tau)$$

（2）下面证明 $\mathrm{Core}(N, f, \tau) \subseteq \mathrm{Core}(N, f^*, \{N\}) \cap X(N, f, \tau)$。

假设 $\boldsymbol{x} \in \mathrm{Core}(N, f, \tau)$。固定 $A \in \mathcal{P}_0(N)$，给定一个划分：

$$\sigma = \{A_1, A_2, \cdots, A_i, \cdots, A_k\} \in \mathrm{Part}(A)$$

并且满足

$$f^*(A) = \sum_{i=1}^{k} f(A_i)$$

因为 $\boldsymbol{x} \in \mathrm{Core}(N, f, \tau)$，根据核心的定义可得

$$x(A_i) \geqslant f(A_i), i = 1, 2, \cdots, k$$

综合得到

$$x(A) = \sum_{i=1}^{k} x(A_i) \geqslant \sum_{i=1}^{k} f(A_i) = f^*(A)$$

特别地，令 $A = N$，可得

$$x(N) \geqslant f^*(N)$$

因为 $\boldsymbol{x} \in \text{Core}(N, f, \tau)$，可得

$$x(N) = \sum_{B \in \tau} x(B) = \sum_{B \in \tau} f(B) \leqslant f^*(N)$$

二者结合得到

$$x(N) = f^*(N)$$

因此

$$\boldsymbol{x} \in \text{Core}(N, f^*, \{N\})$$

且

$$\text{Core}(N, f, \tau) \subseteq \text{Core}(N, f^*, \{N\})$$

根据核心的定义显然有

$$\text{Core}(N, f, \tau) \subseteq X(N, f, \tau)$$

二者结合推得

$$\text{Core}(N, f, \tau) \subseteq \text{Core}(N, f^*, \{N\}) \cap X(N, f, \tau)$$

证明完毕。

习题 9.34 假设 N 是一个有限的参与人集合，(N, f, τ) 是具有一般联盟结构的合作博弈，其对应的超可加覆盖博弈为 (N, f^*)，试证明：

（1）如果 $f^*(N) > \sum\limits_{A \in \tau} f(A)$，那么可得

$$\text{Core}(N, f, \tau) = \varnothing$$

（2）如果 $f^*(N) = \sum\limits_{A \in \tau} f(A)$，那么可得

$$\text{Core}(N, f, \tau) = \text{Core}(N, f^*, \{N\})$$

注释 9.34 本题主要考查带有一般联盟结构的 TUCG 的核心与其对应的具有大联盟结构的超可加博弈的核心的关系。

解答 （1）$f^*(N) > \sum\limits_{A \in \tau} f(A)$，要证明 $\text{Core}(N, f^*, \{N\}) \cap X(N, f, \tau) = \varnothing$。如不然，那么存在 $\boldsymbol{x} \in \text{Core}(N, f^*, \{N\}) \cap X(N, f, \tau)$。因为 $\boldsymbol{x} \in X(N, f, \tau)$，根据结构理性可得 $x(A) = f(A), \forall A \in \tau$，并且有

$$x(N) = \sum_{A \in \tau} x(A) = \sum_{A \in \tau} f(A)$$

又因为 $\boldsymbol{x} \in \text{Core}(N, f^*, \{N\})$，根据核心的定义可得

$$x(N) = f^*(N)$$

综合二者得到

$$\sum_{A \in \tau} f(A)$$

$$= x(N) = f^*(N) > \sum_{A \in \tau} f(A)$$

由此导出矛盾，因此

$$\text{Core}(N, f, \tau) = \text{Core}(N, f^*, \{N\}) \cap X(N, f, \tau) = \varnothing$$

（2）$f^*(N) = \sum\limits_{A \in \tau} f(A)$，要证明

$$\text{Core}(N, f^*, \{N\}) \subseteq X(N, f, \tau)$$

取定 $\boldsymbol{x} \in \text{Core}(n, f^*, \{N\})$，根据核心的定义可得

$$x(S) \geqslant f^*(S) \geqslant f(S), \forall S \in \mathcal{P}(N)$$
$$\sum_{A \in \tau} x(A) = x(N) \geqslant \sum_{A \in \tau} f^*(A) \geqslant \sum_{A \in \tau} f(A)$$
$$\sum_{A \in \tau} x(A) = x(N) = f^*(N) = \sum_{A \in \tau} f(A)$$

上面第二行和第三行的所有不等式变为等式可得

$$x(A) = f(A), \forall A \in \tau$$

同时显然有

$$x_i \geqslant f^*(i) \geqslant f(i), \forall i \in N$$

二者综合可得

$$\boldsymbol{x} \in X(N, f, \tau)$$

即

$$\text{Core}(N, f^*, \{N\}) \subseteq X(N, f, \tau)$$

由此可得

$$\text{Core}(N, f, \tau) = \text{Core}(N, f^*, \{N\}) \cap X(N, f, \tau) = \text{Core}(N, f^*, \{N\})$$

证明完毕。

第10章

解概念之沙普利值

本章首先梳理了有关可转移盈利合作博弈的解概念之沙普利值的定义、公理刻画、约简博弈一致性等要点，然后针对每个知识要点提供了诸多的习题及详细解答。

10.1　知识梳理

　　定义 10.1　假设 N 是一个有限的参与人集合，Γ_N 表示 N 上所有具有大联盟结构的合作博弈，假设有一个数值解概念 $\phi : \Gamma_N \to \mathbb{R}^N, \phi(N, f, \{N\}) \in \mathbb{R}^N$，参与人 $i \in N$，在解概念意义下，参与人 i 获得的分配记为 $\phi_i(N, f, \{N\})$，分配向量记为 $\phi(N, f, \{N\}) = (\phi_i(N, f, \{N\}))_{i \in N} \in \mathbb{R}^N$。

　　定义 10.2（有效公理）　假设 N 是一个有限的参与人集合，Γ_N 表示 N 上所有具有大联盟结构的合作博弈，如果一个数值解概念 $\phi : \Gamma_N \to \mathbb{R}^N, \phi(N, f, \{N\}) \in \mathbb{R}^N$ 满足

$$\sum_{i \in N} \phi_i(N, f, \{N\}) = f(N); \forall(N, f, \{N\}) \in \Gamma_N$$

那么称其满足有效公理。

　　定义 10.3　假设 N 是一个有限的参与人集合，$(N, f, \{N\})$ 是一个合作博弈，如果满足

$$\forall A \subseteq N \setminus \{i, j\}, f(A \cup \{i\}) = f(A \cup \{j\})$$

那么参与人 i 和 j 关于 $(N, f, \{N\})$ 对称，记为 $i \approx_{(N,f,\{N\})} j$ 或者简单记为 $i \approx j$。

　　定义 10.4（对称公理）　假设 N 是一个有限的参与人集合，Γ_N 表示 N 上所有具有大联盟结构的合作博弈，如果一个数值解概念 $\phi : \Gamma_N \to \mathbb{R}^N, \phi(N, f, \{N\}) \in \mathbb{R}^N$ 满足

$$\phi_i(N, f, \{N\}) = \phi_j(N, f, \{N\}), \forall(N, f, \{N\}) \in \Gamma_N, \forall i \approx_{(N,f,\{N\})} j$$

那么称其满足对称公理。

Note

定义 10.5（协变公理） 假设 N 是一个有限的参与人集合，Γ_N 表示 N 上所有具有大联盟结构的合作博弈，如果一个数值解概念 $\phi : \Gamma_N \to \mathbb{R}^N, \phi(N, f, \{N\}) \in \mathbb{R}^N$ 满足

$$\phi(N, \alpha f + \boldsymbol{b}, \{N\}) = \alpha\phi(N, f, \{N\}) + \boldsymbol{b}, \forall(N, f, \{N\}) \in \Gamma_N, \forall \alpha > 0, \boldsymbol{b} \in \mathbb{R}^N$$

那么称其满足协变公理。

定义 10.6 假设 N 是一个有限的参与人集合，$(N, f, \{N\})$ 是一个合作博弈，如果满足

$$\forall A \subseteq N \Rightarrow f(A \cup \{i\}) = f(A)$$

那么称参与人 i 关于 $(N, f, \{N\})$ 是零贡献的，记为 $i \in \text{Null}(N, f, \{N\})$ 或者简单记为 $i \in \text{Null}$。

定义 10.7 假设 N 是一个有限的参与人集合，$(N, f, \{N\})$ 是一个合作博弈，如果满足

$$\forall A \subseteq N \setminus \{i\} \Rightarrow f(A \cup \{i\}) = f(A) + f(i)$$

那么称参与人 i 关于 $(N, f, \{N\})$ 是愚蠢的，记为 $i \in \text{Dummy}(N, f, \{N\})$ 或者简单记为 $i \in \text{Dummy}$。

定义 10.8（零贡献公理） 假设 N 是一个有限的参与人集合，Γ_N 表示 N 上所有具有大联盟结构的合作博弈，如果一个数值解概念 $\phi : \Gamma_N \to \mathbb{R}^N, \phi(N, f, \{N\}) \in \mathbb{R}^N$ 满足

$$\phi_i(N, f, \{N\}) = 0, \forall(N, f, \{N\}) \in \Gamma_N, \forall i \in \text{Null}(N, f, \{N\})$$

那么称其满足零贡献公理。

定义 10.9（加法公理） 假设 N 是一个有限的参与人集合，Γ_N 表示 N 上所有具有大联盟结构的合作博弈，如果一个数值解概念 $\phi : \Gamma_N \to \mathbb{R}^N, \phi(N, f, \{N\}) \in \mathbb{R}^N$ 满足

$$\phi(N, f + g, \{N\}) = \phi(N, f, \{N\}) + \phi(N, g, \{N\}), \forall(N, f, \{N\}), (N, g, \{N\}) \in \Gamma_N$$

那么称其满足加法公理。

定义 10.10（线性公理） 假设 N 是一个有限的参与人集合，Γ_N 表示 N 上所有具有大联盟结构的合作博弈，如果一个数值解概念 $\phi : \Gamma_N \to \mathbb{R}^N, \phi(N, f, \{N\}) \in \mathbb{R}^N$ 满足

$$\phi(N, \alpha f + \beta g, \{N\}) = \alpha\phi(N, f, \{N\}) + \beta\phi(N, g, \{N\})$$

$$\forall(N, f, \{N\}), (N, g, \{N\}) \in \Gamma_N, \forall \alpha, \beta \in \mathbb{R}$$

那么称其满足线性公理。

定义 10.11（边际单调公理） 假设 N 是一个有限的参与人集合，Γ_N 表示 N 上所有具有大联盟结构的合作博弈，如果一个数值解概念 $\phi : \Gamma_N \to \mathbb{R}^N, \phi(N, f, \{N\}) \in \mathbb{R}^N$ 对于任意取定的 $i \in N$，有

$$\forall (N, f, \{N\}), (N, g, \{N\}), \text{s.t.} \, f(A \cup \{i\}) - f(A) \geqslant g(A \cup \{i\}) - g(A), \forall A \subseteq N \setminus \{i\}$$

那么称其满足边际单调公理，一定有

$$\phi_i(N, f, \{N\}) \geqslant \phi_i(N, g, \{N\})$$

定义 10.12（边际公理） 假设 N 是一个有限的参与人集合，Γ_N 表示 N 上所有具有大联盟结构的合作博弈，如果一个数值解概念 $\phi : \Gamma_N \to \mathbb{R}^N, \phi(N, f, \{N\}) \in \mathbb{R}^N$ 对于任意取定的 $i \in N$，有

$$\forall (N, f, \{N\}), (N, g, \{N\}), \text{s.t.} \, f(A \cup \{i\}) - f(A) = g(A \cup \{i\}) - g(A), \forall A \subseteq N \setminus \{i\}$$

那么称其满足边际公理，一定有

$$\phi_i(N, f, \{N\}) = \phi_i(N, g, \{N\})$$

定义 10.13 假设 N 是一个包含有 n 个人的有限的参与人集合，$\text{Permut}(N)$ 表示 N 中的所有置换，$\pi \in \text{Permut}(N)$，则

$$P_i(\pi) = \{j | \, j \in N; \pi(j) < \pi(i)\}$$

表示按照置换 π 在参与人 i 之前的参与人集合。

定义 10.14 假设 N 是一个有限的参与人集合，Γ_N 表示 N 上所有带有大联盟结构的合作博弈，$\pi \in \text{Permut}(N)$，定义一个数值解概念 $\phi^\pi : \Gamma_N \to \mathbb{R}^N, \phi(N, f, \{N\}) \in \mathbb{R}^N$ 为

$$\phi_i^\pi(N, f, \{N\}) = f(P_i(\pi) \cup \{i\}) - f(P_i(\pi)), \forall i \in N, \forall (N, f, \{N\}) \in \Gamma_N$$

解概念 ϕ^π 满足有效、协变、零贡献和加法公理，但是不满足对称公理。

定义 10.15 假设 N 是一个有限的参与人集合，Γ_N 表示 N 上所有具有大联盟结构的合作博弈，$\pi \in \text{Permut}(N)$，定义一个数值解概念 $\text{Sh} : \Gamma_N \to \mathbb{R}^N, \text{Sh}(N, f, \{N\}) \in \mathbb{R}^N$ 为

$$\text{Sh}_i(N, f, \{N\}) = \frac{1}{n!} \sum_{\pi \in \text{Permut}(N)} [f(P_i(\pi) \cup \{i\}) - f(P_i(\pi))], \forall i \in N, \forall (N, f, \{N\}) \in \Gamma_N$$

即

$$\text{Sh}_i(N, f, \{N\}) = \frac{1}{n!} \sum_{\pi \in \text{Permut}(N)} \phi_i^\pi(N, f, \{N\}), \forall i \in N, \forall (N, f, \{N\}) \in \Gamma_N$$

该数值解概念称为沙普利值。

定义 10.16 假设 N 是一个有限的参与人集合，任取 $A \in \mathcal{P}_0(N)$，定义 A 上的 1-0 承载博弈为 $(N, C_{(A,1,0)}, \{N\})$，其中

$$C_{(A,1,0)}(B) = \begin{cases} 1, & A \subseteq B \\ 0, & 其他 \end{cases}$$

定义 10.17 假设 N 是一个有限的参与人集合，任取 $A \in \mathcal{P}_0(N), \alpha \in \mathbb{R}$，定义 A 上的 α-0 承载博弈为 $(N, C_{(A,\alpha,0)}, \{N\})$，其中

$$C_{(A,\alpha,0)}(B) = \begin{cases} \alpha, & A \subseteq B \\ 0, & 其他 \end{cases}$$

定义 10.18 假设 N 是一个有限的参与人集合，$(N, f, \{N\})$ 是一个合作博弈，如果满足

$$\forall A, B \in \mathcal{P}(N), f(A) + f(B) \leqslant f(A \cap B) + f(A \cup B)$$

那么称其为凸博弈。

定义 10.19 假设 N 是一个有限的参与人集合，$(N, f, \{N\})$ 是一个合作博弈，$\pi = (i_1, i_2, \cdots, i_n)$ 是一个置换，构造向量 $\boldsymbol{x} \in \mathbb{R}^N$ 为

$$x_1 = f(i_1)$$
$$x_2 = f(i_1, i_2) - f(i_1)$$
$$x_3 = f(i_1, i_2, i_3) - f(i_1, i_2)$$
$$\vdots$$
$$x_n = f(i_1, i_2, \cdots, i_n) - f(i_1, i_2, \cdots, i_{n-1})$$

上面的向量记为 $\boldsymbol{x} := \boldsymbol{w}^\pi$。

定义 10.20 假设 N 是一个有限的参与人集合，$(N, f, \{N\})$ 是一个合作博弈，$\boldsymbol{x} \in X^1(N, f, \{N\})$ 是结构理性向量且 $A \in \mathcal{P}_0(N)$，定义 A 相对于 $\boldsymbol{x}$ 的 Davis-Maschler 约简博弈为 $(A, f_{A,\boldsymbol{x}}, \{A\})$，其中

$$f_{A,\boldsymbol{x}}(B) = \begin{cases} \max\limits_{Q \in \mathcal{P}(N \setminus A)} [f(Q \cup B) - x(Q)], & B \in \mathcal{P}_2(A) \\ 0, & B = \varnothing \\ x(A), & B = A \end{cases}$$

定义 10.21　假设 N 是一个有限的参与人集合，Γ_N 表示 N 上所有具有大联盟结构的合作博弈，有一个数值解概念 $\phi : \Gamma_N \to \mathbb{R}^N, \phi(N, f, \{N\}) \in \mathbb{R}^N$，$A \in \mathcal{P}_0(N)$，固定一个博弈 $(N, f, \{N\})$，那么 $(N, f, \{N\})$ 在 A 上的相对于 ϕ 的 Hart-Mas-Collel 约简博弈定义为 $(A, f_{(A,\phi)}, \{A\})$，其中

$$f_{(A,\phi)}(B) = \begin{cases} f(B \cup A^c) - \sum_{i \in A^c} \phi_i(B \cup A^c, f, \{B \cup A^c\}), & B \in \mathcal{P}_0(A) \\ 0, & B = \varnothing \end{cases}$$

定义 10.22　假设 N 是一个有限的参与人集合，Γ_N 表示 N 上所有具有大联盟结构的合作博弈，如果数值解概念 $\phi : \Gamma_N \to \mathbb{R}^N$ 满足

$$\phi_i(N, f, \{N\}) = \phi_i(A, f_{(A,\phi)}, \{A\}), \forall A \in \mathcal{P}_0(N), \forall i \in A$$

那么称 $\phi(N, f, \{N\}) \in \mathbb{R}^N$ 满足 Hart-Mas-Collel 约简博弈一致性。

定义 10.23　假设 N 是一个有限的参与人集合，$\text{Part}(N)$ 表示 N 上的所有划分，假设 $\tau \in \text{Part}(N)$，任取 $i \in N$，用 A_i 或者 $A_i(\tau)$ 表示在 τ 中的包含 i 的唯一非空子集，用

$$\text{Pair}(\tau) = \{\{i, j\} | \ i, j \in N; A_i(\tau) = A_j(\tau)\}$$

表示与 τ 对应的伙伴对，τ 中的某个子集可以记为 $A(\tau)$。

定义 10.24　假设 N 是一个有限的参与人集合，Γ_N 表示 N 上所有具有一般联盟结构的合作博弈，有一个数值解概念 $\phi : \Gamma_N \to \mathbb{R}^N, \phi(N, f, \tau) \in \mathbb{R}^N$，参与人 $i \in N$，在解概念意义下，参与人 i 获得的分配记为 $\phi_i(N, f, \tau)$，分配向量记为

$$\phi(N, f, \tau) = (\phi_i(N, f, \tau))_{i \in N} \in \mathbb{R}^N$$

定义 10.25（结构有效公理）　假设 N 是一个有限的参与人集合，Γ_N 表示 N 上所有具有一般联盟结构的合作博弈，如果一个数值解概念 $\phi : \Gamma_N \to \mathbb{R}^N, \phi(N, f, \tau) \in \mathbb{R}^N$ 满足

$$\sum_{i \in A} \phi_i(N, f, \tau) = f(A); \forall (N, f, \tau) \in \Gamma_N, \forall A \in \tau$$

那么称其满足结构有效公理。

定义 10.26（限制对称公理）　假设 N 是一个有限的参与人集合，Γ_N 表示 N 上所有具有一般联盟结构的合作博弈，如果一个数值解概念 $\phi : \Gamma_N \to \mathbb{R}^N, \phi(N, f, \tau) \in \mathbb{R}^N$ 满足

$$\phi_i(N, f, \tau) = \phi_j(N, f, \tau), \forall (N, f, \tau) \in \Gamma_N, \forall i \approx_f j, \{i, j\} \in \text{Pair}(\tau)$$

那么称其满足限制对称公理。

定义 10.27（协变公理） 假设 N 是一个有限的参与人集合，Γ_N 表示 N 上所有具有一般联盟结构的合作博弈，如果一个数值解概念 $\phi : \Gamma_N \to \mathbb{R}^N, \phi(N, f, \tau) \in \mathbb{R}^N$ 满足

$$\phi(N, \alpha f + \boldsymbol{b}, \tau) = \alpha\phi(N, f, \tau) + \boldsymbol{b}, \forall (N, f, \tau) \in \Gamma_N, \forall \alpha > 0, \boldsymbol{b} \in \mathbb{R}^N$$

那么称其满足协变公理。

定义 10.28（零贡献公理） 假设 N 是一个有限的参与人集合，Γ_N 表示 N 上所有具有一般联盟结构的合作博弈，如果一个数值解概念 $\phi : \Gamma_N \to \mathbb{R}^N, \phi(N, f, \tau) \in \mathbb{R}^N$ 满足

$$\phi_i(N, f, \tau) = 0, \forall (N, f, \tau) \in \Gamma_N, \forall i \in \text{Null}(N, f, \tau)$$

那么称其满足零贡献公理。

定义 10.29（加法公理） 假设 N 是一个有限的参与人集合，Γ_N 表示 N 上所有具有一般联盟结构的合作博弈，如果一个数值解概念 $\phi : \Gamma_N \to \mathbb{R}^N, \phi(N, f, \tau) \in \mathbb{R}^N$ 满足

$$\phi(N, f + g, \tau) = \phi(N, f, \tau) + \phi(N, g, \tau), \forall (N, f, \tau), (N, g, \tau) \in \Gamma_N$$

那么称其满足加法公理。

定义 10.30（线性公理） 假设 N 是一个有限的参与人集合，Γ_N 表示 N 上所有具有大联盟结构的合作博弈，如果一个数值解概念 $\phi : \Gamma_N \to \mathbb{R}^N, \phi(N, f, \tau) \in \mathbb{R}^N$ 满足

$$\phi(N, \alpha f + \beta g, \tau) = \alpha\phi(N, f, \tau) + \beta\phi(N, g, \tau), \forall (N, f, \tau), (N, g, \tau) \in \Gamma_N, \forall \alpha, \beta \in \mathbb{R}$$

那么称其满足线性公理。

定义 10.31（边际单调公理） 假设 N 是一个有限的参与人集合，Γ_N 表示 N 上所有具有一般联盟结构的合作博弈，如果一个数值解概念 $\phi : \Gamma_N \to \mathbb{R}^N, \phi(N, f, \tau) \in \mathbb{R}^N$ 对于任意取定的 $i \in N$ 有

$$\forall (N, f, \tau), (N, g, \tau), \text{s.t. } f(A \cup \{i\}) - f(A) \geqslant g(A \cup \{i\}) - g(A), \forall A \subseteq N \setminus \{i\}$$

那么称其满足边际单调公理，一定有

$$\phi_i(N, f, \tau) \geqslant \phi_i(N, g, \tau)$$

定义 10.32（边际公理） 假设 N 是一个有限的参与人集合，Γ_N 表示 N 上所有具有一般联盟结构的合作博弈，如果一个数值解概念 $\phi : \Gamma_N \to \mathbb{R}^N, \phi(N, f, \tau) \in \mathbb{R}^N$ 对于任意取定的 $i \in N$ 有

Note

$$\forall (N, f, \tau), (N, g, \tau), \text{s.t. } f(A \cup \{i\}) - f(A) = g(A \cup \{i\}) - g(A), \forall A \subseteq N \setminus \{i\}$$

那么称其满足边际公理，一定有

$$\phi_i(N, f, \tau) = \phi_i(N, g, \tau)$$

定义 10.33 假设 N 是一个有限的参与人集合，$\Gamma_{N,\tau}$ 表示 N 上所有具有一般联盟结构 τ 的合作博弈，定义一般联盟沙普利值为 $\text{Sh}_* : \Gamma_{N,\tau} \to \mathbb{R}^N, \phi(N, f, \tau) \in \mathbb{R}^N$，其中

$$\text{Sh}_{*,i}(N, f, \tau) = \text{Sh}_i(A_i, f, \{A_i\}), \forall i \in N$$

A_i 是唯一满足 $A_i \in \tau, i \in A_i$ 的子集，Sh 是大联盟沙普利值。

定义 10.34 假设 N 是一个有限的参与人集合，任取 $A \in \mathcal{P}_0(N), \tau \in \text{Part}(N)$，定义 A 上的具有一般联盟结构 τ 的 1-0 承载博弈为 $(N, C_{(A,1,0)}, \tau)$，其中

$$C_{(A,1,0)}(B) = \begin{cases} 1, & A \subseteq B \\ 0, & \text{其他} \end{cases}$$

定义 10.35 假设 N 是一个有限的参与人集合，任取 $A \in \mathcal{P}_0(N), \alpha \in \mathbb{R}, \tau \in \text{Part}(N)$，定义 A 上的具有一般联盟结构 τ 的 α-0 承载博弈为 $(N, C_{(A,\alpha,0)}, \tau)$，其中

$$C_{(A,\alpha,0)}(B) = \begin{cases} \alpha, & A \subseteq B \\ 0, & \text{其他} \end{cases}$$

定义 10.36 假设 N 是有限的参与人集合，(N, f, τ) 为一个具有联盟结构的 TUCG，$S \in \mathcal{P}_0(N)$ 是一个非空子集，S 诱导的具有联盟结构的子博弈记为

$$(S, f, \tau_S), \tau_S = \{A \cap S | \forall A \in \tau\} \setminus \{\varnothing\}$$

定义 10.37 假设 N 是一个有限的参与人集合，$\Gamma_{N,\tau}$ 表示 N 上所有具有一般联盟结构 τ 的合作博弈，有一个数值解概念 $\phi : \Gamma_{N,\tau} \to \mathbb{R}^N, \phi(N, f, \{\tau\}) \in \mathbb{R}^N$，$A \in \mathcal{P}_0(N) \exists R \in \tau, \text{s.t. } A \subseteq R$，此时 $\tau_A = \{A\}$，固定一个博弈 (N, f, τ)，那么 (N, f, τ) 在 A 上的相对于 ϕ 的 Hart-Mas-Collel 结构约简博弈定义为 $(A, f^\tau_{(A,\phi)}, \{A\})$，其中

$$f^\tau_{(A,\phi)}(B) = \begin{cases} f(B \cup (R \setminus A)) - \sum_{i \in A^c} \phi_i(B \cup (R \setminus A), f, \{B \cup (R \setminus A)\}), & B \in \mathcal{P}_0(A) \\ 0, & B = \varnothing \end{cases}$$

定义 10.38 假设 N 是一个有限的参与人集合，$\Gamma_{N,\tau}$ 表示 N 上所有具有一般联盟结构 τ 的合作博弈，如果一个数值解概念 $\phi : \Gamma_{N,\tau} \to \mathbb{R}^N, \phi(N, f, \{\tau\}) \in \mathbb{R}^N$ 满足任取 $A \in \mathcal{P}_0(N)$，并且 $\exists R \in \tau, \text{s.t. } A \subseteq R$，有

$$\phi_i(N, f, \tau) = \phi_i(A, f^\tau_{(A,\phi)}, \{A\}), \forall i \in A, \forall (N, f, \tau) \in \Gamma_{N,\tau}$$

那么称其满足 Hart-Mas-Collel 结构约简博弈性质。

10.2 习题清单

习题 10.1 假设 N 是一个有限的参与人集合，Γ_N 表示 N 上所有具有大联盟结构的合作博弈，试证明：沙普利值可以具体表示为

$$\mathrm{Sh}_i(N, f, \{N\}) = \sum_{A \in \mathcal{P}(N \setminus \{i\})} \frac{|A|! \times (n - |A| - 1)!}{n!} [f(A \cup \{i\}) - f(A)], \forall i \in N$$

习题 10.2 假设 N 是一个有限的参与人集合，Γ_N 表示 N 上所有具有大联盟结构的合作博弈，$\forall \pi \in \mathrm{Permut}(N)$，试证明：沙普利值满足有效、对称、零贡献、加法、协变、线性公理。

习题 10.3 假设 N 是一个有限的参与人集合，Γ_N 表示 N 上所有具有大联盟结构的合作博弈，$(N, f, \{N\})$ 是一个合作博弈，试证明：它是有限个 1-0 承载博弈的线性组合。

习题 10.4 假设 N 是一个有限的参与人集合，Γ_N 表示 N 上所有具有大联盟结构的合作博弈，$(N, C_{(A,\alpha,0)}, \{N\}), A \neq \varnothing$ 为 A 上的 α-0 承载博弈，$\phi : \Gamma_N \to \mathbb{R}^N, \phi(N, f, \tau) \in \mathbb{R}^N$ 是一个数值解概念，满足有效、对称、零贡献公理，试证明：

$$\phi_i(N, C_{(A,\alpha,0)}, \{N\}) = \begin{cases} \dfrac{\alpha}{|A|}, & i \in A \\ 0, & i \notin A \end{cases}$$

习题 10.5 假设 N 是一个有限的参与人集合，Γ_N 表示 N 上所有具有大联盟结构的合作博弈，试证明：其满足有效、对称、零贡献和加法公理的数值解概念是存在且是唯一的，即沙普利值。

习题 10.6 假设 N 是一个有限的参与人集合，Γ_N 表示 N 上所有具有大联盟结构的合作博弈，有一个数值解概念 $\phi : \Gamma_N \to \mathbb{R}^N, \phi(N, f, \{N\}) \in \mathbb{R}^N$，试证明：如果其满足边际单调公理，那么一定满足边际公理。

习题 10.7 假设 N 是一个有限的参与人集合，Γ_N 表示 N 上所有具有大联盟结构的合作博弈，试证明：沙普利值满足边际单调公理、边际公理。

习题 10.8 假设 N 是一个有限的参与人集合，Γ_N 表示 N 上所有具有大联盟结构的合作博弈，有一个数值解概念 $\phi : \Gamma_N \to \mathbb{R}^N, \phi(N, f, \{N\}) \in \mathbb{R}^N$，满足有效、对称和边际公理，试证明：此数值解概念一定满足零贡献公理。

习题 10.9 假设 N 是一个有限的参与人集合，Γ_N 表示 N 上所有具有大联盟结构的合作博弈，取定 $(N, f, \{N\}) \in \Gamma_N$，定义子集族为

$$I(N, f, \{N\}) = \{A | A \in \mathcal{P}(N); \exists B \subseteq A, \mathrm{s.t} \ f(B) \neq 0\}$$

试证明子集族 $I(N, f, \{N\})$ 具有如下性质:

（1）$\varnothing \notin I(N, f, \{N\})$，$A \notin I(N, f, \{N\})$ 当且仅当 $f(B) = 0, \forall B \subseteq A$；

（2）按照集合的包含关系，令 $A_* = \min I(N, f, \{N\})$，那么有 $f(A_*) \neq 0$，$f(B) = 0, \forall B \subset A_*$。

习题 10.10 假设 N 是一个有限的参与人集合，Γ_N 表示 N 上所有具有大联盟结构的合作博弈，取定 $(N, f, \{N\}) \in \Gamma_N, A \in \mathcal{P}(N)$，定义博弈 $(N, f_A, \{N\})$ 为

$$f_A(B) = f(A \cap B), \forall B \in \mathcal{P}(N)$$

试证明博弈 $(N, f_A, \{N\})$ 具有如下性质:

（1）$A^c \subseteq \text{Null}(N, f_A, \{N\}), \forall A \in \mathcal{P}(N)$；

（2）$\forall A \in I(N, f, \{N\})$，有 $I(N, f - f_A, \{N\}) \subset I(N, f, \{N\})$。

习题 10.11 假设 N 是一个有限的参与人集合，Γ_N 表示 N 上所有具有大联盟结构的合作博弈，有一个数值解概念 $\phi : \Gamma_N \to \mathbb{R}^N, \phi(N, f, \{N\}) \in \mathbb{R}^N$，满足有效、对称和边际公理，试证明：此数值解概念一定是唯一的，即沙普利值。

习题 10.12 假设 N 是有限的参与人集合，$(N, f, \{N\})$ 是一个凸的合作博弈，构造向量 $\boldsymbol{x} \in \mathbb{R}^N$ 为

$$
\begin{aligned}
x_1 &= f(1) \\
x_2 &= f(1,2) - f(1) \\
x_3 &= f(1,2,3) - f(1,2) \\
&\vdots \\
x_n &= f(1,2,\cdots,n) - f(1,2,\cdots,n-1)
\end{aligned}
$$

试证明:

$$\boldsymbol{x} \in \text{Core}(N, f, \{N\}) \neq \varnothing$$

习题 10.13 假设 N 是一个有限的参与人集合，$(N, f, \{N\})$ 是一个凸的合作博弈，$\pi = (i_1, i_2, \cdots, i_n)$ 是一个置换，构造向量 $\boldsymbol{x} \in \mathbb{R}^N$ 为

$$
\begin{aligned}
x_1 &= f(i_1) \\
x_2 &= f(i_1, i_2) - f(i_1) \\
x_3 &= f(i_1, i_2, i_3) - f(i_1, i_2) \\
&\vdots \\
x_n &= f(i_1, i_2, \cdots, i_n) - f(i_1, i_2, \cdots, i_{n-1})
\end{aligned}
$$

试证明：

$$\boldsymbol{x} \in \mathrm{Core}(N, f, \{N\}) \neq \varnothing$$

习题 10.14　假设 N 是一个有限的参与人集合，$(N, f, \{N\})$ 是一个凸的合作博弈，试证明：

$$\mathrm{Sh}(N, f, \{N\}) \in \mathrm{Core}(N, f, \{N\})$$

习题 10.15　假设 N 是一个有限的参与人集合，Γ_N 表示 N 上所有具有大联盟结构的合作博弈，对于 $T \in \mathcal{P}_0(N)$，T 上的 1-0 承载博弈为 $(N, C_{(T,1,0)}, \{N\})$，其中

$$C_{(T,1,0)}(R) = \begin{cases} 1, & T \subseteq R \\ 0, & T \not\subseteq R \end{cases}$$

承载博弈的沙普利值为

$$\mathrm{Sh}_i(N, C_{(T,1,0)}, \{N\}) = \begin{cases} \dfrac{1}{|T|}, & i \in T \\ 0, & i \notin T \end{cases}$$

取定 $A \in \mathcal{P}_0(N)$，试计算承载博弈 $(N, C_{(T,1,0)}, \{N\})$ 在 A 上的相对于沙普利值的 Hart-Mas-Collel 约简博弈为

$$(A, C_{(T,1,0),A,\mathrm{Sh}}, \{A\})$$

习题 10.16　假设 N 是一个有限的参与人集合，Γ_N 表示 N 上所有具有大联盟结构的合作博弈，数值解概念 $\phi : \Gamma_N \to \mathbb{R}^N, \phi(N, f, \{N\}) \in \mathbb{R}^N$ 满足线性公理，取定 $(N, f, \{N\}), (N, g, \{N\}) \in \Gamma_N$，试证明：任取 $\alpha, \beta \in \mathbb{R}$ 有

$$\forall A \in \mathcal{P}_0(N), (\alpha f + \beta g)_{(A,\phi)} = \alpha f_{(A,\phi)} + \beta g_{(A,\phi)}$$

$(A, f_{(A,\phi)}, \{A\}), (A, g_{(A,\phi)}, \{A\}), (A, (\alpha f + \beta g)_{(A,\phi)}, \{A\})$ 是 Hart-Mas-Collel 约简博弈。

习题 10.17　假设 N 是一个有限的参与人集合，Γ_N 表示 N 上所有具有大联盟结构的合作博弈，试证明：沙普利值满足 Hart-Mas-Collel 约简博弈一致性，即

$$\mathrm{Sh}_i(N, f, \{N\}) = \mathrm{Sh}_i(A, f_{(A,\phi)}, \{A\}), \forall A \in \mathcal{P}_0(N), \forall i \in A$$

习题 10.18　假设 N 是一个有限的参与人集合，Γ_N 表示 N 上所有具有大联盟结构的合作博弈，假设数值解概念 $\phi : \Gamma_N \to \mathbb{R}^N, \phi(N, f, \{N\}) \in \mathbb{R}^N$ 满足有效、对称和协变公理，并且满足 Hart-Mas-Collel 约简博弈一致性，试证明：此数值解概念是唯一的，即沙普利值。

习题 10.19 假设 N 是一个有限的参与人集合，$\Gamma_{N,\tau}$ 表示 N 上所有具有一般联盟结构 τ 的合作博弈，试证明：一般联盟沙普利值 $\text{Sh}_* : \Gamma_{N,\tau} \to \mathbb{R}^N, \phi(N, f, \tau) \in \mathbb{R}^N$ 满足结构有效、限制对称、零贡献和加法公理。

习题 10.20 假设 N 是一个有限的参与人集合，$\Gamma_{N,\tau}$ 表示 N 上所有具有一般联盟结构 τ 的合作博弈，(N, f, τ) 是一个合作博弈，试证明：它是有限个具有一般联盟结构 τ 的 1-0 承载博弈的线性组合。

习题 10.21 假设 N 是一个有限的参与人集合，$\Gamma_{N,\tau}$ 表示 N 上所有具有一般联盟结构 τ 的合作博弈，$(N, C_{(T,\alpha,0)}, \tau), T \neq \varnothing$ 为 T 上的 α-0 承载博弈，$\phi : \Gamma_{N,\tau} \to \mathbb{R}^N, \phi(N, f, \tau) \in \mathbb{R}^N$ 是一个数值解概念，满足结构有效、限制对称、零贡献公理，试证明：

$$\phi_i(N, C_{(T,\alpha,0)}, \tau) = \begin{cases} \dfrac{\alpha}{|T|}, & i \in T, \exists A \in \tau, \text{s.t. } T \subseteq A \\ 0, & i \notin T \ \text{或} \ \forall A \in \tau, T \nsubseteq A \end{cases}$$

习题 10.22 假设 N 是一个有限的参与人集合，$\Gamma_{N,\tau}$ 表示 N 上所有具有一般联盟结构 τ 的合作博弈，有一个数值解概念 $\phi : \Gamma_N \to \mathbb{R}^N, \phi(N, f, \tau) \in \mathbb{R}^N$，其满足结构有效、限制对称、零贡献和加法公理，试证明：此数值解概念必定存在且唯一，即一般联盟沙普利值。

习题 10.23 假设 N 是一个有限的参与人集合，$\Gamma_{N,\tau}$ 表示 N 上所有具有一般联盟结构 τ 的合作博弈，试证明：一般联盟沙普利值 Sh_* 满足 Hart-Mas-Collel 结构约简博弈性质。

习题 10.24 假设 N 是一个有限的参与人集合，$\Gamma_{N,\tau}$ 表示 N 上所有具有一般联盟结构 τ 的合作博弈，假设有一个数值解概念 $\phi : \Gamma_{N,\tau} \to \mathbb{R}^N, \phi(N, f, \{\tau\}) \in \mathbb{R}^N$ 满足结构有效、限制对称、协变公理和 Hart-Mas-Collel 结构约简博弈性质，试证明：ϕ 即为 Sh_*。

10.3　习题解答

习题 10.1 假设 N 是一个有限的参与人集合，Γ_N 表示 N 上所有具有大联盟结构的合作博弈，试证明：沙普利值可以具体表示为

$$\text{Sh}_i(N, f, \{N\}) = \sum_{A \in \mathcal{P}(N \setminus \{i\})} \frac{|A|! \times (n - |A| - 1)!}{n!} [f(A \cup \{i\}) - f(A)], \forall i \in N$$

注释 10.1 本题主要考查沙普利值的具体计算公式。

Note

解答 根据定义可知

$$\mathrm{Sh}_i(N, f, \{N\}) = \frac{1}{n!} \sum_{\pi \in \mathrm{Permut}(N)} [f(P_i(\pi) \cup \{i\}) - f(P_i(\pi))], \forall i \in N$$

固定 $A \in \mathcal{P}(N \setminus \{i\})$，需要计算有多少个置换 π 使得 $P_i(\pi) = A$。显然，这种类型的置换为 $(A, i, A^c \setminus \{i\})$，前面的集合 A 内部有 $|A|!$ 种排列，后面的集合内部有 $(n - |A| - 1)!$ 种排列，所以满足 $P_i(\pi) = A$ 的置换有 $|A|! \times (n - |A| - 1)!$ 种，所以有

$$\mathrm{Sh}_i(N, f, \{N\}) = \sum_{A \in \mathcal{P}(N \setminus \{i\})} \frac{|A|! \times (n - |A| - 1)!}{n!} [f(A \cup \{i\}) - f(A)], \forall i \in N$$

证明完毕。

习题 10.2 假设 N 是一个有限的参与人集合，Γ_N 表示 N 上所有具有大联盟结构的合作博弈，$\forall \pi \in \mathrm{Permut}(N)$，试证明：沙普利值满足有效、对称、零贡献、加法、协变、线性公理。

注释 10.2 本题主要考查沙普利值满足的性质或公理。

解答 根据定义可知

$$\mathrm{Sh}(N, f, \{N\}) = \frac{1}{n!} \sum_{\pi \in \mathrm{Permut}(N)} \phi^{\pi}(N, f, \{N\})$$

可知 $\forall \pi \in \mathrm{Permut}(N), \phi^{\pi}$ 是满足有效、零贡献、加法和协变公理的数值解概念，沙普利值作为它们的平均，显然满足有效、零贡献、加法、协变和线性公理，下一步证明沙普利值满足对称公理。取定 $(N, f, \{N\}) \in \Gamma_N$，假设 $i \approx_{(N, f, \{N\})} j$，下证

$$\mathrm{Sh}_i(N, f, \{N\}) = \mathrm{Sh}_j(N, f, \{N\})$$

定义映射 $\alpha : \mathrm{Permut}(N) \to \mathrm{Permut}(N)$，使得

$$\alpha(\pi)(k) = \begin{cases} \pi(j), & k = i \\ \pi(i), & k = j \\ \pi(k), & k \neq i, j \end{cases}$$

置换集合是一个群，当前的映射 α 相当于一个特殊置换，因此 α 是单射和满射。如果 $i \approx_{(N, f, \{N\})} j$，那么有

$$f(P_i(\pi) \cup \{i\}) - f(P_i(\pi)) = f(P_j(\alpha(\pi)) \cup \{j\}) - f(P_j(\alpha(\pi)))$$

Note

情形一：假设 $\pi(i) < \pi(j)$ 那么显然

$$P_i(\pi) = P_j(\alpha(\pi)), P_i(\pi), P_j(\alpha(\pi)) \subseteq N \setminus \{i, j\}$$

根据对称的定义可知

$$f(P_i(\pi)) = f(P_j(\alpha(\pi))), f(P_i(\pi) \cup \{i\}) = f(P_j(\alpha(\pi)) \cup \{j\})$$

因此一定有

$$f(P_i(\pi) \cup \{i\}) - f(P_i(\pi)) = f(P_j(\alpha(\pi)) \cup \{j\}) - f(P_j(\alpha(\pi)))$$

情形二：假设 $\pi(i) > \pi(j)$ 那么显然

$$P_i(\pi) \cup \{i\} = P_j(\alpha(\pi)) \cup \{j\}, P_i(\pi) \setminus \{j\} = P_j(\alpha(\pi)) \setminus \{i\} \subseteq N \setminus \{i, j\}$$

根据对称的定义可知

$$f(P_i(\pi) \cup \{i\}) = f(P_j(\alpha(\pi)) \cup \{j\}), f((P_i(\pi) \setminus \{j\}) \cup \{j\}) = f((P_j(\alpha(\pi)) \setminus \{i\}) \cup \{i\})$$

即

$$f(P_i(\pi) \cup \{i\}) = f(P_j(\alpha(\pi)) \cup \{j\}), f(P_i(\pi)) = f(P_j(\alpha(\pi)))$$

因此一定有

$$f(P_i(\pi) \cup \{i\}) - f(P_i(\pi)) = f(P_j(\alpha(\pi)) \cup \{j\}) - f(P_j(\alpha(\pi)))$$

因为 α 是双射，因此 $\forall i \approx_{(N,f,\{N\})} j$ 有

$$
\begin{aligned}
&\mathrm{Sh}_i(N, f, \{N\}) \\
&= \frac{1}{n!} \sum_{\pi \in \mathrm{Permut}(N)} [f(P_i(\pi) \cup \{i\}) - f(P_i(\pi))] \\
&= \frac{1}{n!} \sum_{\pi \in \mathrm{Permut}(N)} [f(P_j(\alpha(\pi)) \cup \{j\}) - f(P_j(\alpha(\pi)))] \\
&= \frac{1}{n!} \sum_{\pi \in \mathrm{Permut}(N)} [f(P_j(\pi) \cup \{j\}) - f(P_j(\pi))] \\
&= \mathrm{Sh}_j(N, f, \{N\})
\end{aligned}
$$

因此沙普利值满足对称公理。证明完毕。

习题 10.3　假设 N 是一个有限的参与人集合，Γ_N 表示 N 上所有具有大联盟结构的合作博弈，$(N, f, \{N\})$ 是一个合作博弈，试证明：它是有限个 1-0 承载博弈的线性组合。

注释 10.3　本题主要考查合作博弈的线性结构和基。

解答　根据合作博弈的向量表示，可知 $\varGamma_N$ 是一个线性空间，并且

$$\varGamma_N \cong \mathbb{R}^{2^n-1}$$

因此只需要证明 $(N, C_{(A,1,0)}, \{N\}), A \in \mathcal{P}_0(N)$ 构成了 $\varGamma_N$ 的基。如不然，那么必定有

$$\exists \boldsymbol{\alpha} = (\alpha_A)_{A \in \mathcal{P}_0(N)} \neq 0, \text{s.t.} \sum_{A \in \mathcal{P}_0(N)} \alpha_A C_{(A,1,0)}(B) = 0, \forall B \in \mathcal{P}(N)$$

令

$$\tau = \{A|\ A \in \mathcal{P}_0(N); \alpha_A \neq 0\}$$

因为 $\boldsymbol{\alpha} \neq \boldsymbol{0}$，所以 $\tau \neq \varnothing$，按照集合的包含关系，取定 B_0 是 τ 中的极小集合，即 τ 中的其他集合没有被 B_0 严格包含。需要证明

$$\sum_{A \in \mathcal{P}_0(N)} \alpha_A C_{(A,1,0)}(B_0) \neq 0$$

从而产生矛盾。根据前面的推导可知

$$\sum_{A \in \mathcal{P}_0(N)} \alpha_A C_{(A,1,0)}(B_0)$$

$$= \sum_{A \in \mathcal{P}_0(N), A \subset B_0} \alpha_A C_{(A,1,0)}(B_0) + \alpha_{B_0} C_{(B_0,1,0)}(B_0) + \sum_{A \in \mathcal{P}_0(N), A \not\subset B_0} \alpha_A C_{(A,1,0)}(B_0)$$

因为 $B_0 = \min \tau$，所以一定有

$$\forall A \in \mathcal{P}_0(N), A \subset B_0, \alpha_A = 0$$

根据 1-0 承载博弈的定义可知

$$\forall A \in \mathcal{P}_0(N), A \not\subseteq B_0, C_{(A,1,0)}(B_0) = 0$$

综合起来可得

$$\sum_{A \in \mathcal{P}_0(N)} \alpha_A C_{(A,1,0)}(B_0)$$

$$= \sum_{A \in \mathcal{P}_0(N), A \subset B_0} \alpha_A C_{(A,1,0)}(B_0) + \alpha_{B_0} C_{(B_0,1,0)}(B_0) + \sum_{A \in \mathcal{P}_0(N), A \not\subseteq B_0} \alpha_A C_{(A,1,0)}(B_0)$$

$$= \alpha_{B_0} C_{(B_0,1,0)}(B_0) = \alpha_{B_0} \neq 0$$

矛盾。因此 $(N, C_{(A,1,0)}, \{N\}), A \in \mathcal{P}_0(N)$ 构成了 $\varGamma_N$ 的基，即任何一个合作博弈 $(N, f, \{N\})$ 都可以表示为有限个 1-0 承载博弈的线性组合，证明完毕。

习题 10.4　假设 N 是一个有限的参与人集合，Γ_N 表示 N 上所有具有大联盟结构的合作博弈，$(N, C_{(A,\alpha,0)}, \{N\})$，$A \neq \varnothing$ 为 A 上的 α-0 承载博弈，$\phi : \Gamma_N \to \mathbb{R}^N$，$\phi(N, f, \tau) \in \mathbb{R}^N$ 是一个数值解概念，满足有效、对称、零贡献公理，试证明：

$$\phi_i(N, C_{(A,\alpha,0)}, \{N\}) = \begin{cases} \dfrac{\alpha}{|A|}, & i \in A \\ 0, & i \notin A \end{cases}$$

注释 10.4　本题主要考查满足一定公理的数值解概念在承载博弈上的计算。

解答　（1）在博弈 $(N, C_{(A,\alpha,0)}, \{N\})$ 中，$\forall i \notin A$，参与人 i 是零贡献的。因为 $\forall B \in \mathcal{P}(N)$，则

$$A \subseteq B \cup \{i\} \Leftrightarrow A \subseteq B$$

所以一定有

$$\forall B \in \mathcal{P}(N), \forall i \notin A, C_{(A,\alpha,0)}(B \cup \{i\}) = C_{(A,\alpha,0)}(B)$$

根据定义，可得

$$i \in \mathrm{Null}(N, C_{(A,,\alpha,0)}, \{N\}), \forall i \notin A$$

因为数值解概念 ϕ_i 满足零贡献公理，所以一定有

$$\phi_i(N, C_{(A,\alpha,0)}, \{N\}) = 0, \forall i \notin A$$

（2）在博弈 $(N, C_{(A,\alpha,0)}, \{N\})$ 中，$\forall i, j \in A$，参与人 i, j 是对称的。因为 $\forall B \in \mathcal{P}(N \setminus \{i, j\})$，则

$$A \nsubseteq B \cup \{i\}, A \nsubseteq B \cup \{j\}$$

所以一定有

$$\forall B \in \mathcal{P}(N \setminus \{i, j\}), \forall i, j \in A, C_{(A,\alpha,0)}(B \cup \{i\}) = C_{(A,\alpha,0)}(B \cup \{j\}) = 0$$

根据定义，可得

$$i \approx_{(N, C_{(A,\alpha,0)}, \{N\})} j, \forall i, j \in A$$

因为数值解概念 ϕ_i 满足对称公理，所以一定有

$$\phi_i(N, C_{(A,\alpha,0)}, \{N\}) = \phi_j(N, C_{(A,\alpha,0)}, \{N\}), \forall i, j \in A$$

（3）因为解概念满足有效性，因此一定有

$$\sum_{i \in N} \phi_i(N, C_{(A,\alpha,0)}, \{N\}) = C_{(A,\alpha,0)}(N) = \alpha$$

因为 $i \in \text{Null}(N, C_{(A,\alpha,0)}, \{N\}), \forall i \in A$ 且 $i \approx_{(N,C_{(A,\alpha,0)},\{N\})} j, \forall i, j \in A$，可得

$$\phi_i(N, C_{(A,\alpha,0)}, \{N\}) = 0, \forall i \notin A$$

$$\phi_i(N, C_{(A,\alpha,0)}, \{N\}) = \frac{\alpha}{|A|}, \forall i \in A$$

证明完毕。

习题 10.5 假设 N 是一个有限的参与人集合，Γ_N 表示 N 上所有具有大联盟结构的合作博弈，试证明：其满足有效、对称、零贡献和加法公理的数值解概念存在且是唯一的，即沙普利值。

注释 10.5 本题主要考查沙普利值的公理化刻画。

解答 根据前面的习题可知，沙普利值是满足有效、对称、零贡献和加法公理的数值解，因此要证明本题，只需要证明满足有效、对称、零贡献和加法公理的数值解概念是唯一的。假设 $\phi : \Gamma_N \to \mathbb{R}^N, \phi(N, f, \{N\}) \in \mathbb{R}^N$ 是一个数值解概念，满足有效、对称、零贡献和加法公理，下证

$$\phi(N, f, \{N\}) = \text{Sh}(N, f, \{N\}), \forall (N, f, \{N\}) \in \Gamma_N$$

根据习题 10.3 和习题 10.4 可知

$$\exists (\alpha_A)_{A \in \mathcal{P}_0(N)}, \text{s.t. } f(B) = \sum_{A \in \mathcal{P}_0(N)} C_{(A,\alpha_A,0)}(B), \forall B \in \mathcal{P}(N)$$

因为解概念 ϕ 满足加法公理，所以

$$\phi_i(N, f, \{N\}) = \sum_{A \in \mathcal{P}_0(N)} \phi_i(N, C_{(A,\alpha_A,0)}, \{N\}), \forall i \in N$$

同样因为沙普利值 Sh 满足加法公理，所以

$$\text{Sh}_i(N, f, \{N\}) = \sum_{A \in \mathcal{P}_0(N)} \text{Sh}_i(N, C_{(A,\alpha_A,0)}, \{N\}), \forall i \in N$$

因为解概念 ϕ 和沙普利值 Sh 满足有效、对称和零贡献公理，根据前面的习题可知

$$\phi_i(N, C_{(A,\alpha_A,0)}, \{N\}) = \text{Sh}_i(N, C_{(A,\alpha_A,0)}, \{N\}), \forall i \in N$$

综上可得

$$\phi(N, f, \{N\}) = \text{Sh}(N, f, \{N\}), \forall (N, f, \{N\}) \in \Gamma_N$$

证明完毕。

习题 10.6 假设 N 是一个有限的参与人集合，Γ_N 表示 N 上所有具有大联盟结构的合作博弈，有一个数值解概念 $\phi : \Gamma_N \to \mathbb{R}^N, \phi(N, f, \{N\}) \in \mathbb{R}^N$，试证明：如果其满足边际单调公理，那么一定满足边际公理。

注释 10.6 本题主要考查解概念公理的蕴含关系。

解答 取定 $i \in N$，

$$\forall (N, f, \{N\}), (N, g, \{N\}), \text{s.t.} \ f(A \cup \{i\}) - f(A) = g(A \cup \{i\}) - g(A), \forall A \subseteq N \setminus \{i\}$$

显然上面的等式可以转化为

$$\forall (N, f, \{N\}), (N, g, \{N\}), \text{s.t.} \ f(A \cup \{i\}) - f(A) \geqslant g(A \cup \{i\}) - g(A), \forall A \subseteq N \setminus \{i\}$$

且有

$$\forall (N, f, \{N\}), (N, g, \{N\}), \text{s.t.} \ f(A \cup \{i\}) - f(A) \leqslant g(A \cup \{i\}) - g(A), \forall A \subseteq N \setminus \{i\}$$

因为解概念 ϕ 满足边际单调公理，因此一定有

$$\phi_i(N, f, \{N\}) \geqslant \phi_i(N, g, \{N\}), \phi_i(N, f, \{N\}) \leqslant \phi_i(N, g, \{N\})$$

二者综合得到

$$\phi_i(N, f, \{N\}) = \phi_i(N, g, \{N\})$$

证明完毕。

习题 10.7 假设 N 是一个有限的参与人集合，Γ_N 表示 N 上所有具有大联盟结构的合作博弈，试证明：沙普利值满足边际单调公理、边际公理。

注释 10.7 本题主要考查沙普利值的边际刻画。

解答 任意取定 $i \in N$，

$$\forall (N, f, \{N\}), (N, g, \{N\}), \text{s.t.} \ f(A \cup \{i\}) - f(A) \geqslant g(A \cup \{i\}) - g(A), \forall A \subseteq N \setminus \{i\}$$

根据沙普利值的定义可知

$$
\begin{aligned}
&\mathrm{Sh}_i(N, f, \{N\}) \\
&= \sum_{A \in \mathcal{P}(N \setminus \{i\})} \frac{|A|! \times (n - |A| - 1)!}{n!} (f(A \cup \{i\}) - f(A)) \\
&\geqslant \sum_{A \in \mathcal{P}(N \setminus \{i\})} \frac{|A|! \times (n - |A| - 1)!}{n!} (g(A \cup \{i\}) - g(A)) \\
&= \mathrm{Sh}_i(N, g, \{N\})
\end{aligned}
$$

因此沙普利值满足边际单调公理，自然满足边际公理。证明完毕。

习题 10.8　假设 N 是一个有限的参与人集合，Γ_N 表示 N 上所有具有大联盟结构的合作博弈，有一个数值解概念 $\phi: \Gamma_N \to \mathbb{R}^N, \phi(N, f, \{N\}) \in \mathbb{R}^N$，满足有效、对称和边际公理，试证明：此数值解概念一定满足零贡献公理。

注释 10.8　本题主要考查公理的包含关系。

解答　取定 $(N, f, \{N\})$，要证明

$$\phi_i(N, f, \{N\}) = 0, \forall i \in \text{Null}(N, f, \{N\})$$

定义博弈 $(N, g, \{N\})$ 为

$$g(A) = 0, \forall A \in \mathcal{P}(N)$$

显然有

$$i \in \text{Null}(N, g, \{N\}), i \approx_{(N,g,\{N\})} j, \forall i, j \in N$$

根据解概念 ϕ 的有效、对称公理，可知

$$\forall i \in N, \phi_i(N, g, \{N\}) = 0$$

根据定义可知

$$\forall i \in \text{Null}(N, f, \{N\}), f(A \cup \{i\}) - f(A) = g(A \cup \{i\}) - g(A) = 0, \forall A \in \mathcal{P}(N \setminus \{i\})$$

根据解概念满足边际公理，可得

$$\forall i \in \text{Null}(N, f, \{N\}), \phi_i(N, f, \{N\}) = \phi_i(N, g, \{N\}) = 0$$

因此解概念 ϕ 满足零贡献公理。证明完毕。

习题 10.9　假设 N 是一个有限的参与人集合，Γ_N 表示 N 上所有具有大联盟结构的合作博弈，取定 $(N, f, \{N\}) \in \Gamma_N$，定义子集族为

$$I(N, f, \{N\}) = \{A | A \in \mathcal{P}(N); \exists B \subseteq A, \text{s.t.} f(B) \neq 0\}$$

试证明子集族 $I(N, f, \{N\})$ 具有如下性质：

（1）$\varnothing \notin I(N, f, \{N\})$，$A \notin I(N, f, \{N\})$ 当且仅当 $f(B) = 0, \forall B \subseteq A$；

（2）按照集合的包含关系，令 $A_* = \min I(N, f, \{N\})$，那么有 $f(A_*) \neq 0, f(B) = 0, \forall B \subset A_*$。

注释 10.9　本题主要考查与数值解相关的集合类的性质。

解答　（1）因为 $f(\varnothing) = 0$，所以 $\varnothing \notin I(N, f, \{N\})$，$A \notin I(N, f, \{N\})$ 当且仅当

$$\forall B \subseteq A, f(B) = 0$$

（2）如果 A^* 是 $I(N, f, \{N\})$ 的极小元，那么显然有 $f(A_*) \neq 0, f(B) = 0, \forall B \subset A_*$。反之与定义矛盾，证明完毕。

习题 10.10　假设 N 是一个有限的参与人集合，Γ_N 表示 N 上所有具有大联盟结构的合作博弈，取定 $(N, f, \{N\}) \in \Gamma_N, A \in \mathcal{P}(N)$，定义博弈 $(N, f_A, \{N\})$ 为

$$f_A(B) = f(A \cap B), \forall B \in \mathcal{P}(N)$$

试证明博弈 $(N, f_A, \{N\})$ 具有如下性质：

(1) $A^c \subseteq \text{Null}(N, f_A, \{N\}), \forall A \in \mathcal{P}(N)$；

(2) $\forall A \in I(N, f, \{N\})$，有 $I(N, f - f_A, \{N\}) \subset I(N, f, \{N\})$。

注释 10.10　本题主要考查特殊的集合类的性质。

解答　（1）任取 $i \in A^c, B \in \mathcal{P}(N)$，根据定义可得

$$
\begin{aligned}
&f_A(B \cup \{i\}) \\
&= f(A \cap (B \cup \{i\})) \\
&= f(A \cap B) = f_A(B)
\end{aligned}
$$

因此 $i \in \text{Null}(N, f_A, \{N\})$，即

$$A^c \subseteq \text{Null}(N, f_A, \{N\})$$

（2）首先需要证明 $I(N, f - f_A, \{N\}) \subseteq I(N, f, \{N\})$。取定 $B \in I(N, f - f_A, \{N\})$，根据定义可得

$$\exists D \subseteq B, \text{s.t. } (f - f_A)(D) = f(D) - f(A \cap D) \neq 0$$

那么一定有 $f(D) \neq 0$ 或者 $f(A \cap D) \neq 0$，因为 $D \subseteq B, A \cap D \subseteq B$，根据定义可知

$$B \in I(N, f, \{N\})$$

然后证明 $I(N, f - f_A, \{N\}) \neq I(N, f, \{N\})$。$A \notin I(N, f - f_A, \{N\})$，任取 $B \subseteq A$，有

$$
\begin{aligned}
&(f - f_A)(B) \\
&= f(B) - f_A(B) \\
&= f(B) - f(A \cap B) \\
&= f(B) - f(B) = 0
\end{aligned}
$$

因此 $A \notin I(N, f - f_A, \{N\})$，即 $I(N, f - f_A, \{N\}) \neq I(N, f, \{N\})$。综上可得

$$I(N, f - f_A, \{N\}) \subset I(N, f, \{N\})$$

证明完毕。

习题 10.11　假设 N 是一个有限的参与人集合，Γ_N 表示 N 上所有具有大联盟结构的合作博弈，有一个数值解概念 $\phi: \Gamma_N \to \mathbb{R}^N, \phi(N, f, \{N\}) \in \mathbb{R}^N$，满足有效、对称和边际公理，试证明：此数值解概念一定是唯一的，即沙普利值。

注释 10.11　本题主要考查沙普利值的公理刻画。

解答　沙普利值作为数值解概念是满足有效、对称和边际公理的。下证如果数值解概念 ϕ 满足有效、对称和边际公理，那么其是唯一的。证明的思路是利用归纳法统计 $I(N, f, \{N\})$ 的数量。

（1）当 $|I(N, f, \{N\})| = 0$ 时，可得 $N \notin I(N, f, \{N\})$，根据定义可知

$$\forall A \in \mathcal{P}, f(A) = 0$$

因此 $(N, f, \{N\})$ 是零博弈，那么 $N = \mathrm{Null}(N, f, \{N\})$。因为数值解满足零贡献公理，所以

$$\phi_i(N, f, \{N\}) = 0, \forall i \in N$$

根据沙普利值的计算公式可得

$$\mathrm{Sh}_i(N, f, \{N\}) = \sum_{A \in \mathcal{P}(N \setminus \{i\})} \frac{|A|! \times (n - |A| - 1)!}{n!} [f(A \cup \{i\}) - f(A)] = 0, \forall i \in N$$

综合上面的计算可得

$$\phi_i(N, f, \{N\}) = \mathrm{Sh}_i(N, f, \{N\}) = 0, \forall i \in N$$

（2）假设当 $I(N, f, \{N\}) < k$ 时，定理成立，即

$$\phi_i(N, f, \{N\}) = \mathrm{Sh}_i(N, f, \{N\}), \forall i \in N, \forall (N, f, \{N\}) \in \Gamma_N$$

（3）要证当 $I(N, f, \{N\}) = k$ 时，定理成立，即

$$\phi_i(N, f, \{N\}) = \mathrm{Sh}_i(N, f, \{N\}), \forall i \in N, \forall (N, f, \{N\}) \in \Gamma_N$$

此时令

$$\hat{A} = \bigcap_{A \in I(N, f, \{N\})} A$$

分两步完成证明。

① 要证 $\phi_i(N, f, \{N\}) = \mathrm{Sh}_i(N, f, \{N\}), \forall i \notin \hat{A}$。因为 $i \notin \hat{A}$，所以一定存在 $A \in I(N, f, \{N\})$，使得 $i \notin A$，根据上面的定理可得

$$I(N, f - f_A, \{N\}) \subset I(N, f, \{N\})$$

即

$$|I(N, f - f_A, \{N\})| < |I(N, f, \{N\})| = k$$

根据归纳法可知

$$\phi_j(N, f - f_A, \{N\}) = \mathrm{Sh}_j(N, f - f_A, \{N\}), \forall j \in N$$

计算参与人 i 在博弈 $(N, f - f_A, \{N\})$ 中的边际贡献，$\forall B \subseteq N \setminus \{i\}$，可得

$$
\begin{aligned}
&(f - f_A)(B \cup \{i\}) \\
&= f(B \cup \{i\}) - f_A(B \cup \{i\}) \\
&= f(B \cup \{i\}) - f(A \cap (B \cup \{i\})) \\
&= f(B \cup \{i\}) - f(A \cap B) \\
&= f(B \cup \{i\}) - f_A(B)
\end{aligned}
$$

因此可得

$$(f - f_A)(B \cup \{i\}) - (f - f_A)(B) = f(B \cup \{i\}) - f(B), \forall B \subseteq N \setminus \{i\}$$

因为解概念 ϕ 满足边际公理，所以可得

$$\phi_i(N, f, \{N\}) = \phi_i(N, f - f_A, \{N\})$$

因为沙普利值 Sh 满足边际公理，所以同样可得

$$\mathrm{Sh}_i(N, f, \{N\}) = \mathrm{Sh}_i(N, f - f_A, \{N\})$$

前面已经证明

$$\phi_j(N, f - f_A, \{N\}) = \mathrm{Sh}_j(N, f - f_A, \{N\}), \forall j \in N$$

所以可得

$$\phi_i(N, f, \{N\}) = \mathrm{Sh}_i(N, f, \{N\}), \forall i \notin \hat{A}$$

② 要证 $\phi_i(N, f, \{N\}) = \mathrm{Sh}_i(N, f, \{N\}), \forall i \in \hat{A}$，分为以下三种情形。

情形一：假设 $|\hat{A}| = 0$，显然成立。

情形二：假设 $|\hat{A}| = 1$，根据①的证明可知

$$\phi_i(N, f, \{N\}) = \mathrm{Sh}_i(N, f, \{N\}), \forall i \notin \hat{A}$$

解概念 ϕ 和 Sh 都是有效的，所以有

$$\phi_i(N, f, \{N\})$$

$$= f(N) - \sum_{j \notin \hat{A}} \phi_i(N, f, \{N\})$$

$$= f(N) - \sum_{j \notin \hat{A}} \mathrm{Sh}_i(N, f, \{N\})$$

$$= \mathrm{Sh}_i(N, f, \{N\}), \forall i \in \hat{A}$$

情形三：假设 $|\hat{A}| \geqslant 2$，则 $\forall i, j \in \hat{A}, i \approx_{(N,f,\{N\})} j$。

首先断言，$\forall A, \hat{A} \nsubseteq A$，必有 $f(A) = 0$。如不然，$f(A) \neq 0$，根据定义可得 $A \in I(N, f, \{N\})$，那么必有 $\hat{A} \subseteq A$ 与 $\hat{A} \nsubseteq A$ 矛盾。

其次任取 $i, j \in \hat{A}, \ B \subseteq N \setminus \{i, j\}$，可得

$$\hat{A} \nsubseteq B \cup \{i\}, \hat{A} \nsubseteq B \cup \{j\}$$

因此必定有

$$f(B \cup \{i\}) = 0 = f(B \cup \{j\}), \forall B \subseteq N \setminus \{i, j\}$$

即

$$i \approx_{(N, f, \{N\})} j, \forall i, j \in \hat{A}$$

因为解概念 ϕ 和沙普利值 Sh 都是满足对称公理的，所以一定有

$$\phi_i(N, f, \{N\}) = \phi_j(N, f, \{N\}); \mathrm{Sh}_i(N, f, \{N\}) = \mathrm{Sh}_j(N, f, \{N\}), \forall i, j \in \hat{A}$$

根据对称性、有效性和前面的结论可得

$$\phi_i(N, f, \{N\})$$

$$= \frac{1}{|\hat{A}|} \sum_{j \in \hat{A}} \phi_j(N, f, \{N\})$$

$$= \frac{1}{|\hat{A}|} \left[f(N) - \sum_{j \notin \hat{A}} \phi_j(N, f, \{N\}) \right]$$

$$= \frac{1}{|\hat{A}|} \left[f(N) - \sum_{j \notin \hat{A}} \mathrm{Sh}_j(N, f, \{N\}) \right]$$

$$= \frac{1}{|\hat{A}|} \sum_{j \in \hat{A}} \mathrm{Sh}_j(N, f, \{N\})$$

$$= \mathrm{Sh}_i(N, f, \{N\}), \forall i \in \hat{A}$$

综上可得

$$\phi_i(N,f,\{N\}) = \mathrm{Sh}_i(N,f,\{N\}), \forall i \in N, \forall (N,f,\{N\}) \in \varGamma_N$$

即满足有效、对称和边际公理的数值解概念一定是唯一的，即沙普利值。

习题 10.12　假设 N 是有限的参与人集合，$(N,f,\{N\})$ 是一个凸的合作博弈，构造向量 $\boldsymbol{x} \in \mathbb{R}^N$ 为

$$x_1 = f(1)$$
$$x_2 = f(1,2) - f(1)$$
$$x_3 = f(1,2,3) - f(1,2)$$
$$\vdots$$
$$x_n = f(1,2,\cdots,n) - f(1,2,\cdots,n-1)$$

试证明：

$$\boldsymbol{x} \in \mathrm{Core}(N,f,\{N\}) \neq \varnothing$$

注释 10.12　本题构造了凸博弈的核心中的一个元素。

解答　首先证明 $\boldsymbol{x}$ 满足结构理性，即

$$x(N) = \sum_{i \in N} x_i$$
$$= f(1,2,\cdots,n) = f(N)$$

然后证明 $\boldsymbol{x}$ 满足集体理性，即

$$\forall A \in \mathcal{P}_0(N), x(A) \geqslant f(A)$$

因为 A 是有限的，不妨假设

$$A = \{i_1,i_2,\cdots,i_k\}, i_1 < i_2 < \cdots < i_k$$

因此

$$\{i_1,i_2,\cdots,i_{j-1}\} \subseteq \{1,2,\cdots,i_j-1\}, \forall j = 1,2,\cdots,k$$

利用凸性的等价刻画可得

$$f(\{1,2,\cdots,i_j\}) - f(\{1,2,\cdots,i_j-1\}) \geqslant f(\{i_1,i_2,\cdots,i_{j-1},i_j\}) - f(\{i_1,i_2,\cdots,i_{j-1}\}),$$
$$\forall j = 1,2,\cdots,k$$

因此得到

$$x(A) = \sum_{j=1}^{k} x_{i_j}$$

$$= \sum_{j=1}^{k} [f(\{1, 2, \cdots, i_j\}) - f(\{1, 2, \cdots, i_j - 1\})]$$

$$\geqslant \sum_{j=1}^{k} [f(\{i_1, i_2, \cdots, i_{j-1}, i_j\}) - f(\{i_1, i_2, \cdots, i_{j-1}\})]$$

$$= f(\{i_1, i_2, \cdots, i_k\}) = f(A)$$

二者综合可以得出

$$\boldsymbol{x} \in \text{Core}(N, f, \{N\}) \neq \varnothing$$

证明完毕。

习题 10.13 假设 N 是一个有限的参与人集合，$(N, f, \{N\})$ 是一个凸的合作博弈，$\pi = (i_1, i_2, \cdots, i_n)$ 是一个置换，构造向量 $\boldsymbol{x} \in \mathbb{R}^N$ 为

$$x_1 = f(i_1)$$
$$x_2 = f(i_1, i_2) - f(i_1)$$
$$x_3 = f(i_1, i_2, i_3) - f(i_1, i_2)$$
$$\vdots$$
$$x_n = f(i_1, i_2, \cdots, i_n) - f(i_1, i_2, \cdots, i_{n-1})$$

试证明：

$$\boldsymbol{x} \in \text{Core}(N, f, \{N\}) \neq \varnothing$$

注释 10.13 本题主要利用置换群构造凸博弈核心中的多个元素。

解答 采用与上题相似的证明思路即可。

习题 10.14 假设 N 是一个有限的参与人集合，$(N, f, \{N\})$ 是一个凸的合作博弈，试证明：

$$\text{Sh}(N, f, \{N\}) \in \text{Core}(N, f, \{N\})$$

注释 10.14 本题主要考查凸博弈的沙普利值在核心之中。

解答 根据沙普利值的定义可得

$$\text{Sh}_i(N, f, \{N\}) = \frac{1}{n!} \sum_{\pi \in \text{Permut}(N)} [f(P_i(\pi) \cup \{i\}) - f(P_i(\pi))], \forall i \in N$$

根据定义可知

$$w_i^\pi = f(P_i(\pi) \cup \{i\}) - f(P_i(\pi)), \forall i \in N$$

因此

$$\mathrm{Sh}(N, f, \{N\}) = \frac{1}{n!} \sum_{\pi \in \mathrm{Permut}(N)} \boldsymbol{w}^\pi$$

因为 $\boldsymbol{w}^\pi \in \mathrm{Core}(N, f, \{N\})$，并且核心是凸集合，因此

$$\mathrm{Sh}(N, f, \{N\}) \in \mathrm{Core}(N, f, \{N\})$$

证明完毕。

习题 10.15 假设 N 是一个有限的参与人集合，Γ_N 表示 N 上所有具有大联盟结构的合作博弈，对于 $T \in \mathcal{P}_0(N)$，T 上的 1-0 承载博弈为 $(N, C_{(T,1,0)}, \{N\})$，其中

$$C_{(T,1,0)}(R) = \begin{cases} 1, & T \subseteq R \\ 0, & T \not\subseteq R \end{cases}$$

承载博弈的沙普利值为

$$\mathrm{Sh}_i(N, C_{(T,1,0)}, \{N\}) = \begin{cases} \dfrac{1}{|T|}, & i \in T \\ 0, & i \notin T \end{cases}$$

取定 $A \in \mathcal{P}_0(N)$，试计算承载博弈 $(N, C_{(T,1,0)}, \{N\})$ 在 A 上的相对于沙普利值的 Hart-Mas-Collel 约简博弈为

$$(A, C_{(T,1,0),A,\mathrm{Sh}}, \{A\})$$

注释 10.15 本题主要计算承载博弈的 Hart-Mas-Collel 约简博弈。

解答 情形一：$A \cap T = \varnothing$。假设 $B \subseteq A$，那么 $B \subseteq N \setminus T = T^c$。易知 $T^c \subseteq \mathrm{Null}(N, C_{(T,1,0)}, \{N\})$，那么一定有

$$\mathrm{Sh}_i(N, C_{(T,1,0)}, \{N\}) = 0, \forall i \in T^c$$

因为

$$B \cup A^c \supseteq A^c \supseteq T$$

因此一定有

$$\begin{aligned} & C_{(T,1,0),A,\mathrm{Sh}}(B) \\ =\ & C_{(T,1,0)}(B \cup A^c) - \sum_{i \in A^c} \mathrm{Sh}_i(B \cup A^c, C_{(T,1,0)}, \{B \cup A^c\}) \end{aligned}$$

$$=1-\sum_{i\in T}\mathrm{Sh}_i(B\cup A^c, C_{(T,1,0)}, \{B\cup A^c\})$$

$$=1-|T|\frac{1}{|T|}=0$$

情形二：$A\cap T\neq\varnothing$。假设 $B\subseteq A$，如果 $B\supseteq A\cap T$，那么 $R\cup A^c\supseteq T$，因此有

$$C_{(T,1,0)}(B\cup A^c)=1$$

计算得到

$$\sum_{i\in A^c}\mathrm{Sh}_i(B\cup A^c, C_{(T,1,0)}, \{B\cup A^c\})=\frac{|T\setminus A|}{|T|}$$

如果 $B\not\supseteq A\cap T$，那么 $B\cup A^c\not\supseteq T$，因此有

$$C_{(T,1,0)}(B\cup A^c)=0$$

计算得到

$$\sum_{i\in A^c}\mathrm{Sh}_i(B\cup A^c, C_{(T,1,0)}, \{B\cup A^c\})=0$$

对于情形二可得

$$C_{(T,1,0),A,\mathrm{Sh}}(B)=\begin{cases}1-\dfrac{|T\setminus A|}{|T|}, & B\supseteq A\cap T\\ 0, & B\not\supseteq A\cap T\end{cases}$$

综合两类情形，可得

$$C_{(T,1,0),A,\mathrm{Sh}}(B)=\begin{cases}1-\dfrac{|T\setminus A|}{|T|}, & B\supseteq A\cap T\\ 0, & B\not\supseteq A\cap T\end{cases}$$

证明完毕。

习题 10.16 假设 N 是一个有限的参与人集合，Γ_N 表示 N 上所有具有大联盟结构的合作博弈，数值解概念 $\phi:\Gamma_N\to\mathbb{R}^N, \phi(N,f,\{N\})\in\mathbb{R}^N$ 满足线性公理，取定 $(N,f,\{N\}),(N,g,\{N\})\in\Gamma_N$，试证明：任取 $\alpha,\beta\in\mathbb{R}$ 有

$$\forall A\in\mathcal{P}_0(N), (\alpha f+\beta g)_{(A,\phi)}=\alpha f_{(A,\phi)}+\beta g_{(A,\phi)}$$

$(A,f_{(A,\phi)},\{A\}),(A,g_{(A,\phi)},\{A\}),(A,(\alpha f+\beta g)_{(A,\phi)},\{A\})$ 是 Hart-Mas-Collel 约简博弈。

注释 10.16 本题主要考查满足线性公理的数值解概念的 Hart-Mas-Collel 约简博弈。

解答 令 $h = \alpha f + \beta g$，定义 $(A, h_{(A,\phi)}, \{A\})$，那么盈利函数为

$$
h_{(A,\phi)}(B) = \begin{cases} h(B \cup A^c) - \displaystyle\sum_{i \in A^c} \phi_i(B \cup A^c, h, \{B \cup A^c\}), & B \in \mathcal{P}_0(A) \\ 0, & B = \varnothing \end{cases}
$$

根据 h 的定义和 ϕ 的线性，上式可转化为

$$
\begin{aligned}
& h_{(A,\phi)}(B) \\
={} & h(B \cup A^c) - \sum_{i \in A^c} \phi_i(B \cup A^c, h, \{B \cup A^c\}) \\
={} & (\alpha f + \beta g)(B \cup A^c) - \sum_{i \in A^c} \phi_i(B \cup A^c, \alpha f + \beta g, \{B \cup A^c\}) \\
={} & \alpha f(B \cup A^c) - \alpha \sum_{i \in A^c} \phi_i(B \cup A^c, f, \{B \cup A^c\}) \\
& + \beta g(B \cup A^c) - \beta \sum_{i \in A^c} \phi_i(B \cup A^c, g, \{B \cup A^c\}) \\
={} & \alpha f_{(A,\phi)}(B) + \beta g_{(A,\phi)}(B), \forall B \in \mathcal{P}_0(A) \\
& h_{(A,\phi)}(\varnothing) = \alpha f_{(A,\phi)}(\varnothing) + \beta g_{(A,\phi)}(\varnothing) = 0
\end{aligned}
$$

证明完毕。

习题 10.17 假设 N 是一个有限的参与人集合，Γ_N 表示 N 上所有具有大联盟结构的合作博弈，试证明：沙普利值满足 Hart-Mas-Collel 约简博弈一致性，即

$$
\mathrm{Sh}_i(N, f, \{N\}) = \mathrm{Sh}_i(A, f_{(A,\phi)}, \{A\}), \forall A \in \mathcal{P}_0(N), \forall i \in A
$$

注释 10.17 本题主要验证沙普利值的 Hart-Mas-Collel 约简博弈性质。

解答 G 表示

$$
\mathrm{Sh}_i(N, f, \{N\}) = \mathrm{Sh}_i(A, f_{(A,\phi)}, \{A\}), \forall A \in \mathcal{P}_0(N), \forall i \in A
$$

的所有合作博弈构成的集合，下面证明 $G = \Gamma_N$，分两步完成证明。

第一步：所有的 1-0 承载博弈 $(N, C_{(T,1,0)}, \{N\})_{T \in \mathcal{P}_0(N)}$ 包含在 G 中。已知

$$
T^c = \mathrm{Null}(N, C_{(T,1,0)}, \{N\}); i \approx_{(N, C_{(T,1,0)}, \{N\})} j, \forall i, j \in T
$$

任取 $A \in \mathcal{P}_0(N)$。分为以下两种情形。

情形一：如果 $A \cap T = \varnothing$，那么 $A \subseteq T^c$，根据零贡献公理可知

$$\mathrm{Sh}_i(N, f, \{N\}) = 0, \forall i \in A$$

前面的习题计算了当 $A \cap T = \varnothing$ 时，Hart-Mas-Collel 约简博弈为 $(A, C_{(T,1,0),A,\mathrm{Sh}} \equiv 0, \{A\})$。所以根据零贡献公理可知

$$\mathrm{Sh}_i(A, C_{(T,1,0),A,\mathrm{Sh}}, \{A\}) = 0, \forall i \in A$$

因此

$$\mathrm{Sh}_i(N, f, \{N\}) = \mathrm{Sh}_i(A, f_{(A,\phi)}, \{A\}), \forall i \in A$$

情形二：如果 $A \cap T \neq \varnothing$，根据习题 10.15 可知

$$\mathrm{Sh}_i(N, f, \{N\}) = \frac{1}{|T|}, \forall i \in A \cap T; \mathrm{Sh}_i(N, f, \{N\}) = 0, \forall i \in A \cap T^c$$

前面的习题计算了当 $A \cap T \neq \varnothing$ 时，Hart-Mas-Collel 约简博弈为 $(A, C_{(T,1,0),A,\mathrm{Sh}}, \{A\})$，其中

$$C_{(T,1,0),A,\mathrm{Sh}}(B) = \begin{cases} 1 - \dfrac{|T \setminus A|}{|T|}, & B \supseteq A \cap T \\ 0, & B \not\supseteq A \cap T \end{cases}$$

所以根据对称公理和零贡献公理可知

$$\mathrm{Sh}_i(A, C_{(T,1,0),A,\mathrm{Sh}}, \{A\}) = \begin{cases} \dfrac{1}{|T|}, & i \in A \cap T \\ 0, & i \in A \cap T^c \end{cases}$$

因此

$$\mathrm{Sh}_i(N, f, \{N\}) = \mathrm{Sh}_i(A, f_{(A,\phi)}, \{A\}), \forall i \in A$$

第二步：Γ_N 包含在 G 中。任意取定 $(N, f, \{N\}) \in \Gamma_N$，根据习题 10.3 可知

$$\exists \alpha = (\alpha_T)_{T \in \mathcal{P}_0(N)}, \text{s.t.} \ f = \sum_{T \in \mathcal{P}_0(N)} \alpha_T C_{(T,1,0)}$$

因为沙普利值满足线性公理，所以 $\forall i \in A \in \mathcal{P}_0(N)$，可得

$$\mathrm{Sh}_i(N, f, \{N\})$$

$$= \mathrm{Sh}_i\left(N, \sum_{T \in \mathcal{P}_0(N)} \alpha_T C_{(T,1,0)}, \{N\}\right)$$

$$= \sum_{T \in \mathcal{P}_0(N)} \alpha_T \mathrm{Sh}_i(N, C_{(T,1,0)}, \{N\})$$

$$= \sum_{T \in \mathcal{P}_0(N)} \alpha_T \mathrm{Sh}_i(A, C_{(T,1,0),A,\mathrm{Sh}}, \{A\})$$

$$= \mathrm{Sh}_i\left(A, \sum_{T \in \mathcal{P}_0(N)} \alpha_T C_{(T,1,0),A,\mathrm{Sh}}, \{A\}\right)$$

$$= \mathrm{Sh}_i\left(A, \left(\sum_{T \in \mathcal{P}_0(N)} \alpha_T C_{(T,1,0)}\right)_{A,\mathrm{Sh}}, \{A\}\right)$$

$$= \mathrm{Sh}_i(A, f_{(A,\mathrm{Sh})}, \{A\}), \forall i \in A \in \mathcal{P}_0(N)$$

由此证明了沙普利值满足 Hart-Mas-Collel 约简博弈一致性。证明完毕。

习题 10.18　假设 N 是一个有限的参与人集合，Γ_N 表示 N 上所有具有大联盟结构的合作博弈，假设数值解概念 $\phi: \Gamma_N \to \mathbb{R}^N$, $\phi(N, f, \{N\}) \in \mathbb{R}^N$ 满足有效、对称和协变公理，并且满足 Hart-Mas-Collel 约简博弈一致性，试证明：此数值解概念是唯一的，即沙普利值。

注释 10.18　本题主要考查沙普利值的公理刻画。

解答　本题需要证明

$$\phi_i(N, f, \{N\}) = \mathrm{Sh}_i(N, f, \{N\}), \forall (N, f, \{N\}), \forall i \in N$$

思路是利用归纳法计算参与人集合 N 中参与人的数量。

（1）当 $n = 1$ 时，根据有效性可得

$$\phi_1(N, f, \{N\}) = f(1) = \mathrm{Sh}_1(N, f, \{N\})$$

本题成立。

（2）当 $n = 2$ 时，分情况讨论。

情形一：当 $f(1,2) > f(1) + f(2)$ 时。令 $\boldsymbol{b} = (f(1), f(2))^{\mathrm{T}}$，构造新的博弈：

$$(N, g, \{N\}), g(A) = \frac{1}{f(1,2) - f(1) - f(2)} f(A)$$
$$- \frac{1}{f(1,2) - f(1) - f(2)} b(A), \forall A \in \mathcal{P}(N)$$

显然有

$$f(A) = (f(1,2) - f(1) - f(2)) g(A) + b(A), \forall A \in \mathcal{P}(N), g(1) = 0, g(2) = 0, g(1,2) = 1$$

因为解概念是满足有效、对称公理的，所以

$$\phi_1(N, g, \{N\}) = \phi_2(N, g, \{N\}) = \frac{1}{2}$$

同样因为沙普利值是满足有效、对称公理的，所以

$$\mathrm{Sh}_1(N, g, \{N\}) = \mathrm{Sh}_2(N, g, \{N\}) = \frac{1}{2}$$

又因为解概念是满足协变公理的，所以有

$$\phi_1(N, f, \{N\})$$
$$= (f(1, 2) - f(1) - f(2))\phi_1(N, g, \{N\}) + b_1$$
$$= f(1) + \frac{1}{2}(f(1, 2) - f(1) - f(2))$$
$$\phi_2(N, f, \{N\})$$
$$= (f(1, 2) - f(1) - f(2))\phi_2(N, g, \{N\}) + b_2$$
$$= f(2) + \frac{1}{2}(f(1, 2) - f(1) - f(2))$$

沙普利值也满足协变公理，因此有

$$\mathrm{Sh}_1(N, f, \{N\})$$
$$= (f(1, 2) - f(1) - f(2))\phi_1(N, g, \{N\}) + b_1$$
$$= f(1) + \frac{1}{2}(f(1, 2) - f(1) - f(2))$$
$$\mathrm{Sh}_2(N, f, \{N\})$$
$$= (f(1, 2) - f(1) - f(2))\phi_2(N, g, \{N\}) + b_2$$
$$= f(2) + \frac{1}{2}(f(1, 2) - f(1) - f(2))$$

推得

$$\phi_i(N, f, \{N\}) = \mathrm{Sh}_i(N, f, \{N\}), \forall i = 1, 2$$

情形二："当 $f(1, 2) = f(1) + f(2)$ 时" 及情形三 "当 $f(1, 2) < f(1) + f(2)$ 时" 可类似计算，本题成立，并且有

$$\phi_1(N, f, \{N\}) - \phi_2(N, f, \{N\}) = f(1) - f(2) = \mathrm{Sh}_1(N, f, \{N\}) - \mathrm{Sh}_2(N, f, \{N\})$$

（3）假设本题对所有的 $(K, f, \{K\})$ 都成立，其中 $2 \leqslant k = |K| < n$，即

$$\phi(K, f, \{K\}) = \mathrm{Sh}(K, f, \{K\})$$

Note

下证本题对 $(N, f, \{N\})$ 也成立，其中 $|N| = n$，即

$$\phi(N, f, \{N\}) = \text{Sh}(N, f, \{N\})$$

任意取定 $i, j \in N$，令 $A = \{i, j\}$，显然有 $i \cup A^c = N \setminus \{j\}, j \cup A^c = N \setminus \{i\}$，$(N, f, \{N\})$ 在 A 上的相对于 ϕ 的 Hart-Mas-Collel 约简博弈为 $((i, j), f_{(i,j,\phi)}, (i, j))$，其中

$$f_{(i,j,\phi)}(i) = f(N \setminus \{j\}) - \sum_{k \neq i,j} \phi_k(N \setminus \{j\}, f, \{N \setminus \{j\}\})$$

$$f_{(i,j,\phi)}(j) = f(N \setminus \{i\}) - \sum_{k \neq i,j} \phi_k(N \setminus \{i\}, f, \{N \setminus \{i\}\})$$

同理，$(N, f, \{N\})$ 在 A 上的相对于解概念沙普利值 Sh 的 Hart-Mas-Collel 约简博弈为

$$((i, j), f_{(i,j,\text{Sh})}, (i, j))$$

其中

$$f_{(i,j,\text{Sh})}(i) = f(N \setminus \{j\}) - \sum_{k \neq i,j} \text{Sh}_k(N \setminus \{j\}, f, \{N \setminus \{j\}\})$$

$$f_{(i,j,\text{Sh})}(j) = f(N \setminus \{i\}) - \sum_{k \neq i,j} \text{Sh}_k(N \setminus \{i\}, f, \{N \setminus \{i\}\})$$

根据归纳假设，有

$$\phi_k(N \setminus \{j\}, f, \{N \setminus \{j\}\}) = \text{Sh}_k(N \setminus \{j\}, f, \{N \setminus \{j\}\}), \forall k \neq j$$

$$\phi_k(N \setminus \{i\}, f, \{N \setminus \{i\}\}) = \text{Sh}_k(N \setminus \{i\}, f, \{N \setminus \{i\}\}), \forall k \neq i$$

可得

$$f_{(i,j,\phi)}(i) = f_{(i,j,\text{Sh})}(i)$$

$$f_{(i,j,\phi)}(j) = f_{(i,j,\text{Sh})}(j)$$

根据 (2) 中的最后一个公式可得

$$\phi_i((i, j), f_{(i,j,\phi)}, (i, j)) - \phi_j((i, j), f_{(i,j,\phi)}, (i, j)) = f_{(i,j,\phi)}(i) - f_{(i,j,\phi)}(j)$$

$$\text{Sh}_i((i, j), f_{(i,j,\text{Sh})}, (i, j)) - \text{Sh}_j((i, j), f_{(i,j,\text{Sh})}, (i, j)) = f_{(i,j,\text{Sh})}(i) - f_{(i,j,\text{Sh})}(j)$$

可得

$$\phi_i((i, j), f_{(i,j,\phi)}, (i, j)) - \phi_j((i, j), f_{(i,j,\phi)}, (i, j))$$

Note

$$= \text{Sh}_i((i,j), f_{(i,j,\text{Sh})}, (i,j)) - \text{Sh}_j((i,j), f_{(i,j,\text{Sh})}, (i,j))$$

因为解概念 ϕ 满足 Hart-Mas-Collel 约简博弈一致性，可得

$$\phi_k((i,j), f_{(i,j,\phi)}, (i,j)) = \phi_k(N, f, \{N\}), k = i, j$$

同理，沙普利值 Sh 满足 Hart-Mas-Collel 约简博弈一致性，可得

$$\text{Sh}_k((i,j), f_{(i,j,\text{Sh})}, (i,j)) = \text{Sh}_k(N, f, \{N\}), k = i, j$$

可将

$$\phi_i((i,j), f_{(i,j,\phi)}, (i,j)) - \phi_j((i,j), f_{(i,j,\phi)}, (i,j))$$
$$= \text{Sh}_i((i,j), f_{(i,j,\text{Sh})}, (i,j)) - \text{Sh}_j((i,j), f_{(i,j,\text{Sh})}, (i,j))$$

替换为

$$\phi_i(N, f, \{N\}) - \phi_j(N, f, \{N\}) = \text{Sh}_i(N, f, \{N\}) - \text{Sh}_j(N, f, \{N\})$$

对 j 做加法可得

$$n\phi_i(N, f, \{N\}) - \sum_{j \in N} \phi_j(N, f, \{N\}) = n\text{Sh}_i(N, f, \{N\}) - \sum_{j \in N} \text{Sh}_j(N, f, \{N\})$$

利用有效性可得

$$\sum_{j \in N} \phi_j(N, f, \{N\}) = f(N); \sum_{j \in N} \text{Sh}_j(N, f, \{N\}) = f(N)$$

可得

$$n\phi_i(N, f, \{N\}) - f(N) = n\text{Sh}_i(N, f, \{N\}) - f(N)$$

即

$$\phi_i(N, f, \{N\}) = \text{Sh}_i(N, f, \{N\}), \forall i \in N$$

证明完毕。

习题 10.19 假设 N 是一个有限的参与人集合，$\Gamma_{N,\tau}$ 表示 N 上所有具有一般联盟结构 τ 的合作博弈，试证明：一般联盟沙普利值 $\text{Sh}_* : \Gamma_{N,\tau} \to \mathbb{R}^N, \phi(N, f, \tau) \in \mathbb{R}^N$ 满足结构有效、限制对称、零贡献和加法公理。

注释 10.19 本题主要考查一般联盟结构下的沙普利值的性质。

解答　（1）下证满足结构有效公理。$\forall A \in \tau$，根据一般联盟沙普利值的定义可得

$$\sum_{i \in A} \mathrm{Sh}_{*,i}(N, f, \tau)$$
$$= \sum_{i \in A} \mathrm{Sh}_i(A_i, f, \{A_i\})$$
$$= \sum_{i \in A} \mathrm{Sh}_i(A, f, \{A\})$$
$$= f(A)$$

（2）下证满足限制对称公理。假设 $i \approx_{(N,f,\tau)} j, \{i,j\} \in \mathrm{Pair}(\tau)$，根据定义可得

$$f(B \cup \{i\}) = f(B \cup \{j\}), \forall B \subseteq N \setminus \{i,j\}; A_i = A_j =: A$$

特别地，有

$$f(B \cup \{i\}) = f(B \cup \{j\}), \forall B \subseteq A \setminus \{i,j\}; A_i = A_j =: A$$

即

$$i \approx_{(A,f,\{A\})} j$$

因此根据大联盟沙普利值的定义和性质可得

$$\mathrm{Sh}_{*,i}(N, f, \tau)$$
$$= \mathrm{Sh}_i(A_i, f, \{A_i\})$$
$$= \mathrm{Sh}_i(A, f, \{A\})$$
$$= \mathrm{Sh}_j(A, f, \{A\})$$
$$= \mathrm{Sh}_j(A_j, f, \{A_j\})$$
$$= \mathrm{Sh}_{*,j}(N, f, \tau)$$

（3）下证满足零贡献公理。假设 $i \in \mathrm{Null}(N, f, \tau), i \in A_i(\tau)$，根据定义可得

$$f(B \cup \{i\}) = f(B), \forall B \subseteq N$$

特别地，有

$$f(B \cup \{i\}) = f(B), \forall B \subseteq A_i$$

因此一定有

$$i \in \mathrm{Null}(A_i, f, \{A_i\})$$

根据一般联盟沙普利值的定义可得

$$\mathrm{Sh}_{*,i}(N, f, \tau) = \mathrm{Sh}_i(A_i, f, \{A_i\}) = 0$$

（4）下证满足加法公理。$(N, f, \tau), (N, g, \tau)$ 是两个具有相同一般联盟结构的合作博弈，根据一般联盟沙普利值的定义，取定 $i \in N$，假设 $i \in A_i$，又根据大联盟沙普利值的定义可得

$$\begin{aligned}
&\mathrm{Sh}_{*,i}(N, f + g, \tau)\\
&= \mathrm{Sh}_i(A_i, f + g, \{A_i\})\\
&= \mathrm{Sh}_i(A_i, f, \{A_i\}) + \mathrm{Sh}_i(A_i, g, \{A_i\})\\
&= \mathrm{Sh}_{*,i}(N, f, \tau) + \mathrm{Sh}_{*,i}(N, g, \tau)
\end{aligned}$$

证明完毕。

习题 10.20　假设 N 是一个有限的参与人集合，$\varGamma_{N,\tau}$ 表示 N 上所有具有一般联盟结构 τ 的合作博弈，(N, f, τ) 是一个合作博弈，试证明：它是有限个具有一般联盟结构 τ 的 1-0 承载博弈的线性组合。

注释 10.20　本题主要考查一般联盟结构下的 TUCG 的线性结构。

解答　固定一般联盟结构 $\tau \in \mathrm{Part}(N)$，根据合作博弈的向量表示，可知 $\varGamma_{N,\tau}$ 是一个线性空间，并且

$$\varGamma_N \cong \mathbb{R}^{2^n - 1}$$

因此只需要证明 $(N, C_{(A,1,0)}, \tau), A \in \mathcal{P}_0(N)$ 构成了 $\varGamma_N$ 的基。如不然，必定有

$$\exists \boldsymbol{\alpha} = (\alpha_A)_{A \in \mathcal{P}_0(N)} \neq 0, \mathrm{s.t.} \sum_{A \in \mathcal{P}_0(N)} \alpha_A C_{(A,1,0)}(B) = 0, \forall B \in \mathcal{P}(N)$$

令

$$\eta = \{A | A \in \mathcal{P}_0(N); \alpha_A \neq 0\}$$

因为 $\boldsymbol{\alpha} \neq \boldsymbol{0}$，所以 $\eta \neq \varnothing$，按照集合的包含关系，取定 B_0 是 η 中的极小集合，即 η 中的其他集合没有被 B_0 严格包含。需要证明

$$\sum_{A \in \mathcal{P}_0(N)} \alpha_A C_{(A,1,0)}(B_0) \neq 0$$

从而产生矛盾。根据前面的推导可知

$$\sum_{A \in \mathcal{P}_0(N)} \alpha_A C_{(A,1,0)}(B_0)$$

$$= \sum_{A \in \mathcal{P}_0(N), A \subset B_0} \alpha_A C_{(A,1,0)}(B_0) + \alpha_{B_0} C_{(B_0,1,0)}(B_0) + \sum_{A \in \mathcal{P}_0(N), A \not\subseteq B_0} \alpha_A C_{(A,1,0)}(B_0)$$

因为 $B_0 = \min \eta$, 所以一定有

$$\forall A \in \mathcal{P}_0(N), A \subset B_0, \alpha_A = 0$$

根据具有一般联盟结构 τ 的 1-0 承载博弈的定义可知

$$\forall A \in \mathcal{P}_0(N), A \not\subseteq B_0, C_{(A,1,0)}(B_0) = 0$$

综上可得

$$\sum_{A \in \mathcal{P}_0(N)} \alpha_A C_{(A,1,0)}(B_0)$$

$$= \sum_{A \in \mathcal{P}_0(N), A \subset B_0} \alpha_A C_{(A,1,0)}(B_0) + \alpha_{B_0} C_{(B_0,1,0)}(B_0) + \sum_{A \in \mathcal{P}_0(N), A \not\subseteq B_0} \alpha_A C_{(A,1,0)}(B_0)$$

$$= \alpha_{B_0} C_{(B_0,1,0)}(B_0) = \alpha_{B_0} \neq 0$$

从而产生矛盾。因此 $(N, C_{(A,1,0)}, \tau), A \in \mathcal{P}_0(N)$ 构成了 $\Gamma_{N,\tau}$ 的基,因此任何一个合作博弈 (N, f, τ) 都可以表示为有限个承载博弈的线性组合。证明完毕。

习题 10.21 假设 N 是一个有限的参与人集合,$\Gamma_{N,\tau}$ 表示 N 上所有具有一般联盟结构 τ 的合作博弈,$(N, C_{(T,\alpha,0)}, \tau), T \neq \varnothing$ 为 T 上的 α-0 承载博弈,$\phi : \Gamma_{N,\tau} \to \mathbb{R}^N, \phi(N, f, \tau) \in \mathbb{R}^N$ 是一个数值解概念,满足结构有效、限制对称、零贡献公理,试证明:

$$\phi_i(N, C_{(T,\alpha,0)}, \tau) = \begin{cases} \dfrac{\alpha}{|T|}, & i \in T, \exists A \in \tau, \text{s.t. } T \subseteq A \\ 0, & i \notin T \text{ 或 } \forall A \in \tau, T \not\subseteq A \end{cases}$$

注释 10.21 本题主要考查一般联盟结构下满足一定公理的数值解在承载博弈上的计算。

解答 (1) 在博弈 $(N, C_{(T,\alpha,0)}, \tau)$ 中,$\forall i \notin T$,参与人 i 是零贡献的。因为 $\forall B \in \mathcal{P}(N)$,

$$T \subseteq B \cup \{i\} \Leftrightarrow T \subseteq B$$

所以一定有

$$\forall B \in \mathcal{P}(N), \forall i \notin T, C_{(T,\alpha,0)}(B \cup \{i\}) = C_{(T,\alpha,0)}(B)$$

根据定义可得

$$\forall i \notin T, i \in \text{Null}(N, C_{(T,,\alpha,0)}, \tau)$$

因为数值解概念 ϕ_i 满足零贡献公理，所以一定有

$$\forall i \notin T, \phi_i(N, C_{(T,\alpha,0)}, \tau) = 0$$

（2）在博弈 $(N, C_{(T,\alpha,0)}, \tau)$ 中，如果 $\forall A \in \tau, T \not\subseteq A$，那么一定有

$$\forall i \in N, \phi_i(N, C_{(T,\alpha,0)}, \tau) = 0$$

在（1）中，已经证明了

$$\forall i \notin T, \phi_i(N, C_{(T,\alpha,0)}, \tau) = 0$$

因此只需证明此时

$$\forall i \in T, \phi_i(N, C_{(T,\alpha,0)}, \tau) = 0$$

假设 $i \in T$，将 $A_i(\tau)$ 中的参与人分为两个部分，即

$$A_i(\tau) \cap T^c, A_i(\tau) \cap T$$

对于第一部分中的参与人 $j \in A_i(\tau) \cap T^c$，已经知道

$$\forall j \in A_i(\tau) \cap T^c, \phi_j(N, C_{(T,\alpha,0)}, \tau) = 0$$

接下来计算第二部分中的参与人的分配值。取定 $j \in A_i(\tau) \cap T$，显然 $T \not\subseteq A_i(\tau)$，任取 $B \subseteq N \setminus \{i, j\}$，因为 $i, j \in T; i, j \notin B$，可得

$$T \not\subseteq B \cup \{i\}, T \not\subseteq B \cup \{j\}$$

根据承载博弈的定义可知

$$C_{(T,\alpha,0)}(B \cup \{i\}) = 0 = C_{(T,\alpha,0)}(B \cup \{j\})$$

即

$$i, j \in \text{Pair}(\tau), i \approx_{C_{(T,\alpha,0)}} j$$

所以根据解概念的限制对称性可得

$$\phi_i(N, C_{(T,\alpha,0)}, \tau) = \phi_j(N, C_{(T,\alpha,0)}, \tau)$$

综合起来得到

$$\phi_i(N, C_{(T,\alpha,0)}, \tau) = 0, \forall i \in T^c$$

$$\phi_i(N, C_{(T,\alpha,0)}, \tau) = \phi_j(N, C_{(T,\alpha,0)}, \tau), \forall i, j \in A(\tau) \cap T$$

$$\sum_{i \in A(\tau)} \phi_i(N, C_{(T,\alpha,0)}, \tau)$$

$$= \sum_{i \in A(\tau) \cap T^c} \phi_i(N, C_{(T,\alpha,0)}, \tau) + \sum_{i \in A(\tau) \cap T} \phi_i(N, C_{(T,\alpha,0)}, \tau)$$

$$= |A(\tau) \cap T| \phi_i(N, C_{(T,\alpha,0)}, \tau)$$

$$= C_{(T,\alpha,0)}(A(\tau)) = 0$$

因此当 T 满足 $\forall A \in \tau, T \not\subseteq A$ 时

$$\forall i \in N, \phi_i(N, C_{(T,\alpha,0)}, \tau) = 0$$

（3）在博弈 $(N, C_{(T,\alpha,0)}, \tau)$ 中，如果 $\exists A \in \tau, \text{s.t. } T \subseteq A$，那么一定有

$$\forall i \in T^c, \phi_i(N, C_{(T,\alpha,0)}, \tau) = 0$$

$$\forall i \in T, \phi_i(N, C_{(T,\alpha,0)}, \tau) = \frac{\alpha}{|T|}$$

在 (1) 中，已经证明了

$$\forall i \in T^c, \phi_i(N, C_{(T,\alpha,0)}, \tau) = 0$$

因此只需证明此时

$$\forall i \in T, \phi_i(N, C_{(T,\alpha,0)}, \tau) = \frac{\alpha}{|T|}$$

假设 $i \in T$，因为 $T \subseteq A$，因此将 A 中的参与人分为两个部分，即

$$A \cap T^c, A \cap T$$

对于第一部分中的参与人 $j \in A \cap T^c$，已经知道

$$\forall j \in A \cap T^c, \phi_j(N, C_{(T,\alpha,0)}, \tau) = 0$$

接下来计算第二部分中的参与人的分配值。取定 $j \in A \cap T = T$，显然 $T \subseteq A$，任取 $B \subseteq N \setminus \{i,j\}$，因为 $i, j \in T; i, j \notin B$，可得

$$T \not\subseteq B \cup \{i\}, T \not\subseteq B \cup \{j\}$$

根据承载博弈的定义可知

$$C_{(T,\alpha,0)}(B \cup \{i\}) = 0 = C_{(T,\alpha,0)}(B \cup \{j\})$$

即

$$i, j \in \text{Pair}(\tau), i \approx_{C_{(T,\alpha,0)}} j$$

所以根据解概念的限制对称性可得

$$\phi_i(N, C_{(T,\alpha,0)}, \tau) = \phi_j(N, C_{(T,\alpha,0)}, \tau)$$

综上可得

$$\phi_i(N, C_{(T,\alpha,0)}, \tau) = 0, \forall i \in T^c$$
$$\phi_i(N, C_{(T,\alpha,0)}, \tau) = \phi_j(N, C_{(T,\alpha,0)}, \tau), \forall i,j \in T$$
$$\sum_{i \in A} \phi_i(N, C_{(T,\alpha,0)}, \tau)$$
$$= \sum_{i \in A \cap T^c} \phi_i(N, C_{(T,\alpha,0)}, \tau) + \sum_{i \in A \cap T} \phi_i(N, C_{(T,\alpha,0)}, \tau)$$
$$= |T| \phi_i(N, C_{(T,\alpha,0)}, \tau)$$
$$= C_{(T,\alpha,0)}(A(\tau)) = \alpha$$

因此如果 T 满足 $\exists A \in \tau, \text{s.t.}\ T \subseteq A$，那么一定有

$$\forall i \in T^c, \phi_i(N, C_{(T,\alpha,0)}, \tau) = 0$$
$$\forall i \in T, \phi_i(N, C_{(T,\alpha,0)}, \tau) = \frac{\alpha}{|T|}$$

证明完毕。

习题 10.22　假设 N 是一个有限的参与人集合，$\Gamma_{N,\tau}$ 表示 N 上所有具有一般联盟结构 τ 的合作博弈，有一个数值解概念 $\phi: \Gamma_N \to \mathbb{R}^N, \phi(N, f, \tau) \in \mathbb{R}^N$，其满足结构有效、限制对称、零贡献和加法公理，试证明：此数值解概念必定存在且唯一，即一般联盟沙普利值。

注释 10.22　本题主要考查一般联盟结构下的沙普利值的公理化刻画。

解答　（1）一般联盟沙普利值 Sh_* 满足结构有效、限制对称、零贡献和加法公理，所以已经解决习题中的存在性部分。

（2）下证这个解概念是唯一的。因为 $\Gamma_{N,\tau}$ 具有线性结构：

$$\Gamma_{N,\tau} \cong \mathbb{R}^{2^n-1}$$

并且

$$(N, C_{(T,1,0)}, \tau)_{T \in \mathcal{P}_0(N)}$$

是基，因此任意取定 $(N, f, \tau) \in \Gamma_{N,\tau}$，有

$$\exists \boldsymbol{\alpha} = (\alpha_T)_{T \in \mathcal{P}_0(N)}, \text{s.t.}\ f(B) = \sum_{T \in \mathcal{P}_0(N)} C_{(T,\alpha_T,0)}(B), \forall B \in \mathcal{P}(N)$$

解概念 ϕ 满足加法公理，一般联盟沙普利值也满足加法公理，因此一定有

$$\phi_i(N,f,\tau) = \sum_{T\in\mathcal{P}_0(N)} \phi_i(N,C_{(T,\alpha_T,0)},\tau)$$

$$\mathrm{Sh}_{*,i}(N,f,\tau) = \sum_{T\in\mathcal{P}_0(N)} \mathrm{Sh}_{*,i}(N,C_{(T,\alpha_T,0)},\tau)$$

要验证

$$\phi(N,f,\tau) = \mathrm{Sh}_*(N,f,\tau), \forall(N,f,\tau)\in\Gamma_{N,\tau}$$

只需验证

$$\phi(N,C_{(T,\alpha,0)},\tau) = \mathrm{Sh}_*(N,C_{(T,\alpha,0)},\tau), \forall T\in\mathcal{P}_0(N)$$

可知

$$\phi_i(N,C_{(T,\alpha,0)},\tau) = \begin{cases} \dfrac{\alpha}{|T|}, & i\in T,\exists A\in\tau,\mathrm{s.t.}\ T\subseteq A \\ 0, & i\notin T\ \text{或}\ \forall A\in\tau,T\nsubseteq A \end{cases}$$

$$\mathrm{Sh}_{*,i}(N,C_{(T,\alpha,0)},\tau) = \begin{cases} \dfrac{\alpha}{|T|}, & i\in T,\exists A\in\tau,\mathrm{s.t.}\ T\subseteq A \\ 0, & i\notin T\ \text{或}\ \forall A\in\tau,T\nsubseteq A \end{cases}$$

因此

$$\phi(N,C_{(T,\alpha,0)},\tau) = \mathrm{Sh}_*(N,C_{(T,\alpha,0)},\tau), \forall T\in\mathcal{P}_0(N)$$

综上可得

$$\phi(N,f,\tau) = \mathrm{Sh}_*(N,f,\tau), \forall(N,f,\tau)\in\Gamma_{N,\tau}$$

证明完毕。

习题 10.23　假设 N 是一个有限的参与人集合，$\Gamma_{N,\tau}$ 表示 N 上所有具有一般联盟结构 τ 的合作博弈，试证明：一般联盟沙普利值 Sh_* 满足 Hart-Mas-Collel 结构约简博弈性质。

注释 10.23　本题主要考查一般联盟结构下的沙普利值的性质。

解答　根据一般联盟沙普利值的定义可知

$$\mathrm{Sh}_{*,i}(N,f,\tau) = \mathrm{Sh}_i(A_i,f,\{A_i\}), \forall i\in N$$

因此考虑具有大联盟结构的博弈 $(R,f,R),\forall R\in\tau$，已知经典的沙普利值是满足 Hart-Mas-Collel 约简博弈性质的，即

$$\mathrm{Sh}_i(R,f,\{R\}) = \mathrm{Sh}_i(A,f_{(A,\mathrm{Sh})},\{A\}), \forall i\in A,\forall A\in\mathcal{P}_0(R)$$

根据定义，任取 $A \in \mathcal{P}_0(N)$，并且 $\exists R \in \tau, \text{s.t. } A \subseteq R$，那么根据定义可知

$$(A, f^{\tau}_{(A,\phi)}, \{A\}) = (A, f_{(A,\phi)}, \{A\})$$

此时 $(A, f_{(A,\phi)}, \{A\})$ 是 $(R, f, \{R\})$ 的 Hart-Mas-Collel 约简博弈，因此一定有

$$
\begin{aligned}
& \text{Sh}_{*,i}(N, f, \tau) \\
={}& \text{Sh}_i(A_i, f, \{A_i\}) \\
=:{}& \text{Sh}_i(R, f, \{R\}) \\
={}& \text{Sh}_i(A, f_{(A,\text{Sh})}, \{A\}) \\
={}& \text{Sh}_i(A, f^{\tau}_{(A,\text{Sh})}, \{A\}) \\
={}& \text{Sh}_{*,i}(A, f^{\tau}_{(A,\text{Sh})}, \{A\}), \forall i \in A
\end{aligned}
$$

证明完毕。

习题 10.24 假设 N 是一个有限的参与人集合，$\Gamma_{N,\tau}$ 表示 N 上所有具有一般联盟结构 τ 的合作博弈，假设有一个数值解概念 $\phi: \Gamma_{N,\tau} \to \mathbb{R}^N, \phi(N, f, \{\tau\}) \in \mathbb{R}^N$ 满足结构有效、限制对称、协变公理和 Hart-Mas-Collel 结构约简博弈性质，试证明：ϕ 即为 Sh_*。

注释 10.24 本题主要考查一般联盟结构下的沙普利值的公理化刻画。

解答 固定 (N, f, τ)，考虑具有大联盟的合作博弈：

$$(R, f, R), \forall R \in \tau$$

解概念 $\phi: \Gamma_{N,\tau} \to \mathbb{R}^N, \phi(N, f, \{\tau\}) \in \mathbb{R}^N$ 满足结构有效、限制对称、协变公理及 Hart-Mas-Collel 结构约简博弈性质，即解概念 ϕ 在每个 $(R, f, \{R\})$ 上满足有效、对称、协变公理和 Hart-Mas-Collel 约简博弈性质。根据前面大联盟结构的沙普利值的习题可知，在每一个 $(R, f, \{R\})$ 上解概念 ϕ 即为经典的沙普利值 Sh，所以有

$$\phi_i(N, f, \tau) = \text{Sh}_i(A_i, f, \{A_i\})$$

即

$$\phi(N, f, \tau) = \text{Sh}_*(N, f, \tau), \forall(N, f, \tau) \in \Gamma_{N,\tau}$$

证明完毕。

第11章

合作博弈的案例

本章提供了合作博弈的案例，在分析案例的过程中构建模型、推导性质，计算求解过程详尽，并对原始案例进行了分析。

11.1　决策和权力

先看一个幽默故事，同事经常与一个"妻管严"的丈夫开玩笑："你家里谁拿主意？"丈夫笑着说："一半一半了。"同事问他："一半一半是什么意思？"他说："当意见不一致的时候听妻子的，当意见一致的时候听我的。"众人哈哈大笑。

在这个笑话中，当丈夫和妻子意见一致时听丈夫的，当意见不一致时听妻子的，这时候丈夫的权力是一半吗？显然，这时候丈夫不能做出任何主张，称其权力为 0。在家庭中，这个妻子是温柔的"独裁者"，而丈夫是幸福的"被统治者"。

在生活中你会做出许多决策，进而构成你的权力。比如，当你有一笔钱的时候，你对它有足够的使用权力：你可以用它去买股票，可以将它存在银行，也可以买房子。

当你决定投资股票的时候，面对数百种股票，你应该如何选择呢？你当然要分析这些股票所属的行业，是传统行业还是高科技行业。你还要看现有股价与每股收益，股价与每股收益比决定市盈率。你还要看流通股数，当然还要看有没有炒作题材，有没有庄家在坐庄等。此时，无论你是股海畅游的老手还是想一试身手的新手，你的收益完全取决于你的选择：买哪种股票，买多少，什么时候买，什么时候卖。

你有权决定买股票，有权决定买什么股票，有权决定卖掉股票。你要承受做决定的结果，这是你进入股票市场的前提。在计划经济下，没有股票市场，即使你有钱，也无法买股票，你没有选择的自由，也没有选择的快乐和痛苦，当然也不必承担选择的结果。

11.2　沙普利-舒比克权力指数

沙普利-舒比克权力指数是沙普利和舒比克在 1954 年的文章"评价委员会中权力分布的一个方法"中提出的，该权力指数是基于沙普利值（Shapley Value）的。纳什均衡是非合作博弈中的核心概念，而沙普利值是合作博弈（或联盟博弈）中的重要概念。

下面考虑这样一个合作博弈：假定财产为 100 万元，这 100 万元在三个人之间进行分配。a 拥有 50% 的票，b 拥有 40% 的票，c 拥有 10% 的票。规定当超过 50% 的票认可某种方案时，才能获得整个财产，否则三人将一无所获。

任何人的票都不超过 50%，从而不能单独决定财产的分配。要超过 50% 的票必须形成联盟，即在这个例子中任何人的权力都不是决定性的，也没有一个人是无权力的或权力为 0。

此时财产应当按票分配吗？如果按票分配，那么 a、b、c 的财产分配比例分别为 50%、40%、10%。c 可以提出这样的方案：a、b、c 的财产分配比例分别为 70%、0、30%，这个方案能被 a、c 接受，因为对 a、c 来说这一方案比按票分配方案有明显改进，尽管 b 被排除出去，但是 a、c 票的总和构成大多数，占 60%。

在这样的情况下，b 会向 a 提出方案：a、b、c 的财产分配比例分别为 80%、20%、0。此时 a 和 b 所得财产均高于 c 提出的方案，c 则一无所有，但 a、b 票的总和构成大多数，占 90%。

这样的过程可以一直进行下去，在这个过程中，理性的人会形成联盟 ab、ac 或 abc，但最终会形成哪种联盟呢？分配结果应该是怎样的呢？

沙普利提出了一种分配方案，根据他的理论求得的联盟者的先验实力被称为沙普利值。沙普利值是指在各种可能的联盟顺序下参与者对联盟的边际贡献之和除以各种可能的联盟组合。

针对财产分配问题，可以写出各种可能的联盟顺序，这个顺序中联盟的"关键加入者"的边际贡献就为 100 万元。由此得出，a、b、c 的沙普利值分别为 $\phi(1) = 4/6, \phi(b) = 1/6, \phi(c) = 1/6$。

沙普利值是先验实力的一种度量，可以根据沙普利值来划分财产。按照沙普利值可以这样划分财产：a 为 2/3，b 为 1/6，c 为 1/6，单位为百万元。

根据沙普利值的定义，所有顺序是等可能的。而在每一个顺序下，每一个参与者对这个顺序下的联盟有一个边际贡献。在投票博弈中，这个值反映的是参与者与其他参与者结成联盟的可能性，因此沙普利值反映的是参与者的"权力"。沙普利值用于权力分析时，便得到了沙普利-舒比克权力指数。

11.3 班扎夫权力指数

在投票中，当各投票者拥有的票不能单独使得提案通过时，各投票者没有绝对的决策权，但是他们之间可以形成获胜的联盟使得提案通过。此时，各投票者的权力体现为投票者能够与其他投票者建立联盟，即加入一个要失败的联盟而使其获胜，背弃一个本来要胜利的联盟而使其失败，因此该投票者是这个获胜联盟的"关键加入者"。班扎夫权力指数由法律专家班扎夫于 1965 年提出，往往用权力指数比来刻画班扎夫权力指数，权力指数比是指各投票者作为获胜联盟中关键加入者的个数与整个投票博弈中各投票者的关键加入者的个数之和的比值。

策略选择与切身利益密切相关，下面举一个商场上的例子。某股份公司有 5 个股东：A、B、C、D、E。公司规定，公司的重大决策遵循"一股一票原则"，即每一个股东的票数与其所持的股份相等，还遵循"大多数原则"，即某项决议能否通过取决于是否得到 50% 以上的票数（或股份）。5 个股东均同意这两个原则。

5 个股东在公司成立时拥有相同的股份 (20%)，随着经营的变化，股东的想法出现分化。B、C、D、E 想逐渐减持股份，A 想多拥有一些股份，而 B、C、D、E 又不想让 A 完全控制公司——根据"大多数原则"，拥有 50% 以上的股份即有绝对的决策权。

B、C、D、E 各减持了 3% 股份，A 增加了 12% 股份，此时 A、B、C、D、E 拥有的股份分别为 32%、17%、17%、17%、17%。

A 思考后又向 B、C、D、E 提出各减持 1% 股份而他自己拥有 36% 股份的要求。B、C、D、E 认为，A 拥有 36% 的股份，不超过 50%，不能完全控制该公司，也就同意了 A 的要求。此时 A、B、C、D、E 分别拥有的股份为 36%、16%、16%、16%、16%。A 达到了目的。

为什么 A 要多持 4% 的股份呢？

分析可知，A 的股份由 32% 增加至 36%，虽然股份仅增加了 4%，但他的班扎夫权力指数发生了突变。在 5 个股东平均持股的情况下，即均持有 20% 的股份，班扎夫权力指数也是平均的。当 A 拥有 32% 的股份时，班扎夫权力指数还是平均的。在这种股权结构下，对 A 来说是最不公平的，他拥有的股份是其他股东的近两倍，但权力却一样。但是当 A 的股份继续增加，而其他股东的股份各降低 1% 时，班扎夫权力指数发生突变。A 的班扎夫权力指数由 20% 增加至约 63.636%，而其他股东的班扎夫权力指数由 20% 降至约 9.091%。

虽然 A 此时不能拥有 50% 以上的股份但有 100% 的决策权，但由于他在决策时是获胜联盟中的关键加入者，要比其他 4 个股东的班扎夫权力指数高得多，因此他的权力比其他股东大得多。

11.4　垃圾博弈

　　某区域居住着 7 户居民，每户居民每天产生 1 袋垃圾，这些垃圾只能扔在这一区域的某一户居民门口（区域中没有空地），这就构成了一种博弈，用合作博弈的分析方法可以直接分析得到其中的盈利函数。

　　以 $V_n(n = 0, 1, \cdots, 7)$ 表示任意 n 个参与人组成联盟的盈利函数值，其中 $V_0 = f(\varnothing) = 0$。一个参与人组成联盟遇到的最差处境是其他参与人将他们的垃圾都扔到自己门口，即收到 6 袋垃圾，则可将垃圾扔到其他参与人中任意一个的门口，所以对应的盈利函数值 $V_1 = -6$。两个参与人组成的联盟将收到 5 袋垃圾，联盟产生的 2 袋垃圾扔到别家的门口，故 $V_2 = -5$。同理，$V_3 = -4, V_4 = -3, V_5 = -2, V_6 = -1, V_7 = -7$。7 个参与人组成的联盟无法将垃圾扔到非联盟成员的门口，所以他们会收到 7 袋垃圾。

　　上面的垃圾博弈对于国家战略具有很大借鉴价值，战略不当就会造成许多国家把"垃圾放在自己门口"的被孤立的困境。

　　由于垃圾博弈没有稳定的核，所以可以运用谋略改变局势。下面将垃圾博弈的模型一般化，类比分析国际合作问题。设想一个没有公共秩序的区域有 n 户居民，每户居民有 1 袋垃圾要处理，滞留 1 袋垃圾的代价是 1，请人清理 1 袋垃圾的代价也是 1。为了方便讨论，假设垃圾的代价都是可分的，即可以按照比例讨论 1 袋垃圾的代价。在这个例子中，m 人联盟用 m 表示，m 人联盟的盈利函数值记作 $V_m(1 \leqslant m \leqslant n)$。

　　假设没有公共秩序，就会出现垃圾大战：人们以邻为壑来处置垃圾，你把垃圾扔给他，他把垃圾扔给我。这样，m 人联盟的盈利函数值将是 $-(n - m)$，即 $V_m = -(n - m)$，理由是联盟 m 可以把 m 袋垃圾扔给联盟外的人，而联盟外的人可以把 $(n - m)$ 袋垃圾扔给联盟中的人，而所有人的联盟处理全部垃圾，即 $V_n = -n$。

　　这时候任何可行的效用配置都将被适当的联盟瓦解，例如，所有联盟之中令盈利函数取值最大的是 $(n - 1)$ 个人组成的联盟，即 $V_{n-1} = -1$。在 5 人博弈中，4 人联盟只得到 1 袋垃圾，盈利函数值为 -1，而 $(n - 1)$ 个人可以组成联盟把垃圾都扔给最后一个人，这时候最后的那一个人只能把自己的 1 袋垃圾扔给联盟中的某一个人。

　　然而，如果被这个联盟排除在外的最后那一个人精明一些，那么他可以向联盟中除领头者甲以外的所有人发出邀请，瓦解原来的联盟：他请甲以外的所有人把垃圾扔给原联盟中的领头者甲，而他同意接收甲扔给任何人的那一袋垃圾。假设原联盟中平均分配代价，每个人的代价是相同的，即 $\dfrac{-1}{n - 1}$。但是按照刚才游说的策略，因为游说者保证承担任何扔给他们的垃圾，所以他们每个人在新联盟中的代价将是 0。游说者愿意这样做是因为他自己的盈利函数值可以从原来的 $-(n-1)$ 上升到 -1，这样新联盟瓦解了原来的联盟，当然新联盟也是一个外部性联盟。

在国际上出现垃圾博弈的根源在于没有国际法约束或全球安全机制，也没有互信与合作安全的观念。事实上，只要不许"以邻为壑"，垃圾博弈的核就非空。每个人都清理自己的垃圾，从而每个人的代价为 1，这个方案就是核里面的一个元素。

这个例子对于国际战略博弈是有启发价值的，如如何瓦解那些"以邻为壑"的联盟，如何用其他形式的联盟替代那些外部性联盟。外部性联盟是指类似垃圾博弈那样成本外溢的联盟，而有些联盟基本上是内部合作性质的，比如，上海合作组织着眼于建立反恐等内部合作机制，该组织欢迎其他国家加入反恐合作及其他合作，该组织也正在向其他领域发展，不是"把垃圾倒在其他国家门口"的联盟。

有时一个内部合作性质的联盟也会有较小的外部性，如一个经济合作组织可能会产生贸易转移效应，可以用模糊数学中隶属度的概念定义其基本性质。例如，欧盟基本属于内部合作性质的联盟，但其紧密的经济一体化性质会导致贸易的国际转移，使一些有利的贸易机会从外部转移到内部，但不能将其归属于外部性的对抗性组织。我国参与的大都是内部合作性质的联盟，如上海合作组织、亚太经济合作组织（APEC）等，基本上是开放性的和非外部性的。

有些联盟的外部性较强，如北大西洋公约组织和美日军事同盟这样的军事联盟。北约东扩，不断压缩俄罗斯的战略空间，类似于越来越多的国家把安全垃圾堆放在俄罗斯的国门，俄罗斯的北部出海口也将处于北约国家情报网的监视下。特别是科索沃战争，使北约在世人眼中成为区域干涉性组织，产生了不良的影响。美日军事同盟显露出越来越强的外部干涉倾向，也有可能成为具有强烈外部性的联盟。与前面所讲的垃圾博弈不同，有些联盟可能是很难瓦解的，可以采取如下的策略。

(1) 瓦解：一般的联盟不是从外部而是从内部瓦解的，如原来的中央条约组织和东南亚条约组织等，当然外部环境因素也对联盟瓦解起到了一定作用。

(2) 示范：倡导新安全观和新合作观，组织内部合作性质的联盟，改善大国关系并缓解气氛，改善周边关系，增强互信、互利与合作。

(3) 先行：率先行动，对于有可能被吸引并进入外部性联盟的国家，率先组织合作性质的非外部性联盟。

(4) 交叉：在某国家进入某一外部性联盟后，也可以与其发展其他领域的合作关系或形成联盟，松懈原外部性联盟的紧密性。

这里所讲的联盟主要为多人博弈问题。联盟问题产生于三个参与人以上的多人博弈，而多人博弈关系比较复杂，涉及的联盟问题也是复杂的。

11.5　金币的分配

　　分配是任何时代、任何社会的重要问题。所谓"不患贫，而患不均"，即人们能够忍受贫穷，而不能忍受社会财富分配的不均。微观经济学通常涉及三个方面的内容："生产什么""如何生产""如何分配"，分配是经济学的重要内容。

　　公平分配是人们追求的目标。然而，什么是公平的分配？首先要确定公平分配的标准。公平的并不是平均的，尽管有时是平均的。公平的分配是各方之所得是其应得的，但什么是应得的？作为理性人，每一个人均想多分配一点。现实中的许多争吵，大到国家间的领土争端，小到人与人之间鸡毛蒜皮的小事，很大一部分是由于分配不公平造成的。这种争吵可能是一方认为不公平造成的，也可能是双方均认为不公平造成的。

　　例如，约克和汤姆结对旅游，约克和汤姆准备吃午餐，约克带了 3 块饼，汤姆带了 5 块饼。这时，有一个路人路过，约克和汤姆邀请他一起吃饭。路人接受了邀请，约克、汤姆和路人将 8 块饼全部吃完。吃完饭后，路人感谢他们的午餐，给了他们 8 个金币。

　　约克和汤姆为这 8 个金币的分配展开了争执。汤姆说："我带了 5 块饼，理应我得 5 个金币，你得 3 个金币。"约克不同意："既然我们在一起吃这 8 块饼，理应平分这 8 个金币。"约克坚持认为每人各 4 个金币。为此，约克找到公正的沙普利。

　　沙普利说："汤姆给你 3 个金币，因为你们是朋友，你应该接受它；如果你要公平，那么我告诉你，公平的分配方法是你应当得到 1 个金币，而你的朋友汤姆应当得到 7 个金币。"

　　约克不理解。沙普利说："是这样的，你们 3 个人吃了 8 块饼，其中，你带了 3 块饼，汤姆带了 5 块，一共是 8 块饼，你吃了其中的 1/3，即 8/3 块，路人吃了你带的饼中的 3−8/3=1/3 块；你的朋友汤姆也吃了 8/3 块，路人吃了他带的饼中的 5−8/3=7/3 块。这样，路人所吃的 8/3 块饼中，有你的 1/3，汤姆的 7/3，因此对于这 8 个金币，公平的分配方法是你得到 1 个金币，汤姆得到 7 个金币。你看有没有道理？"

　　约克听了沙普利的分析，认为有道理，愉快地接受了 1 个金币，而汤姆得到了 7 个金币。

　　在这个故事中，沙普利提出的金币"公平"分配的原则是所得与贡献相等。

11.6　双赢的分配

两人分一个蛋糕，一个公平的分配方法是由其中一人持刀来分，分者后取。这样，分者因担心后取而吃亏，他所能采用的最好办法是尽量将蛋糕分平均，即使他后拿，也不会吃亏。

分蛋糕只是对同质东西的简单分配，对不同质的东西是否有类似的分配方法，从而做到公平分配呢？美国纽约大学政治系的勃拉姆兹（S. Brams）教授给出了肯定的回答。他提出了一个"双赢"的分配方法。

下面以离婚财产分割为例，假定一对夫妇，安娜和汤姆感情破裂，他们到法院进行财产分割。

他们的财产有冰箱、电脑、缝纫机、烟斗、自行车、书桌，一共有 6 件。法官让他们轮流选择这 6 件物品，所选择的归其所有。选择顺序为安娜、汤姆、安娜、汤姆、安娜、汤姆。

选择的结果是什么呢？假定安娜与汤姆对不同物品的偏好不同。比如，安娜作为家庭主妇最喜欢冰箱，认为它也最值钱；而汤姆由于工作的关系更喜欢电脑，认为它更有用。于是，选择的结果是安娜选了冰箱、缝纫机和自行车，而汤姆选了电脑、烟斗和书桌。

安娜得到了 6 件物品中她认为价值最高的 3 件物品，汤姆同样得到了他希望得到的价值在前 3 位的物品。两人对分配结果都很满意，这是一个"双赢"分配。

"双赢"分配的基础是假定他们对不同的物品偏好"差别较大"或者说"效用"是不同的。为了分析这里的分配是双赢的结果，让他们对每件物品进行评分，假定满分为 100 分。安娜和汤姆分别将这 100 分分配给不同的物品，这样分配之后安娜总共得到了 70 分，而汤姆得到了 75 分，都超过了 50 分。如此看来，这样的分配确实是双赢的。

上述的分配中假定了安娜和汤姆对不同物品的评分或者排序是不同的，如果他们的评分差不多，情形又将如何？

选择顺序与前面一样，如果每个人的选择是诚实的，即每个人选择时，都从剩下的物品中选择自己认为价值最高的物品，那么结果是安娜选择了冰箱、自行车和缝纫机；而汤姆选择了电脑、烟斗和书桌。在这个分配中，安娜获得了她认为的价值第一、第三和第四的物品，而汤姆获得了他认为价值第一、第二和第六的物品。这样的分配对双方来说，虽然不是最好的结果，但是双方对这个分配结果都满意。

在这个例子中，若安娜第一次不选择冰箱，而选择电脑，则情形会怎样呢？即安娜的选择是策略性的，而不是诚实的，因为安娜知道在汤姆那里电脑排第一，而冰箱排倒数第二。安娜第一次选择了电脑，轮到汤姆选择时，汤姆不会选择冰箱，而选择了烟斗。安娜得到了她认为的价值最高的前三位物品，汤姆得到了他认为的价值第二、第三及第六的物品。

在这个例子中，如果汤姆对自己的分配结果不满意，那么他同样可以采取策略性行为。当他看到安娜采取策略性行为而选择了电脑时，轮到他选择时，他先选择冰箱。尽管冰箱在他看来价值最低，但他知道冰箱在安娜那里价值最高。当他选择了冰箱后，他可以用它与安娜交换电脑。这样一来，情形就较复杂，读者不妨自己分析此时的结果。

如果双方对物品的评分一样，那么此时的分配便无法做到双赢了，这样分配问题就演变为一个常和博弈：双方所得之和为常数，一方分配所得变多，另一方所得则变少。

11.7　被操纵的民主

假定在一次选举中，所有人都选某一个人，那么在任何的选举规则下，无论独裁的还是民主的选举，这个人肯定当选。在这种极端情况下，任何制度下的选举结果都一样。当然，如果所有人都不选某一个人，那么任何制度下的选举结果都一样。因此，历史上的独裁者认为，他是人民的代表，他的决定代表着民意，意味着即使通过民主的方式，也是同样的结果，这通常是独裁者伪造民意的理论根据。

然而，当人们的偏好不同时，民主选举的规则设计就极大地影响着选举结果。假定有一个由 n 人组成的社会，n 取 300，候选人 A 和 B 参加选举，并进行一次性投票，此时有 2/3 的人选 B 而不选 A，1/3 的人选 A 而不选 B。是否可以通过"民主"投票的规则使 A 当选呢？这是可能的。

假定大家都同意服从"大多数原则"，我们把这 300 人分为 3 组。这 3 组既可以天然形成，也可以设计形成。每组候选人获得该组的大多数投票就可以赢得这组的选举，在 3 组中的 2 组中赢得选举即赢得大多数，就可以当选。在实际中，任何候选人都会同意这一规则，也认为这一规则是公平的。假定每组的人数不是一样的：第一组是 50 人，第二组是 100 人，第三组是 150 人，这里人数的确定完全是随机的。假定第一组中有 30 人赞成 A 而反对 B，第二组中有 60 人赞成 A 而反对 B，第三组中有 10 人赞成 A 而反对 B，即第一组 A 与 B 的投票比是 30:20，第二组 A 与 B 的投票比是 60:40，第三组 A 与 B 的投票比是 10:140。在这一规则下进行投票，A 获得了 3 组中 2 组的赞成票，A 获胜。在这个例子中，如果不分组就选一次，那么 B 肯定获胜，使 B 获胜的是直接选举机制，使 A 获胜的是间接选举机制。

布坎南在《同意的计算：立宪民主的逻辑基础》中列举了另一个例子：假定有一个 25 人组成的社会，只需要 9 人赞成就可通过某项议案。具体地说，可以将这 25 人分成 5 个区，每个区有 5 人，这样只要 3 个区（5 个区中的多数）中的多数人赞成，即每个区有 3 人赞成就能使某项议案通过。具体地，可将 25 人分成 A、B、C、D、E 这 5 个区。赞成者分在 A、B、C 这 3 个区，这样完全可以在大多数原则下使某项议案通过，尽管有 16 人反对。

如果是 39601 人（199×199）组成的社会，那么只需 10000 人赞成就可使某项议案通过，只比总数的 1/4 多一些，而无须多于 1/2 的人赞成，可见用此方法对两个候选人或候选议案进行选举或表决可以使其中本来少数人赞成的当选，这说明民主选举有其局限性，但并不是说民主选举是虚伪的和带欺骗性的，当然更不能构成不进行民主选举的理由。选举是揭示群体偏好的一种方法，但民主选举并不能客观地揭示群体成员的偏好。

11.8 少数如何击败多数

近年来，企业采纳了许多新鲜而富有创意的做法——防鲨网，用于阻止外界投资者吞并自己的企业，这里并不评价这些做法的效率或道德意义，而只是介绍一种未经实践检验的新型"毒药"条款。

A 公司已经上市，却还是保留了过去的家族控制模式，董事会的 5 名成员听命于创办人的 5 名孙子和孙女。创办人早就意识到他的孙子和孙女之间会有冲突，也预见了外来者的威胁。为了防止家族内讧和外来者的威胁，他首先要求董事会选举必须错开，这意味着哪怕你已经得到该公司 100% 的股份，也不能立刻取代整个董事会，相反，你只能取代那些即将任期届满的董事。5 名董事各有 5 年任期，但届满时间各不相同，外来者最多只能一年夺得 1 个董事席位。从表面上看，按照这样的制度，你需要至少 3 年时间才能夺得多数董事席位，从而控制这家公司。

创办人看得更远，因此也更担心。他担心假如一个充满敌意的外来者夺取了全部股份，这个任期错开的制度可能会马上被篡改。因此，他觉得有必要附加一个条款，规定董事会选举程序只能由董事会本身修改。当然，任何一个董事都可以提交一份建议，条款规定，投票必须以顺时针次序沿着董事会会议室的圆桌进行，一份提议必须获得董事会至少 50% 的选票才能通过，缺席者按反对票计算。在董事会只有 5 名董事的前提下，至少要得到 3 票才能通过一份建议。但条款规定，若任何董事提交一份建议而未获通过，不管这份建议关乎修改董事会架构还是修改选举方式，则将失去自己的董事席位和股份，他的股份将在其他董事之间平均分配，同时任何一名向这份建议投了赞成票的董事也会失去他的董事席位和股份。

这个十分苛刻的条款看似非常有用，可以成功地将敌意收购者排除在外。可是现在，海岸公司的海贝壳先生通过一个敌意收购举动购买了该公司 51% 的股份。海贝壳先生在年度选举里投了自己一票，顺利成为董事。不过，董事会失去控制权的威胁并非迫在眉睫，毕竟海贝壳先生是以一敌四。

在第一次董事会会议上，海贝壳先生提议大幅修改董事资格，这是董事会首次就这样一份提议进行表决。海贝壳先生的提议不仅得到通过，更不可思议的是，这份提议竟然是全票通过！结果，海贝壳先生取代了整个董事会，原来的董事们得到了一份称为"降落伞"的微薄补偿后，就被扫地出门。

海贝壳先生是怎样成功取代整个董事会的呢？博弈论的倒后推理正是了解其中奥秘的关键。海贝壳先生为了确保自己的提议通过，就是从结尾部分开始盘算的，首先确保最后两名投票者得到赞成这份提议的足够激励，只要最后两名投票者赞成，就足够让海贝壳先生的提议通过了，因为海贝壳先生将以一张赞成票开始整个表决程序。

为什么会这样呢？原来海贝壳先生的提议很狡猾，包含下列三项内容：一是假如这份提议全票通过，海贝壳先生可以选择一个全新的董事会；每名被取代的董事将得到一份小补偿；二是假如这份提议以 4:1 通过，投反对票的董事将被踢出董事会，不会得到任何补偿；三是假如这份提议以 3:2 通过，海贝壳先生会把他在 A 公司的 51% 股份平分给另外两名投赞成票的董事，投反对票的董事将被踢出董事会，不会得到任何补偿。

到了这里，博弈论的倒后推理应该能够为故事画上句号。假定一路投票下来，双方打成平手，最后 1 名投票者面对 2:2 的平局，若他投了赞成票，提议通过，则他本人得到 A 公司 25.5% 的股份；若他不赞成，提议遭到否决，则海贝壳先生的财产及另外 1 名投赞成票的董事的股份就会在另外 3 名董事之间平分，这名投票者将得到 $\frac{51\% + 12.25\%}{3} = 21.1\%$ 的股份。两相比较，他当然会投赞成票。

大家都可以通过倒后推理，预计到假如出现 2:2 平局的情况，最后 1 票投下之后海贝壳先生就会获胜。现在来看第四位投票者的两难处境，轮到他投票的时候，可能出现以下三种情况之一：一是只有 1 票赞成（海贝壳先生投的），二是 2 票赞成，三是 3 票赞成。假如有 3 票赞成，提议实际上已经通过了，第四位投票者当然宁可得到一些好处而不是一无所获，因此他会投赞成票。假如有 2 票赞成，他可以预计到如果自己投反对票，那么按照上面的分析，最后一个人也会投赞成票。无论第四位投票者怎么做，都无法阻止这份提议通过。因此更好的选择还是投靠即将获胜的一方，所以他会投赞成票。最后，假如只有 1 票赞成。如果他投反对票，那么他固然保住了自己的位置，但是没有别的好处；相反，如果他投赞成票，变成 2:2 平局，那么正如上面的分析，最后一定会通过提议，而他因为站在胜利的一方，不仅保住了位置，而且会得到额外的股份，所以他愿意投赞成票，换取 2:2 平局。他可以很有把握地预计最后一个人会投赞成票，他们两人合作得非常漂亮。

这么一来，在海贝壳先生之后最早投票的两名董事，即第三位和第二位投票者就陷入了困境。他们可以预计到，哪怕他们都投反对票，最后两个人还是会投赞成票，这份提议就会通过。既然他们无法阻止这份提议通过，还是换取某些补偿比较好。

狡猾的海贝壳先生就这样成功了，这个案例证明了倒后推理的威力。在实际生活中，的确可能存在海贝壳先生的提议未通过的情况。但是，那要归因于其他因素，如对家族的忠诚等，不是理性行为带来的结果。另一种可能是作为海贝壳先生对手的那些投票者没有意识到海贝壳先生投下的诱饵。如果投票者彻底理性，忠于自己的私利，那么海贝壳先生的计谋一定会得逞。

参 考 文 献

[1] 刘德铭，黄振高. 对策理论与方法 [M]. 长沙：国防科技大学出版社，1995.

[2] 张维迎. 博弈论与信息经济学 [M]. 上海：上海人民出版社，2004.

[3] 王则柯. 新编博弈论平话 [M]. 北京：中信出版社，2003.

[4] 潘天群. 博弈生存：社会现象的博弈论解读 [M]. 3 版. 南京：凤凰出版社，2010.

[5] 中国科学院数学研究所二室. 博弈论导引 [M]. 北京：人民教育出版社，1960.

[6] 中国人工智能学会. 中国人工智能系列白皮书：机器博弈 [R/OL]. [2017-05]. http://caai.cn/index.php?s=/home/article/detai/id/394.html.

[7] NEUMANN J V, MORGENSTERN D. The Theory of Games and Economic Behavior[M]. New Jersey：Princeton University Press, 1944.

[8] RUBINSTEIN A, MARTIN J O. A Course in Game Theory[M]. Cambridge: MIT Press, 1994.

[9] MYERSON R. Game theory: an Analysis of Conflict[M]. Cambridge: Harvard University Press, 1991.

[10] FUDENBERG D, JEAN T. Game Theory[M]. Cambridge: MIT Press, 1991.

[11] MICHAEL M, ELLON S, Shmuel Z. Game Theory[M]. Cambridge: Cambridge University Press, 2013.

[12] PELEG B, SUDHOLTER P. Introduction to the Theory of Cooperative Games[M]. Berlin: Springer, 2007.

[13] STEPHEN B, LIEVEN V. Convex Optimization[M]. Cambridge: Cambridge University Press, 2004.